辺野古訴訟と法治主義
―― 行政法学からの検証

編者：
紙野健二
本多滝夫

執筆者：
岡田正則
紙野健二
榊原秀訓
白藤博行
武田真一郎
徳田博人
人見 剛
本多滝夫
亘理 格

Henoko Litigation and
the Rule of Law
A Verification from
Administrative Law Studies

日本評論社

はしがき

　辺野古訴訟は、新基地建設に必要な辺野古沖の埋立てに関する複数の、そして国民または住民が行政を相手に争う、従来の典型的な訴訟ではなく、県と国との間で争われている争訟である。これらは、県と国双方が、行政訴訟のみならず、行政不服審査においても、さらには総務省に設置された紛争処理機関である国地方係争処理委員会においても争われ、複数の事件として並行しかつ連続し、さらに現在も継続中である。ここには、解釈論的な争点が数多く存在し、その基礎には原理的な問題もいくつか存在している。この意味で、辺野古訴訟は公法学とりわけ行政法学にとって重要な素材を提供しており、それらの法的意味を確定するとともに、将来に向けて解釈論を組み立てなおす作業は、本来は紛争が一段落つき一定の結論が出された段階でなされるのが、ふさわしいともいいうる。しかし、法律学が実践性をともなう限り、県と国双方のやり取りが続き次々と状況が展開する過程において、適宜問題の所在を可能な限り的確に把握するとともに、より望ましいあり方を目指した理論を提供することも、やはり重要な任務といわねばならない。まして、事柄が、国と地方を通じた統治の仕組みとその運営の基本に関わる場合には、なおさらのことであろう。

　本書の執筆者の多くが呼びかけ人または賛同者として加わった、昨年（2015年）10月23日に公表された「声明　辺野古埋立承認問題における政府の行政不服審査制度の濫用を憂う」は、状況の展開の過程で適切な理論を提供しようとした実践であったし、私たち執筆者の母体となっている研究者集団、辺野古訴訟支援研究会が組織されたのもまた、実践の中にこそ理論的な発展があるといった確信に基づくものである。

　本書は、私たち執筆者が、このような意図の下に、上記研究会での議論を通じて辺野古訴訟の主な論点について検討を試みた営為である。これを契機として、この訴訟への理解が高まり、問題把握にいささかでも役立つとすれば幸い

である。

　なお、出版に際しては、本書がその設立趣意に沿うものとして、辺野古基金から多大な援助をいただいた。記して御礼を申し上げる。

　　2016年7月15日

　　　　　　　　　　　　　　　　　　　　　　　　　　　編　者
　　　　　　　　　　　　　　　　　　　　　　　　　　　紙野　健二
　　　　　　　　　　　　　　　　　　　　　　　　　　　本多　滝夫

［追　記］

　校了直前の7月22日、国は、国土交通大臣の是正の指示に従って、翁長知事が辺野古沖埋立承認取消処分を取り消さないという不作為につき、知事を被告とした違法確認訴訟を国土交通大臣に提起させた。翁長知事が、代執行訴訟等を経て成立した和解と国地方係争処理委員会の決定の趣旨に沿って、不毛な対立を避け提訴を見送り、協力して普天間飛行場の返還を実現するために、国との真摯な協議を求めている最中にもかかわらず、である。この新たな提訴が、和解を踏まえ、紛争の円満解決を目指した協議を優先させるべく、法的な判断を敢えて回避した国地方係争処理委員会の決定に背を向けるものであることも、また明らかである。真摯な協議に戻ることもなく、このような訴訟提起を容認し、さらには判決に至ることになれば、その結論がいずれになろうとも、それは和解の趣旨にも反することになるであろう。

　とはいえ、裁判の行方は予断を許さない。判決に至ることなく、再び裁判所の手によって和解が図られるかもしれない。もっとも、この係争の円満な解決の基本は、強制接収によって基地化された普天間飛行場の返還に向けた沖縄県と国との協力に求めるべきものであって、新たな基地の提供に向けた両者の協力に求めるべきものではない。基本を外した和解を勧めることになれば、裁判所もまた県民の信頼を失うことになろう。公正な裁判を切に期待するものである。

目　次

はしがき……　i
目次……　iii
凡例……　vii
辺野古訴訟をめぐる主な経緯……　viii

第Ⅰ部　総　論

第1章　［総論］辺野古訴訟の経過と意義
………………………………………………………………紙野健二　3

　はじめに──辺野古問題と辺野古訴訟　3
　1　辺野古訴訟の枠組み　4
　2　辺野古訴訟の経緯　9
　むすび──辺野古訴訟で問われるもの　16

第2章　和解と国地方係争処理委員会決定の意義
………………………………………………………………本多滝夫　19

　1　問題の所在　19
　2　和解の趣旨と和解条項の射程　21
　3　訴訟上の和解の許容性に照らした本件和解条項の効力について　27
　4　国地方係争処理委員会の審査の結果と本件和解の射程　36
　5　協議の筋道　41

第Ⅱ部　法的論点の検証

第3章　「固有の資格」と不服申立て
……………………………………………徳田博人　45

はじめに　45
1　固有の資格の有無の検討その1
　　──事務の内容・性質からのアプローチ　47
2　固有の資格の有無の検討その2
　　──規制の態様からのアプローチ　50
おわりに　57

第4章　自治体の争訟権について
……………………………………………人見　剛　59

はじめに　59
1　「法律上の争訟」該当性　60
2　法定機関訴訟の排他性　72
3　行政不服審査法の構造に由来する訴訟排除と
　　執行停止決定の処分性　76
4　沖縄県の原告適格・訴えの利益　83

第5章　辺野古訴訟における代執行等関与の意義と限界
……………………………………………白藤博行　87

はじめに　87
1　地方自治保障の階層的法秩序
　　──憲法、地方自治法、そして公有水面埋立法　90
2　地方自治法上の関与の仕組みと代執行等関与　94
3　代執行等関与にかかる要件についての具体的検討　103
おわりに　111

第6章　辺野古新基地建設と国地方係争処理委員会の役割
　　　　　　　　　　　　　　　　　　　　　　　　　　武田真一郎　113

　はじめに　113
　1　国地方係争処理委員会　114
　2　辺野古新基地建設と審査の申出　117
　3　執行停止決定に対する審査の検討　119
　4　是正の指示に対する審査の検討　126
　おわりに　133

第7章　埋立免許・承認における裁量権行使の方向性
　　　　　　　　　　　　　　　　　　　　　　　　　　亘理　格　137

　1　はじめに——本稿の趣旨　137
　2　4条1項の立法経緯　138
　3　4条1項柱書きの解釈運用における裁量性　140
　4　個々の免許基準——その解釈運用の方向性　153
　5　都道府県知事への免許権限付与の趣旨　161

第8章　埋立承認の職権取消処分と裁量審査
　　　　　　　　　　　　　　　　　　　　　　　　　　榊原秀訓　165

　はじめに　165
　1　裁量の審査密度　166
　2　承認取消しの理由と是正の指示の理由　169
　3　承認取消しの適法性——承認と承認取消しとの関係　175
　4　是正の指示と国地方係争処理委員会・裁判所による審査　182
　おわりに　185

第 9 章　埋立承認の職権取消処分と取消権制限の法理
　…………………………………………………………… 岡田正則　187

　はじめに——何が問われているのか　187
　1　取消権制限の法理からみた本件取消処分の位置　189
　2　国（国交大臣）の取消権制限論の検討　204
　3　結　論　211

第Ⅲ部　資　料

1　公有水面埋立承認取消通知書（平成27（2015）年10月13日）　215
2　声明　辺野古埋立承認問題における政府の行政不服審査制度の濫用を憂う
　（2015年10月23日）　226
3　決定書〔埋立承認取消しの執行停止決定書〕
　（平成27（2015）年10月27日）　227
4　普天間飛行場代替施設建設事業に係る公有水面埋立法に基づく
　埋立承認の取消しについて〔代執行に関する閣議口頭了解〕
　（平成27（2015）年10月27日）　230
5　審査申出書（平成27（2015）年11月2日）　231
6　国地方係争処理委員会決定（平成27（2015）年12月28日）　239
7　代執行訴訟和解勧告文（2016年1月29日）　244
8　和解条項（2016年3月4日）　245
9　審査申出書（抄）（平成28（2016）年3月22日）　246
10　国地方係争処理委員会決定（平成28（2016）年6月20日）　258

凡　例

●判　例
主な判例集について以下の略称を用いた。

　民集＝最高裁判所民事判例集
　行集＝行政事件裁判例集
　判時＝判例時報
　判タ＝判例タイムズ
　判例自治＝判例地方自治
　裁判所 HP＝裁判所ホームページ　裁判例情報
　LEX/DB＝TKC 判例データベース LEX/DB

●法　令
本文は原則として正式名称とし、括弧内では以下の略語を用いた。

　行審法＝行政不服審査法（昭和37年法律160号）
　＊新行審法＝行政不服審査法（平成26年法律68号）
　行訴法＝行政事件訴訟法（昭和37年法律139号）
　憲法＝日本国憲法（昭和21年）
　公水法＝公有水面埋立法（大正10年法律57号）
　自治法＝地方自治法（昭和22年法律67号）

辺野古訴訟をめぐる主な経緯

2013（平成25）年 3月22日		沖縄防衛局が、普天間飛行場の代替施設の建設のため、沖縄県名護市辺野古沿岸域について、公有水面の埋立ての承認を出願
	12月27日	仲井眞弘多沖縄県知事が、埋立てを承認
2015（平成27）年 10月13日		翁長雄志沖縄県知事が、埋立承認を取消し 沖縄防衛局が、国土交通大臣に、承認取消しを取り消す裁決を求める審査請求および承認取消しの執行停止を申立て
	10月27日	国土交通大臣が、承認取消しの効力を停止する執行停止決定
	10月28日	国土交通大臣が、翁長知事に対し、地方自治法245条の8第1項に基づき、承認取消しの取消しを勧告
	10月29日	沖縄防衛局が、埋立工事に着手
	11月2日	翁長知事が、執行停止決定を不服として国地方係争処理委員会に審査の申出
	11月9日	国土交通大臣が、翁長知事に対し、地方自治法245条の8第2項に基づき、承認取消しの取消しを指示
	11月17日	国土交通大臣が、承認取消しを取り消すことを命じる旨の判決を求めて地方自治法245条の8第3項に基づく代執行訴訟を提起（第1事件）
	12月24日	国地方係争処理委員会が、翁長知事による審査の申出は不適法であるとして却下（通知は28日付）
	12月25日	沖縄県が、国に対し、執行停止決定の取消しを求めて取消訴訟（抗告訴訟）を提起（第2事件）
2016（平成28）年 2月1日		翁長知事が、国地方係争処理委員会の却下決定を不服として、執行停止決定の取消しを求めて地方自治法251条の5第1項に基づく関与の取消訴訟を提起（第3事件）
	3月4日	翁長知事と国土交通大臣が、主に以下の内容で和解成立 ・国土交通大臣は代執行訴訟（第1事件）を取り下げ、翁長知事は関与の取消訴訟（第3事件）を取り下げること ・沖縄防衛局長は、審査請求と執行停止申立てを取り下げ、埋立工事を直ちに中止すること ・国土交通大臣は改めて是正の指示を行い、翁長知事は不服があれば国地方係争処理委員会へ審査を申し出ること ・同委員会の決定に応じての双方の手順
	3月7日	国土交通大臣が、地方自治法245条の7第1項に基づき、理由を付さずに、承認取消しを取り消すよう指示（是正の指示〔3月7日付〕）
	3月16日	国土交通大臣が、是正の指示（3月7日付）を撤回し、改めて地方自治法245条の7第1項に基づき、同法249条1項に従い理由を付して承認取消しを取り消すよう指示（是正の指示〔3月16日付〕）
	3月23日	翁長知事が、是正の指示（3月16日付）を不服として国地方係争処理委員会に審査の申出
	6月17日	国地方係争処理委員会が、翁長知事による審査の申出について、是正の指示（3月16日付）が地方自治法245条の7第1項の規定に適合するか否かは判断しないと決定（通知は20日付）
	7月22日	国が、沖縄県に対し、地方自治法251条の7第1項に基づく違法確認訴訟を福岡高裁那覇支部に提起

＊国地方係争処理委員会決定（平成28年6月20日付、国地委33号）の別紙1などを参考に作成

第Ⅰ部

総　論

第 1 章

［総論］辺野古訴訟の経過と意義

紙野健二

はじめに――辺野古問題と辺野古訴訟

　日本の基地問題が沖縄に限られるわけではないし、沖縄の基地問題が辺野古に限られるわけでもない。しかし、辺野古問題が日本の基地問題をもっとも端的に象徴するものであることは疑いを入れない。基地の特定地域への集中と固定化が第二次大戦後の日本と沖縄の歴史に根ざすものであり、地域の発展を阻害し、多大な環境影響を及ぼしている現実があるからである。辺野古問題とは、沖縄県宜野湾市に置かれている米軍の普天間基地の返還に際して、当該基地を名護市の辺野古崎周辺に「移設する」計画の実施をめぐる問題とされるが、移設とか代替施設とかいうのはせいぜいひとつの経緯であって、便宜的な呼称にすぎない。県政を担う前任者であった仲井眞前知事も、当初から国に積極的に協力して基地建設を推進する方針を明示してきたわけではないとはいえ、当時の辺野古問題は、直接的には県とこれに異議を唱える住民との間の対立紛争であったし、訴訟も提起された。これに対して、2014年に基地建設反対を公約として当選した翁長知事の就任以降、辺野古問題は県と国との間の法的紛争として現れることになる。このことから、辺野古訴訟はのちにのべるように正面から法治主義と地方自治を問う問題として注目を集めることになる。

　辺野古訴訟は、通常いう訴訟にとどまらず、複数の事件が一部重複しつつ

も連続的ものとして争われてきたし、次々と新たな論点が今なお登場する。それらのことがこの事例の複雑さと難解さを増しているのは事実であろう。そこで、まずこの第Ⅰ部で総論的に辺野古訴訟全体の経過と意義をのべ、とりわけ最新の状況を描き今日的課題を明らかにすることによって、第Ⅱ部の検討の理解の手助けとしたい。

1 辺野古訴訟の枠組み

まず、前提となる法の仕組みをあらかじめ概括的に確認しておこう。

(1) 公有水面の埋立て

辺野古新基地建設のための海面の埋立ては、公有水面埋立法（以下、「公水法」ともいう）にもとづいて所定の要件に適合したものについて認められる。同法は水面の埋立てにつき、一般に免許制を採用している。すなわち、事業者が都道府県知事に免許申請を行い、その申請が同法4条1項各号に定められた要件[2]に適合すると判断する場合に、知事は免許を付与することができる。ただ、国が埋立事業者である場合には、免許ではなく42条1項の承認がなされる。この42条1項が県知事の行う承認についての根拠規定である。本件では国の機関である防衛局長がこれを申請し、要件に適合する場合には沖縄県知事が承認をすることができる。一般に国の事業といっても、目的や用途において私人が行

---

[1] 辺野古の埋立てに関する訴訟として、環境訴訟としてよく知られている福岡高那覇支判平成26・5・27裁判所HP（最決平成26・12・9裁判所HPで上告棄却・上告不受理）がある。これは、仲井眞知事がした埋立承認に際しての環境アセスメント手続に瑕疵あるものとして、アセスメント書面の再度の作成の義務付け等を求めて住民が県を相手に確認訴訟を提起し、あわせて賠償を求めたが、いずれも請求が棄却されている。一審判決につき、山田健吾「環境影響評価手続における住民意見陳述機会の法的性質」法学教室402号〔判例セレクトⅡ〕（2013年）6頁、二審判決につき、朝田とも子「公法上の確認訴訟における確認の利益」法学セミナー719号（2014年）107頁。

[2] 4条1項は、「都道府県知事ハ埋立ノ免許ノ出願左ノ各号ニ適合スト認ムル場合ヲ除クノ外埋立ノ免許ヲ為スコトヲ得ズ」と定めるから、1号ないし6号すべてに適合しなければ、承認をすることができない。なお、3条以下では、埋立免許を得ようとする者が免許権者に対してなすべき行為を「出願」と称しているが、一般にこの語は今日では申請とよばれるので、以下では申請の語を用いることにする。

うものと大差ない場合とそうでない場合とがあろうが、基地建設を目的にした本件が、いずれに当たるかがひとつの問題である。すなわち、本件のような基地建設を目的とする防衛局長の承認申請が、国しかなしえない「固有の資格」においてしているのか、それとも免許についてと同様、私人と同じ資格においてのものかということにもなる。このことは、辺野古訴訟を通じてさまざまな局面で形を変えて争点になる事柄であり、第Ⅱ部においてもそのつど検討されよう。

4条1項各号のうち、とりわけ本件で問題になるのは、1号の国土利用上の適正性合理性、2号の環境保全と災害防止への配慮、3号の県の土地利用または環境保全計画への適合性および4号の公共施設の配置と規模の適正性である。辺野古訴訟では、この4条1項各号についての判断は、まず仲井眞知事が申請に対して承認をする際に、翁長知事がその承認を取り消す際に[3]、次に国土交通大臣(以下、「国交大臣」)がその承認取消しの取消しを求める指示の際に、そして係争処理委員会がその指示を審査する際にも問題となる。それぞれの判断権者には裁量があるとしても、権限の内容はそれぞれ異なっているので、裁量の枠組みやその根拠も異なってこよう。本件に即した掘り下げた吟味は第Ⅱ部においてなされる。

(2) 行政不服審査

不服審査は、裁判所に裁断を求める訴訟と区別される、国民が行政に不服を申し立て迅速な解決を図る紛争解決手段である。行政不服審査法(以下、「行審法」ともいう)の1条は、「国民に対して広く行政庁に対する不服申し立ての道を開く」ことで、「国民の権利利益の救済を図る[4]」ことを目的としている。不服申立ての対象は行政庁の違法または不当な処分であり、不服がある者は審査請求ができる。ここでも、審査請求をしたからといって原則として処分の効力は停止されないが、審査請求に対する裁決が出るまでの間に事実が進行または

---

[3] この取消しは、争訟をつうじての争訟取消しではなく、行政庁による職権取消しであり、しかも処分権限にもとづく職権取消しであり処分庁自身による自庁取消しである。

[4] 昭和37年法律160号として定められた行政不服審査法は、平成26年法律68号によって全部改正され、2016(平成28)年4月1日に施行されたが、辺野古訴訟においては、この改正前の法律が適用されるので、ここでは、適用法律を前提にしてのべる。

形成されて、不服のある者の権利利益が消滅してしまうおそれがある。そこで、行政事件訴訟法と同様に、ここでも34条で執行停止の制度を設けている。公水法上、県知事のなした埋立免許処分について、もし事業者が審査請求をし、あわせて執行停止の申立てをするとすれば、知事のした処分についての審査裁決庁と執行停止決定庁は国交大臣ということになる。ただ、国交大臣は国の機関であり県知事は県の機関であり国と県とは対等の関係にあるので、両者は組織法上下関係にはないが、行審法上そのような仕組みにしている。このことの適否は、立法政策上の問題としてかねてから論じられているが、ここでは触れない。

　行政不服審査法においても、行政訴訟の原告適格と同様の問題、すなわち審査請求適格の問題が生じる。行政訴訟の場合に裁判所が行う裁断行為は、行政不服審査においては裁決機関が行うことになるから、審査請求人が、あわせて執行停止申立てをも行う場合には、審査裁決機関が申立てに対する決定をする。注意しておくべきは、本件が一般の事業者が申請する埋立免許の事例ではなく、国の機関である防衛局長が申請する埋立承認の事例であることである。このことの意味については後に論じられよう。

⑶　地方自治とその仕組み
　辺野古訴訟は、県知事のなした行為に対して国が干渉し、これをくつがえすことが認められるかということが争点となっているので、地方自治に大きく関わる。この点を概括的にみてみよう。

⒜　地方分権改革の趣旨
　地方自治法（以下、単に「自治法」または「法」ともいう）は1947年に日本国憲法と同月同日に施行され、その後何度も大きな改正を経ている。地方自治制度は、1999年に可決され翌2000年4月に施行された、地方分権改革による法改正により、国と地方公共団体との対等平等な関係、国の県に対する関与の原則と限界、および国が是正を求める場合の手続が定められるとともに、特別の紛争処理機関が置かれた。すなわち、国と地方の役割分担の明確化がなされ、日本国憲法の下でなお従来の地方に対する国の後見的な支配を正当化してきた機関委任事務制度が廃止され、これにかわって法定受託事務制度が発足し、かつ国

の地方公共団体への関与が実質的にも形式的も限定されることとなった。そしてこれを効果的にするための仕組みも設けられている。辺野古問題においては、この改正の重要な多くの論点が登場している。

地方公共団体が行う事務には、さまざまなものがあるが、自治法はこれを地域における自治事務と法令にもとづいて行われる法定受託事務に分けている。この新たな事務区分の最大の意義は、地方公共団体から特定の機関を切り分けてそれを国の単なる下級機関と位置づけて、国と異なる法解釈を許さないかのような機関委任事務という制度とそれを支える考え方を否定したところにある。公有水面の埋立ては、この後者の事務であり、そのうちの「国が本来果たすべき役割に係るものであつて、国においてその適正な処理を特に確保する必要があるものとして法律又はこれに基づく政令に特に定める」いわゆる第1号法定受託事務に位置づけられている（自治法2条9項1号）。

(b) 法定受託事務と国の関与

公有水面の埋立承認は、県の法定受託事務であるので、承認の取消権限を行使した県知事に対して、これに異論を唱える国交大臣がどのような関与ができるかが問題になる。自治法は第11章で国と地方公共団体の関係について定め、その中で県に対する国の関与と紛争処理の仕組みについての定めを置いている。すなわち県知事の権限に対する関与についてこれを限定列挙し、法令によらないものを排除するとともに、これを内容的にもきわめてこれを限定している（自治法245条～245条の3）[5]。そしてその上で、大臣が県知事の事務処理が「法令の規定に違反していると認めるとき、又は著しく適正を欠き、かつ、明らかに公益を害していると認めるときは、当該都道府県に対し、当該法定受託事務の処理について違反の是正又は改善のため講ずべき措置に関し、必要な指示をすることができる。」（同245条の7第1項）。そして、大臣は、県の処理に「法令の規定若しくは当該各大臣の処分に違反するものがある場合又は当該法定受託事務の管理若しくは執行を怠るものがある場合において、本項から第八項までに規定する措置以外の方法によつてその是正を図ることが困難であり、かつ、そ

---

5) 国の関与についての必要最小限度の原則と自主性自立性への配慮義務といわれるものである。したがって、もし国が県に対して関与を行う場合には、これらの要件を満たすことはもとより、その趣旨を相手方である県に適切に示されることが、地方自治法上求められよう。

れを放置することにより著しく公益を害することが明らかであるときは、文書により、当該都道府県知事に対して、その旨を指摘し、期限を定めて、当該違反を是正し、又は当該怠る法定受託事務の管理若しくは執行を改めるべきことを勧告」（同245条の8第1項）し、次に指示をし（同2項）、それでも「都道府県知事が前項の期限までに当該事項を行わないときは、高等裁判所に対し、訴えをもって、当該事項を行うべきことを命ずる旨の裁判を請求することができる」（同245条の8第3項）。いわゆる代執行手続から代執行訴訟の流れである。

ここで留意しておくべきことは、第1に、法定受託事務の処理に対して国がなしうる関与には、その内容と法形式において明確な限定が付されていることであり、第2に、大臣が代執行手続を行う場合には、「本項から第八項までに規定する措置以外の方法によつてその是正を図ることが困難であり、かつ、それを放置することにより著しく公益を害することが明らかであるとき」（同245条の8第1項）というように、相当に厳格な絞りがかけられており、代執行手続は、県の自治に相当に慎重な配慮をした関与をした上でしかなしえないことである。[6]

(c) 国地方係争処理委員会と不服の訴訟

地方自治法は、国と普通地方公共団体との間の紛争処理機関として、総務省に普通地方公共団体に対する国または都道府県の関与のうち国の行政機関が行うものに関する審査の申出につき、法の規定によりその権限に属させられた事項を処理する権限を行う第三者機関として、国地方係争処理委員会を置いた（以下、単に「係争処理委員会」または単に「委員会」ともいう。自治法250条の7以下）。法定受託事務の処理について国の行政庁により関与を受けた普通地方公共団体の機関は、関与のあった日から30日以内に委員会に審査の申出をすることができ、委員会は、申出のあった日の90日以内に当該関与の適否の判断に応じて国または県の機関に対して、所定の措置が取らなければならない（同250条の13・250条の14）。その他、相当であると認めるときは、職権により調停の勧告をすることができる（同250条の19）。

委員会に審査の申出をした県知事は、その審査の結果または勧告に不服があ

---

6) この点は、裁判所や係争処理委員会でも指摘されたようであり、和解勧告文や係争処理委員会の決定においても、国交大臣に対して間接的であれ厳しい認識が示唆されている。

るとき、勧告を受けた国の行政庁の措置または不作為に不服があるとき等の場合においては、その30日以内に国の行政庁を被告として高等裁判所に、当該審査の申出に係る違法な国の関与の取消しまたは不作為の違法確認を求めることができる（同251条の5）。県知事に対し、是正の指示を行った大臣は、指示に対する県知事の不作為がある場合には、これを被告として高等裁判所に、その違法の確認を求めることができる（同251条の7）。係争処理委員会は、国と県の間の紛争があった場合の最終的な判断機関でも裁定機関でもない。国の関与につき審査の申出があった場合に、当該関与が違法または不当か否かを判断し、勧告することができる機関である。その上で、この委員会が何をするか、いかなる役割を果たすのかが問われている。ただ、行使する権限の内容についての個別的具体的な定めがあるわけではないことに注意を要する。

2　辺野古訴訟の経緯

　今日までの辺野古訴訟は、まず前哨戦としての岩礁破砕工事の中止指示をめぐって、次に承認取消しをめぐって争われ、承認取消しの取消しを求めてなされた国交大臣の指示について県知事が係争処理委員会に審査の申出をし、さらに、これについて6月20日に委員会の決定がなされた。7月22日、国交大臣は251条の7第1項にもとづく不作為違法確認請求訴訟を提起した。この訴訟は、代執行訴訟に続くものではあるが、いくつかの論点が新たに加わっており、裁判所がそれらを踏まえた審理を進めるか否かが注目される。個々の論点の検討は第Ⅱ部でなされるとして、ここでは、今日までの展開を追い、留意しておくべき事項について若干の指摘をしておこう[7]。

(1)　岩礁破砕工事の中止指示

　2013年12月27日、前任者の仲井眞知事は、沖縄防衛局長がしていた公有水面

---

7) 2015年秋頃までの展開につき、角松生史「『固有の資格』と『対等性』——辺野古新基地をめぐる工事停止指示と審査請求について」法律時報87巻12号（2015年）39頁、紙野健二「辺野古新基地建設問題の展開と基地建設の利益」法律時報87巻11号（2015年）108頁、および白藤博行「辺野古新基地建設問題における国と自治体との関係」法律時報87巻11号（2015年）114頁がある。

の埋立申請を承認し、翌14年7月11日に防衛局長が埋立の準備として沖縄県知事に海底のボーリング調査に伴う岩礁破砕許可申請をし、8月28日に県知事がこれを許可して防衛局の調査が開始されることとなった。11月16日の選挙で就任した翁長知事は、仲井眞知事による埋立承認に疑義ありと考えていたので、翌年の3月23日に調査に伴う岩礁破砕状況の調査のため、防衛局長に対し許可に付していた付款により作業の停止を指示した。これに対して、防衛局長は直ちにこの指示を不服として農水大臣に審査請求するとともに、執行停止の申立てをし、これに対して農水大臣は3月30日、この執行停止を決定した。県は、もとよりこの指示を処分としては考えておらず、執行停止決定には不服であったが、工事状況の調査も後日行われたため、この決定については特段の法的手段をとらなかった。しかし、防衛局長が県との協議を尽くすことなく工事中止指示を処分とみなして執行停止を申し立てる必要性や、これに対する国交大臣の決定についても適切な検討の余地がある。

　この疑問は、これを以下のような論点としていいかえることができる。第1に、県知事による工事中止の指示が審査請求と執行停止申立ての対象となる行政不服審査法上の処分に当たるか否かである。第2には、本件において防衛局長に審査請求・執行停止申立ての適格性があるか否かである。一般的に不服審査であれ訴訟であれ、係争対象行為や係争主体の要件をできるだけゆるやかに解して救済の機会を広げようとする解釈は、少なくとも学説上好意的に受け止められる。本件でも、一般的にそのことが否定されないとしても、国の機関たる防衛局長に審査請求・執行停止申立てを認めることが、国の機関たる農水大臣が審査裁決・執行停止決定をすることとのかかわりで生じる不公正をどのように考えるのかという点である。そのようなことが行政不服審査制度の趣旨に照らして、さらには地方自治法上認められるようにはみえないのである。第3には執行停止の必要性と緊急性の有無である[8]。これらの点は、後の埋立承認をめぐって形を変えて本格的に争われることとなる。その意味で、岩礁破砕工事

8）　国が執行停止までする必要があったか否かについても、和解勧告や係争処理委員会の決定において、間接的であれ厳しい認識が示唆されている。ただ、そのことは、執行停止決定を違法な関与として審査申出に対して係争処理委員会がした2015年12月24日付の却下決定の妥当性にはね返るし、同様のことは、例えば12月2日の代執行訴訟第2回口頭弁論でも示されている。これらのことは本書で別の指摘があろう。

の中止指示をめぐる問題は、辺野古訴訟本体のいわば前哨戦であった。

(2) 承認取消しをめぐる訴訟と和解
(a) 承認取消しと3つの訴訟

　翁長知事は、2014年12月の就任後、仲井眞知事のした埋立承認の見直しにただちに着手した。すなわち、県庁内に第三者委員会を設けて仲井眞知事のした承認の検証を求め、翌2015年の7月16日に「法的に瑕疵がある」との同委員会の結論を得て自らの立場を固めつつ、承認取消しのための意見聴取手続を経て、10月13日に承認を取り消すに至った。このことによって、県と国との承認取消しをめぐる本格的なせめぎあいが始まるのであるが、国は、先に岩礁破砕の工事中止指示を排除したのと同様の手段を用いた。このようなことによって、事態はかえって複雑化させかつこじらせてしまう。

　国は、まず防衛局長が県知事による承認取消しの当日の13日に審査請求とあわせて執行停止の申立てをし、国交大臣が、この申立に対して、10月27日に執行停止決定をするとともに、同日、内閣の代執行手続の着手についての閣議了解を受けて28日に承認取消しの勧告をし、防衛局は29日に埋立の本体工事に着手しその後これを継続した。国交大臣は、11月9日に県知事に対し承認取消しの取消しを指示し、さらに17日に福岡高裁那覇支部に県知事を被告とする代執行訴訟を提起した。とりわけこの前後における国の「想定外」の対応は、基地の建設工事続行という目的達成のための、連携のとれたきわめて迅速なものであって、自らの法的主張についてのよほどの自信があったかにみえた[9]。

　県は、これに対抗するために、11月2日に翁長知事が国地方係争処理委員会に国交大臣による執行停止決定の取消しを求めて審査の申出をしたが[10]、12月24

---

9) これを示すものとして、前掲注8)の代執行訴訟の第2回口頭弁論時の定塚誠務局長の発言がある。これが地方自治についてのいかなる認識にもとづいていたかは定かではないが、それだけに、1月29日の高裁による和解勧告が与えた衝撃は想像するに難くない。しかし、危機感を覚えるべきは時の政権や訟務局ではなく、そのような集団と組織に政治行政を委ねなければならない国民の側なのである。国の法務官僚の、ひいては官僚制の著しい機能不全がなければ幸いといわねばならない。

10) 辺野古訴訟において、係争処理委員会には県から3回の申出がなされている。このうち、この執行停止決定についてのものが第1回目である。そして、2、3回目のものが、後にのべる承認取消しの指示をめぐるものである。第2次、第3次と呼ぶことがある。

日に委員会がこれを却下したので、翌25日に那覇地裁に国交大臣の執行停止の取消訴訟とその執行停止の申立てをした。国交大臣による行審法上の執行停止の取消訴訟と、当該執行停止の行訴法上の執行停止の申立てである。これに加えて、県知事は、福岡高裁に、国交大臣の執行停止を地方自治法251条の5の違法な国の関与として取消しを求める訴訟を提起した。これがいわゆる関与訴訟である。

  (b)　3つの訴訟の特徴

　訴訟事件は3件を数えるが、それぞれが独立した別の訴訟ではない。先にのべたように、うち2件は県が提起したものであって、いずれも国交大臣がした執行停止を違法として提起した取消訴訟である。そのうち1件は、執行停止決定を違法な処分として取消しを求めて12月25日に提起した行政事件訴訟法上の抗告訴訟であり、もう1件は、係争処理委員会がらみのものである。すなわち、県が係争処理委員会に審査を申し出ていた国交大臣の執行停止決定につき、委員会がこれを却下したので、処分の取消しを求めて2月1日に提起した地方自治法上の関与取消訴訟である。そして、3件のうちの残りの1件は、国が提起した地方自治法251条の7第1項の定める代執行訴訟である。

　先にのべたように、辺野古問題は、翁長知事の承認取消しに対して、承認を元に戻して工事を継続し、基地を早期に完成したい国とのせめぎあいであるから、筋からいえば、国の知事に対する関与をめぐる訴訟として地方自治法に定められた代執行訴訟が基本になる。ところが、国がこの地方自治法の手段を用いず、それに先行させて行審法上の執行停止の申立てとそれに対する決定によって、仮にせよ工事の続行を可能にするといういささか乱暴な手段を用いたた

---

11)　この却下決定の理由は、行審法上の執行停止申立てが地方自治法245条3号の括弧書きにおいて「審査請求、異議申し立てその他の申立てに対する裁決、決定その他の行為」が同条の審査対象の「関与」から除外されていることを理由として、審査申出を不適法とするものであった。外観上、この決定はやむをえないようにみえるとしても、大きな問題をはらんでいた。というのは、かりに委員会が上記のような245条の解釈をとるとしても、申出を却下するだけで国交大臣の行為に何の指摘もせず、これを事実上黙認したことは、事態の混乱を傍観したそしりを免れまい。委員会は、のちの第三次申出審査決定で指摘することになる「望ましくない」状態に自身がどう関わったかを顧みるべきであろう。これにつき、人見剛「国の機関が行った審査請求に係る大臣の執行停止決定の『関与』該当性」法学セミナー738号（2016年）121頁。

12)　この関与訴訟も取消請求訴訟であるが、地方自治法にもとづく機関訴訟であり、那覇地裁に提起した抗告訴訟としての取消請求訴訟と区別する意味で、一般に関与訴訟と呼ばれる。

めに、問題をいっそう複雑にさせ事態を混乱させることになった。3月4日の和解によって、執行停止に関わる論点は訴訟法上消えたから、より冷静な法的評価は後日に譲らざるをえないが、以下の点のみを指摘しておく。第1に、国が工事を続行させるという目的の実現のために、行審法の審査請求と執行停止申立てを防衛局長にさせ、国交大臣に停止決定をさせるという方法を用いたことの適否である。承認や承認取消しの法的性格の点はさておく。たしかに、内閣を構成するある機関（の下級機関）が申請し、他の機関がその適否を判断するという仕組みは他に例がないわけではない。その場合でも判断の客観性や中立性は問題にはなりうるし、疑義の生じないような手続的適正さの確保が少なくとも立法上求められるところである。しかしここでは、行政上の手続ではなく、不服審査制度の運用においてこれが問題になっているのである。県知事のした承認取消しの効力を否定するための法的手段は、さしあたり防衛局長が承認取消しの取消訴訟を提起することである。承認が取り消されれば工事の続行はできないから、国としては訴訟提起の際に承認取消しの取消しの執行停止の申立てをすればよい。これが通常考えられる手段である。しかし、それよりも国にとって確実で便利な奇策があった。それは、行政事件訴訟法ではなく行審法上の執行停止を用いることである。すなわち、防衛局長が県知事のした承認取消しを不服としてその審査請求を国交大臣にし、あわせて執行停止を申し立てる。その方が裁判所を経由するよりも、国にとって有利で確実な手段である。裁判所ではなくいわば身内に判断させるからである。27日の是正勧告の閣議了解を含めてこの当時の国の動きは、政府あげての基地建設の推進であり、およそ行審法の趣旨も手続的公正さも一顧だにされていなかったのであろう。審査請求そのものは本筋ではなく、とにかく工事の続行が目的であったから、国交大臣は審理に入ることなく、和解をうけて防衛局長はこれを取下げに至った。かりに県知事がこの審査裁決か執行停止決定を不服として取消訴訟を提起しても、迅速な判断が出るわけではないので、執行停止決定は効力を持ち続けるので、少なくとも当面は工事続行が可能となる。まして、裁判所が地方分権改革以前の最高裁判例[13]と現行法制の区別ができる保証はないから、却下のおそれすらあるのである。国は、このような法状況をも踏まえて、防衛局長に執行停止の申立てをさせ、国交大臣に決定をさせたのであろう。さすがにこのようなこ

とは、法治国家の行政権としてあるまじきものである。[14]

(c) 和解勧告と和解条項

2016年2月以降は、まさに3つの訴訟をめぐった県と国との争いになったが、高裁の2事件が結審を迎えた29日に、多見谷寿郎裁判官から県と国双方に和解の勧告文が示され、3月4日に和解が成立した。和解の内容と意義の分析は、次の本多論稿（第2章）に譲るとして、ここでは勧告文と和解条項について外在的な論点のみを指摘しておこう。[15]

この和解勧告文は、基本的にはそれまでの国の対応を厳しく指摘し、実質的には県の主張の正当性を認めるものであった。政権担当者は、辺野古訴訟の初期の段階から一貫して強気の姿勢を示し、新聞等も特にこれに疑問を呈することもなかったから、この和解提案は、国にとってかなりの衝撃であったことが推測される。ただここには見過ごせない以下の問題点がある。勧告文が和解案を示すにあたって、双方に譲歩を求める際に、「今後も裁判で争うとすると」とのべて「仮に本件訴訟で国が勝ったとしても」、「他方、県が勝ったとしても」という仮定を設定しつつ、容易には紛争が決着するわけではないという趣旨をのべる部分である。すなわち、高裁は、「辺野古移設が唯一の解決策だと主張する国がそれ以外の方法がありえないとして、普天間飛行場の返還を求めないとしたら」、県のみが米国と交渉しても普天間の飛行場の返還ができるとは思えないというのである。このような設定は、県と国いずれの立場に立っても法的にも政治的にもありえない。裁判所がこのような設定をたてることが容認されるものではあるまい。

和解条項は10項目にわたっており、双方当事者の訴訟取下げとそれにともな

---

13) 大阪府国民健康審査決定取消請求上告事件・最判昭和49・5・30民集28巻4号594頁。ただし、この判決には批判的な論評が多く、今日では判例として妥当しない。さしあたり、石森久広「国民健康保険事業の保険者の地位」宇賀克也・交告尚史・山本隆司編『行政判例百選Ⅰ〔第6版〕』（有斐閣、2012年）4頁。

14) 同様の立場から、国の対応を強く批判するものとして、10月23日付行政法研究者有志声明「辺野古埋立承認問題における政府の行政不服審査制度の濫用を憂う」がある。

15) 白藤博行「辺野古代執行訴訟の和解後の行政法的論点のスケッチ」自治総研451号（2016年）1頁、新垣勉「代執行訴訟和解の意味と今後の争点──辺野古新基地問題を通じて地方自治を考える」自治と分権64号（2016年）64頁がある。なお、和解勧告には、係争処理委員会の権限と決定内容につき干渉するかのごときものも含まれており、この点も看過できない。

う措置、国交大臣のあらためての指示とそこを再出発としての係争処理委員会への審査申出、および委員会の決定に応じての双方の手順をのべている。和解の当事者は代執行訴訟と関与訴訟の原告被告であって、防衛局長は利害関係人であり、係争処理委員会はそのいずれでもないからこれに拘束されない。概して、この和解提案と条項の内容が、のちの係争処理委員会の決定よりも迅速な審理判断の必要を強調し日程も短縮したものとなっているのは、かえって奇妙であり首肯しかねる部分がある。

(3) 係争処理委員会審査と決定

　3月4日の和解を受けて、仕切り直しは、県知事が承認取消しをした時点に戻る。国交大臣は、あらためて7日に是正の指示をした。それを受けて県知事は14日に審査申出（第2次申出）をしたが、7日の指示には理由不記載という瑕疵があることが判明したので、国交大臣は16日に先の指示を自ら取り消し、同日あらためて再度是正の指示をした。そこで、県知事は14日付の先の申出を取り下げ、この16日付の指示についての審査申出（第3次申出）を22日にし[16]、それ以後はこの申出の件について審査がなされることとなった。このような国交大臣の手続上の失態は、国の機関が指示の理由提示義務という基本的なことがらを理解していないことによるものであった。

　係争処理委員会の会合は、4月15日から6月17日までの計8回を重ねた。6月20日に出された決定については、関心を引くいくつかの点がある。ここでは、1月29日付の高裁和解勧告との関係についてのみ触れておこう。第1には、この委員会決定と和解勧告との関係である。係争処理委員会は、もとより和解に

---

16) 国交大臣があらためてした、この3月16日付の指示においては、その理由を、県知事の承認取消しが法245条の7第1項の要件のうち、事務処理がその前段の「法令の規定に違反している」ことに求めていた。ところが、係争処理委員会における審理手続においては、専ら後段の「著しく適正を欠き、かつ、明らかに公益を害している」を理由とした主張に終始していた。県側の5月13日付の委員会宛意見書は、このことを指示の理由をこえた主張であると批判しつつ、このような主張を事実上容認している委員会の審理の進め方を強く批判し反省を求めた。一連の過程をみると、国交大臣は、理由提示の法理の意味を理解していないか、法定受託事務における県と国それぞれの機関の法関係を理解していないかのいずれかなのであろう。第3次申出審査の最中の6月前後の状況につき、本多滝夫「辺野古新基地建設問題の現状と課題」法学セミナー738号（2016年）1頁。

拘束されるものではないし、申出人と相手方に対して拘束的な処分をなす機関ではない。したがって、ニュアンスに微妙な違いがあったとしても、そのこと自体が問題となるわけではない。疑義が生じた場合は地方自治法の規定に戻るだけのことである。第2は、係争処理委員会は、和解勧告と同様に、県と国との指示をめぐる対立の状況を、やはり「国と地方のあるべき関係から見て望ましくない」と断じたことである。そして、第3には、係争処理委員会は、迅速性を強調した和解といくぶんかは異なって、相互の協力をいっそう強調し、「普天間飛行場の返還という共通の目標の実現に向けて真摯に協議し、双方がそれぞれ納得できる結果を導き出す努力をすることが問題の解決に向けての最善の道である」とする姿勢をあらためて示したことである。法的手続としての裁判所への提訴も、係争処理委員会への審査申出とそこでの応酬もそれはそれとして、双方当事者の協議の意義を強調したものといえよう。そこで問題は、どこまで立ち返って協議をするか、である。双方の主張の合理性について、可能な限り具体的な根拠にもとづいた実証的な議論が求められていた。6月20日付の係争処理委員会の決定に従って、県知事は、内閣総理大臣および関係大臣あてに協議を求める書面を提出したが、国はこれに応じず、7月22日、国交大臣は県知事を被告とする251条の7第1項の不作為の違法確認の訴えを提起した。高裁の先の和解勧告や係争処理委員会の決定を、単にスケジュールとしてのみ理解したものといえよう。これにより、争点はあらためて高裁での審理に戻ることとなった。

むすび——辺野古訴訟で問われるもの

(1) 辺野古訴訟と法治主義

　実証的具体的な検討は第Ⅱ部にゆだねるが、そこでは、辺野古訴訟の全体を貫く論点とそれぞれの局面における個別的な解釈問題とを区別することができる。前者を表現するものとして適切なものは何であろうか、それは何よりも法治主義といわねばならない。[17]県であれ国であれ、これらの主体とその機関はあらかじめ法にしたがって行動しなければならない。そのことは、なそうとする行動のために単に法律の定めがあるか否かにとどまらず、その法がどのような

趣旨で定められ、どのように運用することがその法の趣旨にかなうのかを十分吟味した上で行動しなければならないことを意味する。そしてその行動の適否についての法的な判断は、公正な手続の保障された別の機関によってなされねばならないという意味での法治主義に服しているのである。

　辺野古訴訟のいわば前半すなわち岩礁破砕から埋立承認に対する執行停止が問題になる過程においては、まさにこの意味での法治主義が問われてきた。この問題は、訴訟上は3月4日の福岡高裁那覇支部での和解による防衛局長の審査請求の取下げによって終焉を迎えることになる。国自身が法治主義からみて疑義のある自身の行動の撤回を余儀なくされたからである。とはいえ、辺野古訴訟における法治主義というテーマが決着をみたわけではない。和解勧告やその後の係争処理委員会によって指摘されたこれまでの対応について、何の見直しも反省も表明されておらず、同様のことがくり返されているからである。したがってこの問題は、今後なお形を変えて現れることになるであろう。

(2)　辺野古訴訟と地方自治

　辺野古訴訟は、つまるところ翁長知事がした埋立承認の取消しを国がくつがえして埋立工事を続行させることが許されるのか否かという問題である。地方自治法によれば、県知事の埋立承認は法定受託事務であり、国は地方自治法上の関与という法形式で県に対して見直しを求めることができる。地方自治原理の存在しなかった明治憲法下であればともかく、日本国憲法の下では、両者の対等の基本的関係にしたがって地方自治法の定めるルールにのっとって問題の解決が図られねばならない。ここで求められるのは、県と国との関係の基本的理解、県の法定受託事務の処理についての国の関与の原則と限界、および紛争が生じた場合の解決の仕組みと手続であり、そこに込められた自治の契機を正しく読み込むことでなければならない。地方自治法は、県と国が見解を異にする場合の決着のための単なる手順を定めているのではないのである。そのこと

---

17)　ここでいう法治主義は、行政法学で説かれてきた法律による行政や法律の留保といったものを意味するのではない。憲法学でいうところの立憲主義と比肩すべきものであって、その意味内容を現実の政治行政とすりあわせ豊かにすることこそ、行政法学の課題というべきであろう。

が、地方分権を推進した国自身において適切に理解されているといえるであろうか。具体的には第Ⅱ部の論稿を参照されたい。

(3) 辺野古訴訟と行政法学

　辺野古訴訟で問われる3つめの点は、行政法全体に関わる原理的な問題の存在である。ここでは、公有水面埋立ての免許と承認の区別やその要件、処分庁の職権取消しとその制限、その際の信頼保護法理の適用の可否等の実体法の問題に始まって、承認申請者たる防衛局長の行政不服審査法上の地位と審査請求適格等の争訟法の問題、さらには県知事の権限行使に対する国交大臣の関与の限界や係争処理委員会の審査のあり方等の地方自治法上の問題に至る、多岐にわたる問題が論じられてきた。すなわちそれは、行政作用法上の法理すなわち行政と国民との間の関係において妥当する法理が、県知事が処分権限をもち防衛局長が申請者として登場する法定受託事務についても妥当するのか、妥当するなら両者にどのような共通性が見出されるのかという、若干錯綜した問題であって、そこでは、行政が法に拘束されることの原理的意味と自治の法学的理解が問われているのである。

　高度に抽象性をおびる行政法の法理といえども、常に具体的な法の趣旨に立ち戻りその帰結の妥当性に即して適用されなければならないことは、行政法学のみならず法律学に求められる基本的思考である。日本国憲法の下で形成されてきた行政法の法理と地方分権改革の成果を歪めるような法解釈が、「粛々と法律に従う」ことになるはずがない。法は行政の便宜的な道具ではなく、その適用を通して行政を枠づけ拘束するものであるという公理を、政権担当者と争訟の実務に携わる者に繰り返しておかねばならない。

　　　　　　　　　　　　　　　（かみの・けんじ　名古屋大学大学院法学研究科教授）

第 2 章

和解と国地方係争処理委員会決定の意義

本多滝夫

1　問題の所在

　本稿は、本年（2016年）3月4日に成立した沖縄県知事と国土交通大臣との和解（以下、「本件和解」）のために定められた和解条項（以下、「本件和解条項」）の効力とその射程を検討し、本件和解後において沖縄県と国がとるべき措置の内容を明らかにすることを目的とする。

　本件和解は、後述するように、昨年（2015年）11月より福岡高等裁判所那覇支部に係属していた、沖縄県知事と国土交通大臣を当事者とする2つの訴訟――代執行訴訟（平成27〔行ケ〕3号。以下、「本件代執行訴訟」）および関与取消訴訟（平成28〔行ケ〕1号。以下、「本件関与取消訴訟」）に関する訴訟上の和解である。両訴は、同年10月13日に現職の沖縄県知事が、前職の沖縄県知事が沖縄防衛局に対して行った普天間飛行場の代替施設の用地の造成のための辺野古沿岸域の埋立事業（以下、「本件埋立事業」）についての承認処分（以下、「本件埋立承認処分」）を、同処分に法律的瑕疵があることを理由として取り消したこと（以下、「本件埋立承認取消処分」）に端を発する係争（以下、「本件係争」）について、本件代執行訴訟は、国土交通大臣が判決による本件埋立承認取消処分の取消命令を求めて、本件関与取消訴訟は、沖縄県知事が国土交通大臣よる本件埋立承認取消処分の執行停止決定（以下、「本件執行停止決定」）の取消しを求めて提起

したものである。

　本件和解は、後述するように、本件代執行訴訟と本件関与取消訴訟の取り下げを定めたものの、本件係争の終局的な解決そのものを目的とするものではない。なぜならば、本件和解条項によれば、本件和解後に行われる協議と、その協議と並行して提訴される、本件埋立承認取消処分に対する是正の指示についての取消訴訟の判決に本件係争の終局的な解決を委ねているからである。

　ところで、訴訟上の和解は、一般に訴訟物である権利関係について当事者が互譲をすることによって和解契約を締結するとともに、これによって係属中の訴訟手続を終結させようとする意思表示であり、裁判所は、この意思表示に基づいて、それを確認して調書を作成するものとみることができる。したがって、訴訟上の和解における当事者の意思には、直接に権利関係の変動を生じさせようとする意思と、訴訟を終結させようとする意思が共に存しなければならない[1]。そうすると、代執行に従う義務の存否および本件執行停止決定の適法性にまったく触れることがない本件和解は、たんに訴訟を終わらせる訴えの合意であって、訴えの取り下げとこれに必要な同意にすぎないのではないか、といった疑問がありえよう[2]。

　かりに、本件和解が訴訟上の和解として成立しているとみた場合、訴訟物にとらわれることなく解決がなされることが判決と対比した場合の訴訟上の和解の特徴であるから[3]、本件係争の終局的解決を別訴に委ねること自体は一般的に許容されよう。しかし、和解の内容は、公序良俗に反するものであったり、その他法令の定め（強行法規）に違反するものであったりしてはならないと一般的に解されている[4]。したがって、別訴に係る当事者の権利義務を和解条項に定める事項が、別訴を規律する法律、すなわち、地方自治法および行政事件訴訟法が定める当事者の権限に属するものであるかどうかが問題となる。

1）　参照、中野貞一郎ほか編『新民事訴訟法講義〔第 2 版補訂 2 版〕』（有斐閣、2008年）407-408頁〔河野正憲執筆〕。
2）　参照、新堂幸司『新民事訴訟法〔第 5 版〕』（弘文堂、2011年）367頁。
3）　参照、鈴木正裕・青山善充編『注釈民事訴訟法(4)裁判』（有斐閣、1997年）480頁〔山本和彦執筆〕、吉田元子「和解②―裁判所等で定める和解条項」三宅省三ほか編『新民事訴訟法大系――理論と実務　第 3 巻』（青林書院、1997年）357頁。
4）　参照、中野ほか編・前掲注 1）409頁、新堂・前掲注 2）367頁。

これらの問題は、訴訟上の和解としての本件和解条項の効力の有無、本件和解条項の効力の及ぶ範囲の画定に係るものであり、当事者が本件和解後の本件係争の処理を法的にどのように進めるべきかを判断する基準となる重要な問題である。
　そこで、本稿では、和解の成立には実体法上当事者間の意思の合致が大前提であることに鑑みて、本件和解に至るまでの本件係争の経緯に照らして当事者の真意を明らかにすることで、本件和解の成否とその趣旨を明らかにするとともに、その分析結果を踏まえて本件和解後の別訴に関し当事者の権利義務を定める本件和解条項が、当事者の権限を定める地方自治法および行政事件訴訟法に違反しないかどうかを検討することとする。さらに、本件和解条項に従って沖縄県知事が行った審査の申出について、近時、国地方係争処理委員会が決定を下しているので、当該決定が本件和解条項において予定されている別訴との関係において有する意義および問題点もまた、併せて検討することとする。
　なお、代執行訴訟および関与訴訟は機関訴訟であって、客観訴訟の一類型である以上、そもそも抗告訴訟には訴訟上の和解は許容されないとする通説的な理解を前提とすれば、抗告訴訟にまして、機関訴訟には訴訟上の和解は許容されないことになる[5]。しかし、本稿では、本件和解が、後述のとおり、裁判所による和解の勧試に基づき訴訟上の和解として成立し、調書に記載されたという現実に鑑みて、代執行訴訟および関与訴訟については訴訟上の和解が許容されることを前提として検討を進めることにする。機関訴訟において訴訟上の和解が理論的にも許容されるか否かの検討については他日を期すこととしたい[6]。

2　和解の趣旨と和解条項の射程

(1)　和解に至る経緯
　まずは、説明の便宜上、本件和解に至るまでの経緯を時系列に沿って紹介し

---

　5)　参照、南博方・髙橋滋編『条解行政事件訴訟法〔第3版補正版〕』（弘文堂、2009年）195、196頁〔齋藤繁道〕（「少なくとも、抗告訴訟に関する典型的な和解は内容を想定した和解については消極説が妥当と解される。」「民衆訴訟……と機関訴訟……は、公益性が強く、訴訟上の和解を認めることは困難である。」）。

ておこう。

 2013年12月27日に仲井眞弘多沖縄県知事（当時。以下、「仲井眞前知事」）は、沖縄防衛局に対し、アメリカ海兵隊用の新基地の用地を造成するために本件埋立事業につき本件埋立承認処分を行った。

 しかし、2014年11月に行われた沖縄県知事選挙において当選した翁長雄志沖縄県知事（現職。以下、「翁長現知事」）は、本件埋立承認処分の見直し作業をさせるために「普天間飛行場代替施設移設事業に係る公有水面埋立承認手続に関する第三者委員会」を設置し、昨年（2015年）7月16日付けの同委員会の報告を受けて、同年10月13日に、成立時に法律的瑕疵があったとして、本件埋立承認処分を取り消した。

 沖縄防衛局は、本件埋立承認取消処分について、昨年10月14日付けで国土交通大臣に対し行政不服審査法（平成26年法律68号による改正前のもの）5条1項および地方自治法255条の2第1項に基づいて審査請求（以下、「本件審査請求」）および執行停止決定の申立て（以下、「本件執行停止申立て」）を行った。

 これに応じて、昨年10月27日に国土交通大臣は執行停止決定（以下、「本件執行停止決定」）を行うとともに、同日に開かれた閣議の口頭了解に基づいて同年10月28日より、地方自治法245条の8に定める手続に従って代執行手続を開始した（同年10月28日勧告、11月9日指示）。

6） 行政訴訟における和解の許容性に関する論文等は枚挙に遑がない。文献参照の趣旨も含め概括的には、参照、交告尚史「行政訴訟における和解」髙木光・宇賀克也編『行政法の争点』（有斐閣、2014年）132-133頁。私見は、さしあたりは次のとおりである。抗告訴訟について訴訟上の和解が許容されない理由は、一般的には、私的自治の原理の民事訴訟上のアナロジーである処分権主義を前提として、私的自治の原理と法律による行政の原理とを対峙させて、前者が妥当せず、後者がもっぱら妥当する行政処分については訴訟上の和解をカテゴリカルに許容しないとする考え方に求められると思われる。たしかに、行政処分の権限は法律によって創出され、特定の行政庁に付与されるものである以上、行政庁、そしてその行政庁が帰属する行政主体が、その権限を私権のごとく自由に処分する――権限を放棄する、あるいは、行政処分を適法だと自認しているにもかかわらず、違法であるかのように当該行政処分を取り消したり、変更したりする内容を和解条項で定める――ことができるはずもない。しかし、行政庁は付与された権限の範囲内で行政処分をすることができる以上、行政庁が帰属する行政主体は、権限を付与した法律の趣旨に反しない限りにおいて、訴訟上の和解が試みられている訴訟の目的、すなわち、取消訴訟、義務付け訴訟、差止訴訟といった訴訟類型に照らして、すでに行った行政処分、あるいは、これから行う行政処分の処理の方法を和解条項で定めることができると考えてよいであろう。同様の程度のことは、行政庁が訴訟当事者となる代執行訴訟および関与訴訟でも可能だと思われる。

そして、昨年11月17日に、国土交通大臣は、国土交通大臣を原告とし、沖縄県知事を被告とした本件代執行訴訟を福岡高等裁判所那覇支部に提起した。

 多見谷寿郎裁判官が裁判長を務める法廷(以下、「多見谷法廷」)が本件代執行訴訟の審理を行った。同法廷は、本年(2016年)2月29日の結審まで5回の期日を設け、当事者に口頭弁論の機会を与えた。

 審理の争点は、国土交通大臣が代執行の手続をとったことが地方自治法245条の8第1項に定める要件──「法定受託事務の管理若しくは執行が法令の規定に……違反するものがある場合」、「〔代執行〕以外の方法によってその是正を図ることが困難である〔とき〕」および「〔法令の規定に違反する法定受託事務の管理若しくは執行を〕放置することにより著しく公益を害することが明らかであるとき」──を充たすか否かである。本件和解の契機となったのが、これらの要件のうち「〔代執行〕以外の方法によってその是正を図ることが困難である〔とき〕」の要件に関する審理であった。

 国土交通大臣側は、代執行の手続に至ったのは、沖縄県知事が知事就任以来一貫して、代替施設等への移設を阻止する旨を公言しており、本件埋立承認取消処分の前に行われた国との協議においても姿勢に変更がなく、地方自治法245条の7に基づく是正の指示に従う見込みがないからであるとの主張を展開した。これに対して、沖縄県知事側は、国と地方公共団体を対等化し、新しい関係に照らして適切な仕組みとして国地方係争処理委員会の制度が設けられた平成11年改正以後は、原則として同条に基づく是正の指示を経ることもなく、代執行制度に及ぶことは許されないとの主張を展開した。

 これについて、本年1月8日の第2回口頭弁論期日において、多見谷裁判長は、地方自治法251条の7に定める不作為の違法確認訴訟への関心を示し、かりに同訴訟が提起され、主張が認められなかった場合における沖縄県知事がとる対応について、本件代執行訴訟において沖縄県知事側が主張する用意があるかどうかを沖縄県知事側に質し、沖縄県知事側はこれを検討することを約している。そして、同年1月18日に提出した第18準備書面において、沖縄県知事側は「仮に、原告が不作為の違法確認訴訟を提起し、請求を認容する判決が確定

---

7) 参照、「代執行訴訟第2回口頭弁論詳報」琉球新報2016年1月9日7頁。

したとするならば、被告が確定判決の主文の判断に従った作為を行うことは、行政として当然のことである。」と回答した。

さて、多見谷法廷は、本年1月29日の第3回口頭弁論期日の口頭弁論終了後、非公開の進行協議において当事者に対し和解の勧試を行った。和解勧告文（以下、「本件和解勧告文」）には、A案（いわゆる根本案）とB案（いわゆる暫定案）といった2つの和解案が記載されていた。

A案の内容は、沖縄県知事は本件承認取消処分を取り消す、国は新飛行場の供用開始後30年以内に返還または軍民共用にすることを求める交渉を米国と行う、国は埋立工事およびその後の運用において周辺の環境保全に最大限の努力をする、国は普天間飛行場の早期返還に一層努力し、返還までの間に爆音被害に対する賠償を任意に行う、というものである。

B案の内容は、国土交通大臣は本件代執行訴訟を取り下げる、沖縄防衛局は本件審査請求を取り下げ、本件埋立事業を中止する、違法確認訴訟の判決が確定するまで当事者は円満解決に向けた協議を行う、当事者は、違法確認訴訟の判決が確定したら、その結果に従う、というものである。

沖縄県知事の立場からみれば、B案は、本件埋立承認取消処分が下された時点の状態に復するものであるから、受入れ可能なものであるのに対し、A案は、本件埋立承認取消処分を取り消した上で辺野古新基地の建設を認めるという点で到底受け入れることができない。これに対して、政府の立場からみれば、B案は、本件埋立事業を再び中止しなければならないことになるから、受け入れることができない。そして、新基地建設を許容するA案についても、米国との信頼関係を重視する政府の立場からみれば、米国と交渉を要する点で、受入れはできないものであった。

本件代執行訴訟の審理が続く中、本年2月1日に沖縄県知事は、本件執行停止決定が違法な関与であるとして、地方自治法251条の5第1項に基づいて、自らを原告とし、国土交通大臣を被告とした本件関与取消訴訟を福岡高等裁判

8） http://www.pref.okinawa.jp/site/chijiko/henoko/documents/18junbi02.pdf
9） 勧告の内容は秘密とされたが、本件和解成立後、沖縄県によって和解勧告文が公表された。
http://www.pref.okinawa.jp/site/chijiko/henoko/documents/h280129wakaian.pdf
10） 島洋子「辺野古代執行訴訟 『急転直下』の和解から見えてきたもの」世界882号（2016年）31頁。

所那覇支部に提起した。同訴訟も多見谷法廷が審理することになった。同訴訟は、結審まで２回の期日が設けられ、第１回目は、本件代執行訴訟第４回口頭弁論期日と同日の同年２月15日に行われ、第２回口頭弁論期日は本件代執行訴訟の第５回口頭弁論期日と同日の同年２月29日に行われた。

ところで、本年２月15日の本件代執行訴訟の第４回口頭弁論期日において行われた主尋問においては、翁長現知事は、是正の指示が出され、それについて取消訴訟を提起し、主張を認めない判決が確定した場合には、それに従う旨の答弁を行い[11]、反対尋問において先に提出した第18準備書面の記載を認めた[12]。

両訴はいずれも本年２月29日に結審したが、同日に本件関与取消訴訟についても和解の勧試がなされ、本件代執行訴訟についてはＢ案に絞って和解協議が進められることになった。判決の言渡しは、本件関与取消訴訟は同年３月17日、本件代執行訴訟は同年４月13日に定められた。

和解協議の結果、本年３月４日に本件和解が成立し、本件和解条項が調書（平成27〔行ケ〕３号・平成28〔行ケ〕１号）に記載された。

なお、本件関与取消訴訟とは別に、昨年12月25日に、沖縄県は、本件埋立工事を早急に中止させるために、那覇地方裁判所に、国を被告とする本件執行停止決定の取消訴訟（平成27〔行ウ〕28号。以下、「本件執行停止決定取消訴訟」）を提起し、併せて本件執行停止決定の執行停止の申立て（平成27〔行ク〕９号）を行っていた。もっとも、国側から事件の移送の申立てがなされていたために審理が遅れていた[13]。

(2) 本件和解条項の内容

本件和解条項は、全部で10項から成っているところ、訴訟費用の負担を定めた同10項を除くと、おおむね３つにグルーピングすることができる。

第１のグループに属する諸条項（本件和解条項１項および同２項）は、訴訟の

---

11) 参照、「代執行訴訟県側知事主尋問」沖縄タイムス2016年２月16日10頁、「代執行訴訟知事主尋問」琉球新報2016年２月16日６頁。
12) 参照、「代執行訴訟国側知事反対尋問」沖縄タイムス2016年２月16日11頁、「代執行訴訟知事反対尋問」琉球新報2016年２月16日７頁。
13) ２月10日に申立てを却下する決定が行われ、３月中に第１回目の口頭弁論が開催されることになっていた。参照、「辺野古２訴訟那覇で審理」沖縄タイムス2016年２月11日33頁。

取り下げに関するものである。本件和解がまさに訴訟上の和解であることを示すグループである。本件和解条項1項は、国土交通大臣が本件代執行訴訟を取り下げること、および、沖縄県知事が本件関与取消訴訟を取り下げることを定めている。同2項は、本件関与取消訴訟の原因となるとともに、別訴として沖縄県が提訴した本件執行停止決定取消訴訟の原因ともなった本件審査請求および本件執行停止申立てを、利害関係人として沖縄防衛局が取り下げることを定めている。これにより、国土交通大臣が行った本件埋立承認取消処分の執行停止決定は失効するため、本件執行停止決定取消訴訟の必要性はなくなるから、沖縄県は同訴訟を取り下げることになる。

第2のグループに属する諸条項(本件和解条項3項ないし7項および同9項)は、両訴の終了後に、本件埋立承認取消処分に関する係争を法的に処理するための措置に関するものである。本件和解が、この係争自体の終局的解決を定めたものではないことを示すグループである。そのとるべき措置とは、おおむね、以下の通りである。

①国土交通大臣は地方自治法245条の7所定の是正の指示を出し、これについて不服があれば、沖縄県知事は1週間以内に地方自治法250条の13第1項に基づいて国地方係争処理委員会に審査の申出をし(本件和解条項3項)、その場合には両者は同委員会の迅速な審理に協力する(同4項)。

②同委員会が是正の指示を違法でないと判断した場合に、これに不服があれば、沖縄県知事は1週間以内に地方自治法251条の5第1項1号に基づいて当該是正の指示の取消訴訟を提起し(本件和解条項5項)、逆に、同委員会が是正の指示を違法であると判断した場合であって、国土交通大臣が同委員会の勧告に応じた措置を期間内にとらないときは、やはり、沖縄県知事は期間経過後1週間以内に地方自治法251条の5第1項4号に基づいて当該是正の指示の取消訴訟を提起し(同6項)、その場合には両者は裁判所の迅速な審理に協力する(同7項)。

③当該是正の指示の取消訴訟の判決の確定後は、両者および沖縄防衛局は、直ちに、同判決の主文およびそれを導く理由の趣旨に沿った手続を実施し、その後も、同趣旨に従って互いに協力して誠実に応対する(本件和解条項9項)。

第3のグループに属する条項(本件和解条項8項)は、協議に関するものであ

る。同項は、是正の指示取消訴訟の判決が確定するまで、両者と沖縄防衛局は、普天間飛行場の返還と本件埋立事業に関する円満解決に向けた協議を行う、と定めている。本件係争の終局的解決の方法として、法的措置によるものだけではなく、両者の合意によるものがあることを示している。

3 訴訟上の和解の許容性に照らした本件和解条項の効力について

(1) 本件和解における譲歩の内容と和解の成立の成否

　和解は、その条項において原告側および被告側の双方に譲歩が必要となる（民法695条）。このことは訴訟上の和解にも妥当する。したがって、訴訟物に関する主張を当事者双方が譲り合う必要がある。相手方の主張を全部認める旨の合意ならば、請求の放棄または認諾になるし、訴訟物たる権利関係にまったく触れることなく、たんに訴訟を終わらせる旨の合意は、訴えの取下げとこれに必要な同意とみるべきで、訴訟上の和解とはいえない[14]。

　本件和解条項は、2(2)で紹介したように、本件代執行訴訟についても、本件関与取消訴訟についても、当事者はそれぞれがした訴えについてこれを取り下げるものと定めるのみで、本件代執行訴訟の訴訟物に係る本件埋立承認取消処分が法令の規定に違反するとした国土交通大臣の指示の適法性に触れたり、本件関与取消訴訟の訴訟物である本件執行停止決定の適法性に触れたりするような内容を定めていない。

　また、かりに譲歩の内容を、国土交通大臣側については本件代執行訴訟に関する訴えの取下げであり、沖縄県知事側については本件関与取消訴訟に関する訴えの取下げであると把握した場合には、たしかに、原告側および被告側の双方に譲歩があったともいえよう。しかし、そうした譲歩があると認めるためには、論理的には、本件代執行訴訟においては沖縄県知事側が本件埋立承認取消処分を違法だと暗黙に認め、本件関与取消訴訟においては国土交通大臣側が本件執行停止決定を違法だと暗黙に認めていることが前提となろう。しかし、こ

---

14) 参照、新堂・前掲注2）366-367頁。

の論理を前提とすると、是正の指示の取消訴訟を沖縄県知事が提起することを定める本件和解条項3項ないし6項がなおも本件埋立承認取消処分が適法である可能性があることを前提としていることと矛盾するし、同2項が本件審査請求および本件執行停止申立ての取下げを定めていることとも矛盾する。

そうすると、前述の訴訟上の和解の要件に照らすならば、訴訟物について両訴を通じた整合的な譲歩が認められないから、本件和解は、たんなる訴訟の取下げの合意でしかなく、訴訟上の和解とはいえないとの評価もありえよう。

しかし、譲歩の内容を以下に説明するとおりに解すれば、第1グループに属する諸条項が定める内容は国土交通大臣側の譲歩を主としたものであり、第2グループに属する条項が定める内容は沖縄県知事側の譲歩を主としたものであると把握することができ、したがって本件和解は訴訟上の和解として成立していると評価することもできる。

まず、本件代執行訴訟については、是正の指示の取消訴訟や不作為の違法確認訴訟といった方法がある点で「〔代執行〕以外の方法によってその是正が図ることが困難である」ことを原因の1つとする請求に理由がないこと、本件関与取消訴訟については不適法な審査請求に基づくものである点で本件執行停止決定が違法であることを国土交通大臣が暗黙に認めていること、これらを国土交通大臣側の譲歩であると解する。つぎに、沖縄県知事が是正の指示の取消訴訟を提起することで、裁判所を通じて是正の指示に従って沖縄県知事に本件埋立承認取消処分を取り消させる方法を国土交通大臣側に認めることが沖縄県側の譲歩であると解する。ところで、譲歩の内容は、訴訟物以外の法律関係を新たに形成・設定することも可能であると解されている。そうすると、本件和解においては、国土交通大臣側に訴訟物に関する譲歩があり、沖縄県知事側に訴訟物以外の事項に関する譲歩があったと把握することができる。以上の整理に従えば、本件和解は、訴訟上の和解として成立しているとみてよいであろう。

もっとも、上記の整理の難点は、本件和解条項に訴訟物に関する国土交通大臣の譲歩が明示されていないことである。

この点に関しては、上記2(1)で指摘したとおり、代執行以外の関与として是正の指示が行われ、それに係る訴訟において敗訴の判決が確定した場合には判決に従う旨を翁長現知事が本件代執行訴訟の第4回口頭弁論期日において陳述

したことを重視すべきであろう。この陳述は、代執行の要件である「〔代執行〕以外の方法によってその是正が図ることが困難」であるとの国土交通大臣側の主張を支える根拠を一掃させるものであった。また、第2回口頭弁論期日における多見谷裁判長の質問や和解案のB案に照らせば、多見谷法廷は、本件埋立承認取消処分の違法性は、本件代執行訴訟ではなく、不作為の違法確認訴訟で審理されるべきとの心証をもっていたことが十分に推認できる。そうすると、本件代執行訴訟については国土交通大臣の敗訴のおそれが相当な程度見込まれていたといえよう。そして、国土交通大臣はこれを回避すべく和解を受け入れたといったところが真実であろう。[15] そうすると、本件和解条項1項は、国土交通大臣が本件代執行の訴訟物につき暗黙に譲歩をしていたことを前提して定められたとみてよいであろう。

　それでは、本件関与取消訴訟についてはどうであろうか。本件代執行訴訟の場合と異なり、本件関与取消訴訟の場合には、和解の勧試はされたものの、和解勧告の内容は明らかにされておらず、また、2回にわたる口頭弁論期日において裁判長は、本件執行停止決定につき国土交通大臣が認容した本件執行停止申立ておよびその本請求である本件審査請求の適法性について特段の疑問を投げかけるような質問をした形跡はない。

　もっとも、本件代執行訴訟の第2回口頭弁論期日において、本件執行停止決定に加えて代執行の手続をとっている理由として、国土交通大臣側が第3準備書面において「審査請求は申立てによりされるもので、所管大臣が主体的に行うものではなく、……所管大臣が審査請求の裁決を担当することになったとしても、審査請求は、審査請求人が取り下げれば終了するものであって……、裁決による是正が不確かなものであるから、所管大臣が著しい公益侵害を迅速に是正するために代執行等の手続を取ることを否定することにならない」と説明していることに対して、多見谷裁判長は「なるほどなと思うが、行政主体としては『国』だし、行政組織としても内閣の一体の元(ママ)にある。簡単に『入り口で行政不服審査は関係ないんだ』という話にはならない。」と述べている。[16] 政府

---

15) 参照、五十嵐敬喜「辺野古・代執行裁判『和解』の正体」世界882号（2016年）127頁、白藤博行「辺野古代執行訴訟の和解後の行政法的論点のスケッチ」自治総研451号（2016年）6頁。

が審査請求を恣意的に利用しているのではないかとの疑念を多見谷裁判長が抱いていることがうかがわれる。そして、多見谷裁判長は、承認に関する従前の政府の見解と、沖縄防衛局が一般私人と同様に審査請求をする資格を有しているとする、今回の政府の見解とが整合しているかどうか疑問を抱いていたところ、これに対し国土交通大臣側は十分に答えきれていなかった[17]。

---

16) 参照、前掲注7) 琉球新報7頁。
17) 多見谷法廷は、釈明として、当事者に対しして公有水面埋立法42条1項の「承認」について、「免許」に適用される同法の規定が準用されていない趣旨を明らかにするよう求めていた。特に国土交通大臣に対し「国が行う埋立てに関する権能の国以外の者への譲渡について」(昭和28・12・5法制局一発108号 港湾局長あて法制局第一部回答)との関係を説明するように求めていた。同回答は、以下のとおり、法的性質において免許と承認が異なるとの見解を明らかにしていた。「その決定〔公有水面埋立法42条1項の趣旨―引用者注〕は、当該官庁のなす埋立工事が公有水面の管理上なんらかの支障を生ずるものであるか否かを都道府県知事の判断にまかせようとすることにあるのであつて、右の都道府県知事の承認の性質を埋立免許のそれと同様に解し、承認によつて『埋立ヲ為ス権利』が設定されるものと解してはならないであろう。ただし、国は、右に述べたような公有水面に対する支配権に基いて公有水面の一部につき適法に埋立をなしうるのであり、国以外の者がなす埋立の場合と異なつて埋立をなすために特に『埋立ヲ為ス権利』を取得することを必要としないと解されるからである。」(三善政二『公有水面埋立法(問題点の考え方)』(社団法人日本港湾協会、1970年) 303頁に所収)。
　本年2月12日に提出された国土交通大臣の答弁書では、上記の内容と同様に、「埋立権能」の相違でもって、承認が免許と性質の異なる処分であることを認めつつも、承認が埋立事業をし得る地位を与える点で一般私人の免許とは変わりがないこと、免許も承認も同一の基準によって都道府県知事の審査を受けること、国の承認が一般私人の免許に優先される仕組みとはなっていないこと、処分の名宛人が公共団体に限られるような特別の監督規定が存在しないから、沖縄防衛局は「固有の資格において処分の相手方」となっているわけではないと主張する。しかし、埋立地の所有権を取得するに際し、一般私人の場合には都道府県知事の竣工認可を要する(公水法22条・24条)のに対し、国の機関の場合には都道府県知事に対する通知で済ませることができる(同法42条2項・42条3項〔22条・24条の不準用〕)のは、公有水面に対する支配権が国に存するからであり、沖縄防衛局は固有の資格＝私人の立ちえない立場にあることは否定できない。しかし、答弁書では、22条と24条の不準用の趣旨を他の監督規定の不準用の趣旨と区別することなく、国については自ら必要な措置をとることができるから準用されていないと説明するにとどまっており、説得的ではない。
　なお、国地方係争処理委員会は、本件審査請求が不適法であるとの結論には至らなかったが、「国が一般私人の立ち得ない立場において埋立承認をうけるものであると解することができるのではないかと考えられ、上記ア③の国土交通大臣の見解〔「承認」について「免許」に関する条文の一部が適用・準用されていないことは国が固有の資格において埋立承認をうけるものとはいえない―引用者注〕の当否については疑問も生じるところである。」といったように疑念を抱いていたことも留意してよい。参照、国地方係争処理委員会「沖縄防衛局長が申し立てた執行停止申立てにつき平成27年10月27日付けで国土交通大臣がした執行停止決定に係る審査の申出について」(平成27・2・28国地委19号) 6-7頁。「固有の資格」をめぐる議論の詳細については、本書第3章を参照。

以上の状況に照らすと、多見谷法廷が、沖縄防衛局による審査請求は不適法であるとの心証を得ていたことを推認できないわけではない。そうすると本件関与取消訴訟についても国土交通大臣側の敗訴の可能性があったといえ、本件和解条項2項は、国土交通大臣が本件関与取消訴訟の訴訟物についても暗黙に譲歩をしたことを前提として、沖縄防衛局に審査請求の取り下げを求めたものとみてよいであろう。[18]

　以上の考察に基づけば、訴訟物に関する譲歩と、訴訟物以外に関する譲歩が存在しているとみることができるので、本件和解は訴訟上の和解として成立していると評価してよいであろう。

(2) 本件和解条項の効力とその射程について

　本件和解条項は、本件代執行訴訟に代えて、新たにされる是正の指示についての取消訴訟でもって本件係争を処理すること、すなわち、本件係争の解決手続の「更新」を定めるにすぎないともいえる。それにしても、訴訟上の和解において、取り下げられる訴訟とは別の訴訟を提起することとその判決を遵守することを当事者は約することができるのだろうか。

　たしかに、訴訟上の和解は、一般的に、訴訟物を超えた内容を定めることは可能であるから、第2グループに属する諸条項はその限りでは正当であることは上述したとおりである。しかし、和解の内容は、公序良俗に反するものであったり、その他法令の定め（強行法規）に違反するものであったりしてはならない以上、同諸条項が規律する内容が、是正の指示の取消訴訟を規律する地方自治法および行政事件訴訟法が定める当事者の権限に属するかどうかが問題となる。

　第2グループに属する諸条項をみるに、地方自治法245条の7第1項に基づいて国土交通大臣が是正の指示を出すことは、公有水面埋立法を所管する大臣が国土交通大臣である以上、その権限に属することは明らかであろう。また、その指示に不服があるとき、地方自治法250条の13第1項に基づき沖縄県知事が国地方係争処理委員会に審査の申出を行うこと、そして、審査の結果に不服

---

18) 参照、新垣勉「代執行訴訟和解の意味と今後の争点——辺野古新基地問題を通じて地方自治を考える」自治と分権64号（2016年）65-66頁。

があるとき、または、国土交通大臣が国地方係争処理委員会の勧告に応じた措置をとらないとき、地方自治法251条の5第1項に基づいて沖縄県知事が当該是正の指示の取消訴訟を提起することもまた、当該是正の指示が沖縄県知事が行った本件埋立承認取消処分に関するものである以上、沖縄県知事の権限に属することも明らかである。

しかし、権限に属するとはいえ、その権限の行使の方法に制限を設けたり、拡張したりすることが許容されるかは別問題である。以下、その問題を検討しよう。

(a) 審査の申出および出訴の期限について

本件和解条項3項は是正の指示があった日から1週間以内に沖縄県知事が審査の申出をすると定め、同5項および6項が定めるとおり、所定の事情が生じた場合には1週間以内に沖縄県知事は当該是正の指示につき取消訴訟を提起すると定めている。それでは、沖縄県知事はそれぞれの措置につき所定の事情が生じた場合には1週間以内にそれを行う義務があり、その期限を経過した時点で沖縄県知事は本件和解条項に違反したということになるのであろうか。

地方自治法は、審査の申出の期間を関与があった日から30日（自治法250条の13第4項）と定め、関与取消訴訟の出訴期間を、該当事情が生じてから30日（自治法251条の5第2項）と定めている。このような制限があるのは、国の関与については、その効果を早期に安定させることが必要であるとの理由からである。新行政不服審査法18条1項が定める審査請求期間（処分のあったことを知った日の翌日から起算して3か月）や行政事件訴訟法14条1項が定める出訴期間（処分のあったことを知った日から6か月）に比して短期となっているのは、これらの制度が機関争訟であって権利保護を目的としていないと考えられているからであろう。

しかし、関与の適法性について国地方係争処理委員会や高等裁判所が慎重かつ公正に審査する機会を争訟手続として設けることで国と地方公共団体との対等・協力関係を確保するというのがこれらの制度の趣旨だとすれば、地方公共

---

[19] 松本英昭『新版　逐条地方自治法〔第8次改訂版〕』（学陽書房、2015年）1173頁。なお、同書は関与取消訴訟の出訴期間の制限の理由には触れていないが、同旨と考えればよいであろう。

団体が審査の申出をしたり、提訴したりするために熟考する準備期間を十分に確保することが重要であろう[20]。

　本件和解条項は、沖縄県知事の権限に属する事項につき、沖縄県知事の譲歩によって30日の期間を1週間の期間に短縮しているのだから、条項自体が効力を有することを否定することはできない。しかし、沖縄県知事が期間の短縮を許容したのは、予定されている是正の指示の内容および理由が本件代執行訴訟で既に争点とされた事項と同一であることが前提とされていると解すべきである。実際に行われた是正の指示の内容や理由が、本件代執行訴訟において争点となった事項以外の事項に及んでいた場合には、沖縄県知事は本件代執行訴訟のために行っていた準備では対応できない以上、1週間以内の制限を遵守できないことには正当な理由があり、本件和解条項の違反には当たらないと解すべきであろう。

(b) 確定判決の遵守について

　繰り返しになるが、本件和解は、本件係争、すなわち、本件埋立承認取消処分の適法性・有効性に関する疑義の終局的解決を、新たにされる是正の指示についての取消訴訟に委ねている。しかし、本件和解勧告文でも指摘されているように、判決の結果として本件埋立承認取消処分が取り消されたとしても、沖縄県知事は本件埋立承認処分の撤回等を行うことで、本件埋立事業に対する抵抗を再び行い、延々と法廷闘争が続くことになりかねない。したがって、それを回避しようとするならば、将来生起するかもしれない本件埋立事業に関する新たな係争を防止することまでも定めたものと本件和解条項を理解したくもなろう。

　このような趣旨に即して本件和解条項9項を読むならば、当該是正の指示の取消訴訟につき沖縄県知事の敗訴が確定した場合には、本件埋立承認処分が取り消され、本件埋立承認処分の効力が回復し、沖縄防衛局は本件埋立事業を再開することができるようになるところ、沖縄県知事はもはや本件埋立事業に関する紛争を再発させることになるような措置をとることはできない、例えば、明白に免許基準に違反する場合は格別、裁量権の範囲内にとどまるような場合

---

20) 参照、白藤・前掲注15) 4頁。

には設計変更の承認の申請を不承認としたり、本件埋立事業に係る工事が公有水面埋立法に違反するときは沖縄防衛局に対し必要な監督処分をしたり、さらには、監督処分によって是正がされない場合に本件埋立承認処分を撤回したりすることは許されない、ということになろう。

しかし、第2グループに属する諸条項に関して、明示的に当事者が合意している事項は限られている。沖縄県知事が、本件係争の最終的解決を当該是正の指示の取消訴訟に委ねることについて合意していることは、本件代執行訴訟の第4回口頭弁論期日での翁長現知事の陳述から明らかである。しかし、取消判決のような拘束力がないにもかかわらず、当該取消訴訟の棄却判決確定後に、棄却判決の既判力の範囲を超えて、爾後、本件埋立事業の継続を妨げるような措置——設計変更に伴う変更承認申請につき拒否処分を行ったり、留意事項違反等を理由として本件埋立承認処分の撤回を行ったりする措置——をとらないことまで合意したことを本件和解条項9項から読み取ることは困難であろう。逆に、上記の口頭弁論期日において、「前の承認は適合となっても、新たな変更申請については、その要件を吟味して新しく判断するということか」との国側代理人の反対尋問に対し、翁長現知事は「そういうことだ」と陳述している[21]。したがって、本件和解に際して沖縄県知事が敗訴確定後には本件埋立事業の継続を妨げるような措置をとらないとまで合意したと推認することができない。かりにそのような合意があったとしても、違法な行為の放置に合意することは、公有水面埋立法に違反する。したがって、本項の法的効力の射程は、そこまでは及ばないと解すべきである[22]。

なお、当該是正の指示の取消訴訟の請求認容判決確定後に、取消判決の拘束力の範囲を超えて、爾後、沖縄防衛局が埋立承認の再申請をしないことまで合意したとまで、やはり、本件和解条項9項から読み取ることは困難であろう。

(c) 協議の趣旨

本件和解条項8項は、是正の指示の取消訴訟判決の確定まで、本件係争の直接的な原因である本件埋立事業だけでなく、普天間飛行場の返還についても円

---

21) 参照、前掲注12)沖縄タイムス11頁、琉球新報7頁。
22) 白藤博行は、法治主義の観点から第9項の射程を同様に限定する。参照、白藤・前掲注15) 6頁。

満解決に向けて協議を行うことを求めている。それでは、当該是正の指示の取消訴訟と円満解決に向けた協議、いずれが優先されるべきであろうか。

　普天間飛行場の返還にあたって必要とされる普天間飛行場の代替施設をどこに確保するのかが、本件埋立事業に対する承認取消処分に係る本来的な紛争であって、沖縄県と政府との間で協議が調えば、本件係争自体が消滅するので、協議は本件係争の円満解決にもつながる。そうだとすると、当該是正の指示の取消訴訟よりも、協議が優先されるべきであろう。

　しかし、本項は、協議が優先されるべきだとまでは定めていない。したがって、本件埋立承認取消処分の適法性が争点とされる当該是正の指示の取消訴訟と並行して、協議が行われることになる。もっとも、それは、本件和解条項１項および２項で満足を得、もはやこれ以上の訴訟を望まない沖縄県知事には、あたかも、意に沿わぬ判決の可能性を担保とする裁判所に急かされながら、当事者が協議を迅速に進める構図、それどころか、本件埋立事業の再開を急ぐ政府と、裁判所がそれを支援する構図ともいえよう。このような構図の中で行われる協議が果たして公正、公平な環境の下で行われているものといってよいか疑問である。かりに、それが、当該是正の指示の取消訴訟において裁判所の勧試により行われる訴訟上の和解に向けての協議であるとすれば、その不公正さはなおさらであろう。[23]

---

[23]　多見谷法廷は、本件和解勧告文で「今後も裁判で争うとすると、仮に本件訴訟で国が勝ったとしても、さらに今後、埋立承認の撤回がされたり、設計変更に伴う変更承認が必要となったりすることが予想され、延々と法廷闘争が続く可能性があり、それらでも勝ち続ける保証はない。……他方、県が勝ったとしても、辺野古が唯一の解決策だと主張する国がそれ以外の方法がないとして、普天間飛行場の返還を求めないとしたら、沖縄だけで米国と交渉して普天間飛行場の返還を実現できるとは思えない」との認識を示している。しかし、沖縄県知事の勝訴判決を通じて本件埋立承認取消処分の取消しが実現できなくなれば、政府は沖縄県知事が納得できるような内容で埋立承認の再申請をするか、それとも辺野古が唯一の解決策であるとの考えを放棄し、代替施設の要否等を含め普天間飛行場の返還に向けて国がアメリカと交渉するか、いずれかの方法を政府がとることで足りるのである。このような認識は、普天間飛行場の返還が、本来、政府の責任であることを等閑視するものであると同時に、沖縄県知事の勝訴判決が普天間飛行場の返還に対する政府の無為を是認するものとなることを示唆する点で、当該訴訟に係る和解の勧試の範囲を超えたものである。その意味で、多見谷法廷の中立性が疑われる。なお、五十嵐敬喜は、和解勧告をした事案を再び同じ裁判所が審理することは、ある種の「予断」（利害関係）があるものとして、多見谷法廷は「裁判の回避」をする場合があるかもしれないとする。参照、五十嵐・前掲注15）129頁。

したがって、当事者間の公平性と協議の公正さを重視するならば、本項は、協議、とりわけ、裁判外の和解に向けた協議を優先するものと解すべきであろう。裁判外での和解に向けた協議があることを理由として、沖縄県知事が提訴を遅らせたりすることは本条項に違反するということにはならないし、協議とは訴訟上の和解に向けた協議のみを指すと解して、政府が裁判外の和解の協議を拒否することは本項に違反するといってよいであろう。

4　国地方係争処理委員会の審査の結果と本件和解の射程

(1)　沖縄県知事の提訴義務の有無について

　さて、国土交通大臣は、本件埋立承認取消処分に関する協議を具体的に開始することもなく[24]、本件和解条項3項に従って、本件埋立承認取消処分を取り消すよう沖縄県知事に対し、本年（2016年）3月16日に、地方自治法245条の7第1項に基づく是正の指示（平成28・3・16国水政102号。以下、「本件是正指示」）を行った。これを受けて、沖縄県知事もまた、本件和解条項3項に従って、同年3月23日に国地方係争処理委員会に対し地方自治法250条の13第1項に基づいて審査の申出を行った。本件和解条項4項では迅速な審理判断が行われることが期待されていたが、同委員会は、審査の申出から60日以内といった審査の期間を目一杯費やして、同年6月17日にようやく審査の申出について決定を下した[25]。

　その結論部分は以下のとおりである。

---

[24]　本件和解成立後、本年3月23日に政府と沖縄県は、同県の基地負担軽減などを協議する「政府・沖縄県協議会」を開催し、本件和解条項8項に基づく協議を行うための作業部会を設置することで合意した。「新基地協議平行線」沖縄タイムス2016年3月24日1頁朝刊、「辺野古作業部会設置へ」琉球新報2016年3月24日朝刊1頁。同部会は、4月14日に第1回会合を開催し、沖縄県の辺野古沖の臨時制限区域の撤廃とブイとフロートの撤去を要請し、これに対して政府はフロートの撤去に応じた。また、5年以内の運用停止を話し合う普天間飛行場負担軽減推進会議の早期開催が合意された。「ニュース断面」沖縄タイムス2016年4月15日2頁朝刊、「透視鏡」琉球新報2016年4月15日朝刊3頁。

[25]　「平成28年3月16日付けで国土交通大臣がした地方自治法第245条の7第1項に基づく是正の指示に係る審査の申出について（通知）」（平成28・6・20国地委33号）。http://www.soumu.go.jp/main_content/000425425.pdf〔沖縄県知事宛通知〕、http://www.soumu.go.jp/main_content/000425426.pdf〔国土交通大臣宛通知〕。

「当委員会としては、本件是正の指示にまで立ち至った一連の過程は、国と地方のあるべき関係からみて望ましくないものであり、国と沖縄県は、普天間飛行場の返還という共通の目標の実現に向けて真摯に協議し、双方がそれぞれ納得できる結果を導き出す努力をすることが、問題の解決に向けての最善の路であるとの見解に到達した。」

「当委員会は、本件是正の指示が地方自治法第245条の7第1項の規定に適合するか否かについては判断せず、上記見解をもって同法第250条の14第2項による委員会の審査の結論とする。」

上記の決定（以下、「本件国地委決定」）は、本件和解条項5項および6項で想定されている国地方係争処理委員会の審査の結果と異なる。なぜならば、同5項では是正の指示が違法ではないとの判断が、同6項では結果が是正の指示が違法であるとの判断がそれぞれ審査の結果として想定されているところ、適法の判断も違法の判断もしない本件国地委決定は、いずれの判断でもないからである。[26]

本件是正指示の違法性の有無を判断しないとする結論を地方自治法250条の14第2項に定める審査の結果としてみることができるのかについては、その文理に照らすならば、疑念もある。もっとも、かりに本件国地委決定を審査の結果とみることができないとしても、国地方係争処理委員会の審査の不作為状態が続いているだけであるから、審査の申出から90日を超えた時点で、地方自治法251条の5第1項3号に基づいて沖縄県知事は本件是正指示について取消訴訟を提起することもできる。したがって、審査の結果をいずれにみようとも、沖縄県知事が当該取消訴訟を提起できることには変わりがない。

そうすると、沖縄県知事は、本件国地委決定を審査の結果とみる場合には、6月21日から7日以内に、そうはみない場合には審査の申出から90日を超えた本年6月22日以降に、当該取消訴訟を提起しなければならない義務を負い、提起しない場合には本件和解条項違反が問われるか否かが、問題になる。かりに

---

[26] 辺野古への埋立てによる代替施設の建設の公益適合性に関し「議論を深めるための共通の基盤づくりが不十分な状態のまま、一連の手続が行われてきたことが、本件争論を含む国と沖縄県との間の紛争の本質的な要因」であり、「この一連の過程を、国と地方とのあるべき関係からかい離しているもの」とまで評価しているのだから、国地方係争処理委員会は是正の指示を違法だと判断できたのではないか、との疑問は禁じえない。今回の決定の評価については、参照、本書第6章。

紛争を早期に解決するよう双方が努力することが本件和解条項の全体の趣旨だとすれば、上記の問題については肯定的な解答をせざるをえない。

しかし、後述のとおり、本件国地委の決定について沖縄県知事には不服がない以上、当該取消訴訟を提起することは、「不服のあるとき」に関与の取消訴訟の提起を認めている地方自治法251条の5第1項1号の要件を充たさない。かりに本件和解条項に従う義務があることを理由に、不服がないにもかかわらず、当該取消訴訟を提起した場合には、それこそ訴権の濫用との評価を受けかねない。したがって、沖縄県知事には提訴の義務どころか、提訴の権利もないというべきであろう。

(2) 本件国地委決定における協議の勧めと本件和解条項の射程について

本件国地委決定は、本件是正指示の適法性の判断を下すことなく、沖縄県と国が普天間飛行場返還といった共通の目標の実現に向けて真摯に協議をすべき旨の見解を提示した。沖縄県知事は、この見解を尊重し、内閣総理大臣に協議を求めている[27]。

そこで、沖縄県の求めに応じて、国が協議に応じないことは、本件和解条項に違反していると評価できないかが問題となる。

本件和解条項8項は、沖縄県知事と国土交通大臣・沖縄防衛局との協議を予定しており、前述のとおり、訴訟による解決よりも協議による解決を優先していると解されるから、沖縄県知事が、国土交通大臣・沖縄防衛局を統轄する内閣に協議を求めることは本件和解の趣旨に適ったものである。それどころか、協議が成熟していないことを本件是正指示の適法性の判断をしなかった理由としている本件国地委決定の趣旨に照らせば、国地方係争処理委員会は、自らの事業が地域の事務に重大な影響を及ぼすときは、法律で協議が義務付けられていなくても、国は当該地方公共団体と協議をしなければならないといった協議前置主義とも評すべき考え方に基づいて判断を示したものと解することができよう[28]。すなわち、かりに協議をしない、あるいは、協議を真摯にすることがないまま、本件是正指示について取消訴訟を提起しても、裁判所は、国地方係争

---

27)「国地方係争処理委員会の決定を踏まえた協議について」（平成28・6・24知辺20号）。

処理委員会と同様に、本件是正指示の適法性の判断をすることができないことになろう。

したがって、普天間飛行場の返還についての協議は、裁判外のものも含めて法的に義務付けられているといえる。沖縄県知事が本件国地委決定に不服がなく、提訴できないために訴訟上の和解に係る協議に入ることができない事情に鑑みれば、国が裁判外の協議に応じないことは本件和解条項に違反すると思われる。

⑶　国による違法確認訴訟の提起について

⑴で述べたように、沖縄県知事は、本件国地委決定に不服がない限り、本件是正指示について取消訴訟を提起することはできない。これを本件和解条項に違反するとみる場合には、国土交通大臣は、本件和解を解除して、新訴を提起できることになる。この場合の提訴は、代執行訴訟を再提起するか、それとも、地方自治法251条の7第1項に基づいて本件是正指示に従わないことを理由とした違法確認訴訟を提起するか、のいずれかである[29]。しかし、私見によれば、前述のとおり、沖縄県知事の不提訴は本件和解条項に違反するものではない。

---

28)　ここでいう〈協議〉とは、地方自治法245条2号に定める「国又は都道府県の関与」の一類型としての「協議」を意味するものではない。国の事業が地方公共団体の本来果たすべき役割にかかるものであることに照らしてその適正な処理を特に確保する必要から、〈国に対する地方公共団体の関与〉の一類型として国から当該地方公共団体に対し申し出るべき協議という趣旨である。なお、白藤は、公有水面埋立法42条1項に基づく国の機関に対する埋立承認制度を「『国に対する地方公共団体の関与』の制度」と把握する。参照、白藤・前掲注15）13-14頁。

29)　国土交通大臣が、本件和解条項違反を理由として、本件和解を解除する場合、訴訟の終了効は消滅しないとの民事訴訟の通説的な見解に従えば、本文でも述べたとおり、国土交通大臣は、新訴として、再度、所定の手続を経た上で代執行訴訟を提起し、あるいは、地方自治法251条の7第1項2号イ（国地方係争処理委員会の不作為状態とみる場合にはロ）に基づいて違法確認訴訟を提起することになる。いずれも二重起訴には当たらない（最判昭和43・2・15民集22巻2号184頁）。もっとも、代執行訴訟を提起した場合、代執行訴訟の要件を充足するかどうかは別問題であり、裁判の中であらためて争われることになる。国土交通大臣には違法確認訴訟の方法が残されている以上、「（代執行の）措置以外の方法によってその是正を図ることが困難」とはいえないであろう。

なお、民事訴訟法学では、訴訟の終了効が消滅するとの理解に立って、旧訴の期日の指定を申し立てることになるとする見解、旧訴の訴訟状態を利用する価値の高さに応じて、解除後に旧訴の期日指定の申立てと新訴の提起との使い分けを認める見解、解除主張者にいずれかを選択させればよいとする見解もある。参照、中野ほか編・前掲注1）413-414頁〔河野正憲執筆〕、鈴木・青山編・前掲注3）495-496頁〔山本和彦執筆〕。

したがって、国土交通大臣は、本件和解条項違反を理由として本件和解を解除し、新訴を提起することはできない。

　もっとも、政府は、本件埋立事業を早期に再開したい以上、やはり、国土交通大臣にあらためて代執行の手続をとらせるか、それとも、やはり違法確認訴訟を提起させるかのいずれかの手段をとろうとするのは当然である。しかし、それは適法であろうか。

　前述のとおり、国土交通大臣は本件和解を一方的に解除することできないとすると、双方の合意で解除するしかない。沖縄県知事は、本件和解条項8項に従って協議をしたいとしているので、本件和解の合意解除はありそうにない。そうすると、本件和解条項は依然として有効のままであるから、少なくとも、本件和解条項1項に従って取り下げた本件代執行訴訟の再訴に繋がる代執行の手続をとることはできない。

　これに対して、違法確認訴訟は本件代執行訴訟の審理においても是正の指示の取消訴訟と互換的に取り上げられ、本件和解の協議においてもB案として検討されてきた経緯からすると、国土交通大臣が違法確認訴訟を提起することは、本件和解の趣旨に反すると直ちにはいえないであろう。もっとも、沖縄県知事は前述の事情から本件是正指示の取消訴訟を提起することができないという状況は、「訴えを提起せず」（自治法251条の7第1項2号イ）を充たすものとはいえないであろう。そうすると、国土交通大臣が違法確認訴訟を提起することは、訴権の濫用ともいえよう。

　なお、違法確認訴訟が提起された場合、沖縄県知事が同訴において本件是正指示が違法ないし無効である旨の違法の抗弁をすることが許されるかという問題がありうる。なぜならば、是正の指示は権力的関与であり、それを争う方法として関与取消訴訟が法定されていることに照らすと、是正の指示に公定力に類似した効力があるともいえるからである[30]。そうすると、先行処分と後行処分との関係において、後行処分の取消訴訟において先行処分の違法の主張が制限され、当該処分は無効であるとの主張、すなわち違法が重大かつ明白であるとの主張に限定されるといった違法主張の遮断効と同様の効果が、是正の指示の

---

30) 塩野宏は、この手続の対象となる関与については、公定力と同様の効果が与えられていることになると説明する。参照、塩野宏『行政法Ⅲ〔第4版〕』（有斐閣、2012年）250-251頁。

取消訴訟と違法確認訴訟との間にも認められるおそれがあるといえよう。

しかし、違法確認訴訟の導入を提言した「国・地方間の係争処理のあり方に関する研究会」の報告では、そのような理解は以下のような文脈において否定されている。[31]

> 「違法の抗弁を認めることは、行政処分たる是正の要求等の効果を否定することになるという見解もあり得るが、これに対しては、そのような例外（公定力の限界）を認めるかどうかは当該制度の合理性、一般の処分との関係における特殊性によって判断さるべきもので、カテゴリカルに否定されるものではない。新たな訴訟制度は、そもそも処分の行政的執行を断念し、いわば司法的執行によることにしたものであるので……、一般の行政行為の効力論をここに当てはめるのは適切ではない。」

したがって、違法確認訴訟においても、沖縄県知事がする違法の抗弁については内容的にも制限がないと解すべきである。

5　協議の筋道

裁判所も国地方係争処理委員会も、本件係争は本件埋立承認取消処分に起因するものの、その本質的な原因が普天間飛行場の返還の方法をめぐる沖縄県と政府との見解の相違にあることを認めている。そして、いずれかの主張を容れて本件係争を法的に裁断しても、いずれかに不満が残ることは、多見谷法廷が指摘するとおりである。このような認識に基づいて、裁判所も、国地方係争処理委員会も、沖縄県と国に協議を求めている。協議をすることが妥当であるとしても、協議において両者が歩み寄るためには、何らかの譲歩が求められる。この場合、返還の方法に関する議論をまったくの白紙に戻すことを求めているのが、本件国地委決定であろう。すなわち、「辺野古移設が唯一の解決策だ」とする考えを政府が放棄することである。

その理由は沖縄の歴史にある。強制接収で奪った土地に作られた普天間飛行場をアメリカが無条件で返還することは当然であろう。「他人の家を盗んでお

---

31)　国・地方間の係争処理のあり方に関する研究会「国・地方間の係争処理のあり方について（報告）」（2009年12月7日）6頁。http://www.soumu.go.jp/main_content/000046989.pdf

いて、長年住んで家が古くなったから『おい、もう一回土地を出して家をつくれ』といっているようなもの」との喩えが示唆するように[32]、普天間飛行場の代替施設を求めるアメリカに対して国は日米安全保障条約および日米地位協定上の責任を負っているかもしれないが、代替施設の用地を提供することは、普天間飛行場の返還に照応した沖縄県が果たすべき責任ではないことは明らかである。

　普天間飛行場の移設先について「軍事的には沖縄でなくてもよいが、政治的に考えると沖縄が最適の地域だ」といわれてきた[33]。しかし、辺野古新基地建設反対の民意が繰り返し選挙で示されてきた沖縄県は、すでに政治的に許容できる地域ではない。政府が、地方自治を尊重する、民主的な政府であろうとするならば、「辺野古移設が唯一の解決策だ」との固定観念からの脱却が必要である。

　　　　　　　　　　　　　（ほんだ・たきお　龍谷大学大学院法務研究科教授）

---

32)　翁長雄志『戦う民意』（角川出版、2015年）32頁。
33)　参照、「普天間移設先　森本防衛相『沖縄、政治的に最適』」琉球新報2012年12月26日1頁（森本敏防衛大臣〔当時〕発言）、http://ryukyushimpo.jp/news/prentry-200735.html。

第Ⅱ部

法的論点の検証

第 3 章

「固有の資格」と不服申立て

徳田博人

はじめに

　現沖縄県知事・翁長雄志は、2015年10月13日、沖縄防衛局に対して、公有水面の埋立ての承認の取消し（以下、「本件承認取消し」）を行った。これに対して、沖縄防衛局は、翌日、国土交通大臣に対して、本件承認取消しを取り消す裁決を求める審査請求（以下、「本件審査請求」）を行い、同時に、旧行政不服審査法（自治法255条の2参照）に基づいて埋立承認取消しの執行停止を申し立てた。その理由は、沖縄防衛局がした本件埋立申請は、「一般私人と同様な立場」で"一事業者"として埋立申請をしたものであり、その立場で「埋立承認」を得たものであって、翁長知事が行った「埋立承認取消」処分は、申請者の利益を損なうものであるから、審査請求を行うことができるというものである。国土交通大臣は、10月27日付で、沖縄防衛局の申立てを認め、本件承認取消しの効力を停止する決定を下した。さらに、国土交通大臣は、10月27日の閣議了解を受けて、地方自治法245条の8に基づいて代執行の手続をとることを決め、11月17日に、沖縄県知事を被告として、福岡高等裁判所那覇支部に代執行訴訟を提起した。
　これに対して、沖縄県（翁長知事）は、代執行訴訟に応訴することに加えて、11月2日、国地方係争委員会に対して、国土交通大臣の執行停止決定を「違法

な関与」として審査の申出を行ったが、同委員会は、12月24日に審査の申出を却下する結論を出す（国地方係争処理委員会「沖縄防衛局長が申し立てた執行停止申立てにつき平成27年10月27日付けで国土交通大臣がした執行停止決定に係る審査の申出について」（平成27・12・28国地委19号）。以下、「本件国地委決定」）。沖縄県は、10月27日の国土交通大臣による埋立承認取消しの執行停止に対して、12月25日に取消訴訟を提起し、また、2016年2月1日に、関与取消訴訟を提起した。沖縄県は、関与取消訴訟および抗告訴訟等において、沖縄県知事および沖縄県は、国家機関である沖縄防衛局が私人のための制度である行政不服審査請求制度を利用することはできないものであるから本件審査請求および本件執行停止申立ては不適法であり、本件執行停止決定は違法である旨を主張した。

　ところで、行政不服審査法は、「国民の権利利益の救済」のために制定されている法律であり、国がその「固有の資格」に基づき埋立承認を得ていると解される場合には、同法の適用は除外される（通説、改正前の行審法57条4項、改正後の新行審法7条2項）。そこで、沖縄防衛局は「固有の資格」に基づいて本件埋立承認の相手方（名宛人）となったのかが問題となる。本稿では、この問題について検討することを目的としている。

　「固有の資格」概念については、「一般私人が立ちえないような立場にある状態」（田中真次・加藤泰守『行政不服審査法解説〔改訂版〕』（日本評論社、1977年）240頁）というのが通説であり、本稿でも、この意味で用いる。また、どの処分について「固有の資格」を認める事ができるか、その判断基準について、おおむね、次のような基準で判断されている。

　①処分の相手方に着目し、「処分の相手方が国の機関等に限られている」かどうか。ただし、国の機関等が処分の名宛て人とされている特例の意味が、単なる用語変更に当たるなど、実質的に一般私人と同様の立場に立つと解される場合には、「固有の資格」には当たらない。

1）「固有の資格」概念について、学説を丹念にフォローし検討したものとして、田中孝男「地方自治研究室地方自治法制における「固有の資格」概念の検討（上）」自治実務セミナー645号（2016年）58頁以下参照。

2）　総務省行政管理局『逐条解説　行政不服審査法』（総務省行政管理局、2015年）56-57頁、室井力・芝池義一・浜川清編『コンメンタール行政法Ⅰ〔第2版〕　行政手続法・行政不服審査法』（日本評論社、2008年）80-81頁〔米丸恒治執筆〕参照。

② 「処分の相手方が、国の機関等に限られていない場合であっても、当該処分の相手方に係る事務・事業について、国の機関等が自らの責務として処理すべきこととされている又は原則的な担い手として予定されている」か否か、予定されている場合には、固有の資格が肯定されることになる。

本稿では、この①と②の基準に照らしてみて、沖縄防衛局の本件埋立申請が「固有の資格」で申請をされたものか否かを検討する。

1　固有の資格の有無の検討その1
——事務の内容・性質からのアプローチ

沖縄防衛局は、2013年3月22日に、沖縄県に対して普天間飛行場の名護市辺野古沖への移設に向けた公有水面埋立承認申請（以下、「本件埋立申請」）をし、2014年12月27日に前沖縄県知事・仲井眞弘多から承認を受けた。1では、本件埋立申請は、埋立対象水域が「アメリカ合衆国（米軍）への提供水域」であるという特殊性から、本件埋立申請に係る事業が「〔国が〕自らの責務として処理するべきこことされている場合、ならびに、事務事業の原則的な担い手として予定されている場合」に当たることを論じる。

(1)　沖縄防衛局の埋立承認申請の特殊性

沖縄防衛局の本件埋立事業は、日米両政府の合意（1996年のSACO最終報告の日米両政府の承認＝条件付普天間基地返還。2005年10月29日の「日米同盟：未来のための変革と再編」。2006年5月1日の「再編実施のための日米ロードマップ」＝日米両政

3）　本稿は、仲地博・徳田博人・新垣勉・高木吉朗・喜多自然からなる撤回問題法的検討会が、沖縄防衛局の埋立承認の地位を検討し、沖縄県知事に提出した意見書（2015年10月14日）をベースにして、その後の展開や私見を加えて執筆したものである。本稿については、私の責任で書いたものである。なお、辺野古問題と関連して、固有の資格を論じ、多くの示唆を得たものとして、角松生史「「固有の資格」と「対等性」——辺野古新基地をめぐる工事停止指示と審査請求について」法律時報87巻12号（2015年）39頁（40-43頁）、白藤博行「辺野古新基地建設行政法問題覚書——琉歌「今年しむ月や戦場ぬ止み沖縄ぬ思い世界に語ら」（有銘政夫）」自治総研443号（2015年）21頁（29-32頁）、同「法治の中の自治、自治の中の法治——国・自治体間争訟における法治主義を考える」大島和夫ほか編『広渡清吾先生古稀記念論文集　民主主義法学と研究者の使命』（日本評論社、2015年）245頁（250-252頁）参照。

府V字型案で合意）に基づくものであり、2006年5月30日の閣議決定（「在日米軍の兵力構成見直し等に関する政府の取り組みについて」）により正式にV字型案が決定されたことから同閣議決定に基づきなされているものである。

本件埋立申請は上記"国の事業"を実施するために、埋立申請の「用途」を上記外交上の合意に基づく「米軍基地の建設」としたものである。本件埋立申請は、「国が担うべき自らの責務として処理すべき事業」の実施としてなされたものである。

ところで、本件埋立事業では、その埋立対象水域は、「米軍提供水域」である。「米軍への提供水域」で、かつ埋立対象水域は、

① 第1区水域〈50m以内〉＝常時立入禁止区域、
② 第2区水域〈500m以内〉＝常時立入禁止区域。ただし、本区域の使用を妨げない限り小規模漁業（網漁業を除く）は、使用期間中において米軍の活動を妨げない限り許される水域、
③ 第3区水域＝日本政府は船舶の停泊、係留、投錨、潜水およびサルベージならびにその他の継続的活動を許可しない水域。米軍は、使用期間中において米軍の活動を妨げない限り航行または漁業（網漁業除く）を制限しない水域、

などである。

このような特殊な水域（米軍への提供水域）は、日本国とアメリカ合衆国との間の相互協力及び安全保障条約第6条に基づく施設及び区域並びに日本国における合衆国軍隊の地位に関する協定（以下、「地位協定」）により、個々の施設及び区域に関する協定が合同委員会を通じて日本両政府が締結することによって認められたものである。

また、この基地提供合意がなされると、アメリカ合衆国（米軍）は地位協定3条1項に基づき、絶対的な権利（警護権、管理権等）を取得する（条約上の権利）。また、米軍提供水域の埋立ては、その性質上、提供水域を消滅させることになるから、必然的に条約上のアメリカ合衆国（米軍）の権利を消滅させることになる。そこで、このような特殊な水域（米軍提供水域）において、公有水面埋立法（大正10年法律57号。以下、「公水法」）の適用があるのか、また、埋立免許または承認が行われうるのかが問題となる。

この点について、山口真弘・住田正二『公有水面埋立法』によると、米軍提供水域については、「水面を変じて陸地となすがごとき権利を設定する埋立の免許は、これらの施設及び区域内においては、原則としてなしえないと解すべきである。ただし、合同委員会の協定において、明示又は黙示に許容している場合は、この限りでないのは、いうまでもない。」(17頁)と述べられている。

　すなわち、米軍提供水域の埋立てには、日米両政府間の合意（合同委員会）が必要であり、その合意があれば、公水法の適用や埋立てをすることができることについて問題はないことになる。すなわち、日米間の合意を前提にして、公水法の適用が認められ、埋立申請が適法に行えるのである。沖縄防衛局は、外交・防衛に係る条約上の義務の履行目的をもって、公水法上の埋立申請を行い、また、一連の基地建設のための事業を遂行しているのである。

　米軍提供水域における埋立てに関わる日米合同委員会（日米政府）の合意や合意に向けた調整などは、公益的主体としての国でなければできない（私人の立場ではできない）ことから、米軍提供水域についての一般私人の申請は、申請適格を欠くと考えるべきであり、辺野古の埋立申請は、国でなければ行えない埋立申請と解するのが相当であろう。

(2) 臨時制限区域の設置

　日本政府は、「普天間飛行場代替施設建設事業」のために新たに臨時制限区域を設けることについて、2014年7月1日に閣議決定を経て、2日、米軍普天間飛行場の名護市辺野古移設をめぐり、辺野古沿岸域の立ち入り禁止水域の拡大を官報に告示している。臨時制限区域は、普天間飛行場の代替施設の工事完了の日まで常時立入禁止となる区域であり、日本政府が日米地位協定に基づきアメリカ合衆国と合意し、2014年7月1日に閣議決定を経た翌日に、総理府告示（昭和36・4・1総理府告示9号）および防衛省告示（平成26・7・2防衛省告示122号、平成26・7・2防衛省告示123号参照）を改正して、拡大設置された区域である。シュワブ提供水域の「第１区水域」（常時立ち入りを禁止）と同じ強制力をもち、水域に進入した場合は刑事特別法の適用対象となるとされ、海上保安庁などが取り締まる根拠となっている。

　防衛省（沖縄防衛局）は、外交・防衛に係る条約上の義務の履行目的をもっ

て、埋立工事を容易に履行するために、内閣や米軍との調整を経て臨時制限区域の設定を行ったともいえるのである。

「普天間飛行場代替施設建設事業」のために、臨時制限区域の設定に関わる同委員会の合意ならびに合意に向けた調整をしたり、閣議決定し防衛省告示をしたりすることは、公益的主体としての国でなければできない（私人の立場ではできない）ことを示しており、これは「国が自らの責務として処理すべき」国の事業を実施しているといえよう。

2　固有の資格の有無の検討その2
――規制の態様からのアプローチ

公水法は、埋立てについては、「国以外の者」が申請を行う場合（公水法2条）と「国」が申請を行う場合（同法42条）とを区別している。公水法は、申請者が単に国であるという形式的理由だけで、42条を置いたもので、国は実質的には、私人と同じ立場で規律を受けると考えて同条を置いたのか、それとも、国という特殊な性格を考慮して、同条を置いたものなのかが問題となる。そこで、まず、埋立免許制度と埋立承認制度について、その異同について概観し（2⑴）、その上で、埋立承認の法的性質をめぐる議論を検討し（2⑵）、さらに、自然公物である公有水面が、いつの時点で、どのような法的根拠によって、所有権が発生するのか、埋立承認と埋立免許につき比較検討する。このような作業を通して、埋立承認申請者（国）の「固有の資格」の有無につき結論を導く。

⑴　公有水面埋立法の法的仕組みの概要――埋立免許制度と埋立承認制度の比較

公有水面の埋立てについては、公水法により規制される。公水法は、公有水面を埋立てまたは干拓して陸地化し、その所有権を取得する行為を規制することを目的とする法律である。国以外の者が公有水面を埋め立てるには、都道府県知事の免許を得る必要があり（公水法2条）、国が公有水面を埋め立てるには、都道府県知事の承認を得る必要がある（公水法42条1項）。

埋立ての免許は、埋立事業を行う権能（土地を造成する権利）を付与する行為

であって、講学上の特許行為の性質をもち、同時に、竣功認可を条件として公有水面の公用廃止をする行為であり[4]、埋立免許を受けた者に埋立地の所有権を取得させる行政処分とされる。埋立権者が竣工認可を受け、その告示がなされた時に埋立地の所有権が発生し取得することから（公水法22条、24条1項本文）、竣功認可を受けない限り、免許を受けて埋立工事を完成した場合であっても、埋立地の所有権が発生することにはならない。さらに、取得した土地所有権も埋立地の適正利用のため、処分等につき制限が課されている（同法27条）。

　埋立ての承認は、その法的性質をめぐって埋立権説と非埋立権説の対立があり、埋立権説によれば、埋立承認によって、当該承認の名宛人は、埋立権が付与される。これは、「埋立免許」が、申請者に埋立権と条件付所有権を取得させる効果を有することと、同じ効果を埋立承認も認めるものであり、免許と承認とは同じ法的性質である、とする[5]。これに対して、非埋立権説によれば、国が公有水面を直接排他的に支配管理する権能を有しており、埋立承認は、公有水面の埋立てについて、国の埋立てによる支障等について国と県において調整をするものにすぎないし、「埋立免許」と異なり、埋立権を付与するものでもない、ということになる[6]。また、埋立ての承認申請者（国の機関）は、埋立工事を完成した場合に、当該承認を受けた者が知事に対して竣功通知をした時に埋立地の所有権が発生すると解されている[7]。

　ところで、埋立承認制度は、埋立免許制度に関わるいくつかの規定を公水法42条3項で準用していて、そこから、埋立承認制度と埋立免許の同一的側面を読み取ることができる。特に、国の埋立承認基準は免許基準と同一であり（公水法4条1項、42条3項）、そのほかにも、公有水面を埋め立てることで影響を受ける地元市町村長の意見を聞くことを求める規定（同法3条1項）や、埋め立てることによって影響を受ける者（水面に関する権利者）の範囲とその補償な

　4）　山口真弘・住田正二『公有水面埋立法』（日本港湾協会、1954年）30-31頁。
　5）　埋立権説を採用する者として、本田博利「公有水面埋立法における国の原状回復義務の有無について（意見書）」愛媛法学会雑誌40巻1・2合併号（2014年）113頁（163頁）、山口・住田・前掲注4）329頁以下。
　6）　非埋立権説は、行政実務上の見解でもあり、また、これを採用する者として、三善政二『公有水面埋立法──問題点の考え方』（日本港湾協会、1970年）291頁参照。
　7）　公有水面埋立法43条3項の準用規定の性格について、本田・前掲注5）145頁以下参照。

どに関する規定（同法4条3項、5条、6条）などが準用されている。

他方で、「承認」に基づいて国が行う埋立事業について、公水法42条3項は、埋立免許に関する規定の多くを準用しないで国に対しては規制の排除などをしている。具体的には、埋立権の譲渡（公水法16～21条）、工事の竣功認可（同法22条）、竣功認可による埋立地の所有権の取得（同法24条）のほかにも、埋立免許の取消しや条件の変更、原状回復命令等の監督処分（同法32、33条）、免許の失効（同法34条）、免許の失効に伴う原状回復義務（同法35条）などの監督処分の規定などは準用していない。

(2) 公有水面埋立承認の法的性質論と固有の資格論

埋立承認の法的性質をめぐる学説等の見解について、埋立権の有無を基準にして埋立権説と非埋立権説に分けて整理した上で、各説の特徴や対立点を明確にしながら、埋立承認の法的性質論と「固有の資格」論の関係を検討してみる。[8]

(a) 埋立承認の法的性質をめぐる議論とその特徴など

埋立承認の法的性質をめぐっては、前記(1)のとおり、埋立権説と非埋立権説の対立があり、埋立権説は、埋立承認によって、当該承認の名宛人は、埋立権が付与される。これは、「埋立免許」が、申請者に埋立権と条件付所有権を取得させる効果を有することと、同じ効果を埋立承認も認めるものであり、免許と承認とは同じ法的性質である、とする。これに対して、非埋立権説は、「埋立承認」は、公有水面の埋立てについて、国と県において調整をするものにすぎないし、「埋立免許」と異なり、埋立権を付与するものでもなく、条件付で所有権を付与するものでもない。

この両説の違いは、埋立権の譲渡が可能なのか否かにある。「免許」により国以外の者に対して設定される公有水面埋立権については、公水法は譲渡性を認めており（公水法16～21条）、「公有水面埋立権」は差押えの対象ともなるものである。これに対して、承認については、公水法42条3項は、同法16条ないし21条を準用しておらず、譲渡を認めていない。非埋立権説からすると、公水法42条3項で同法16条ないし21条を準用していないのは、当然のこととなる。

---

8) 学説の状況の詳細については、阿波連正一「公有水面埋立法と土地所有権」静岡大学法政研究19巻3・4合併号（2015年）229頁以下。

これに対して、埋立権説によれば、準用規定がなくとも、事物の性質上、埋立権は譲渡の対象となるという[9]。

また、両説の違いは、埋立申請者の地位と埋立承認権者である都道府県知事の関係を、行政機関と行政機関または行政主体と行政主体の関係とみるのか、それとも、私人と行政主体の関係とみるのか、にある。埋立権説は、埋立申請者と都道府県知事との関係を私人（申請者）と行政主体との間の外部関係とみるのに対して、非埋立権説は、行政機関と行政機関または行政主体と行政主体の関係（内部関係）とみている。

埋立免許と承認の法的性質の違いについて、本稿の問題設定との関係でいえば、非埋立権説によれば、埋立申請者（国）は、公有水面について直接排他的に管理する権能を有していることから、「固有の資格」で埋立承認の申請をなしたという結論を導く傾向にあり、埋立権説によれば、埋立申請者は、承認によって埋立権を取得し、その権利の性質が譲渡可能なものであることから、「私人の立場」で申請をしたという結論を導く傾向にある。

(b) 国の見解とその変更

仲井眞前知事の辺野古埋立承認に対して住民等による取消訴訟が提起されていたが、付近住民が原告となって、沖縄県を被告として提訴した公有水面埋立承認取消請求事件（那覇地方裁判所平成26（行ウ）1号）の中で、国は、沖縄県代理人として派遣した訟務検事が起案したとされる県の答弁書を通じて、国の意見を実質的に表明している。その答弁書では、沖縄防衛局を統治主体の機関として理解している。国の意見の骨子は、次のとおりである。

①公有水面は国の直接の公法的支配管理に服しており、埋立てについては「本来、国の判断に委ねられるべきものである。それゆえ、国が公有水面を埋め立てる場合には、公有水面の管理・支配権を有しない国以外の者がこれを埋め立てる場合と異なり、承認により埋立権の設定を受けることを要しない。」

②公水法が知事の承認を要するとした趣旨は、「当該埋立てによって公有水面の管理上何らかの支障を生ずるものであるか否かを、現に公有水面の管

---

[9] 山口・住田・前掲注4）332-333頁参照。

理を行っている都道府県知事の判断を尊重し、その承認を経させることとした趣旨と解される。」
③「この都道府県知事の承認は、国による埋立てについての管理上の調整の観点から行われる行政主体間の行為であって、行政機関相互の内部行為であるというべきである。」
④「法42条1項に基づく承認は、国に『埋立ヲ為ス権利』を付与するものではなく、飽くまで国による埋立てについて、都道府県知事との管理上の調整の観点から行われるものにすぎない。」
(2015年4月9日付答弁書、12、13頁)

　この段階の国の見解は、(ⅰ)公有水面に対する国の公法的支配管理、(ⅱ)承認により埋立権が発生しない、(ⅲ)承認は行政機関相互の内部行為、といった(ⅰ)から(ⅲ)が相互に関連性をもって主張されていて、非埋立権説の論理展開を忠実に表現している。これは、非埋立権説に立つものである。

(c)　国地方係争処理委員会における国側の主張とこれまでの見解の変更

　国が、沖縄県知事が11月2日に行った審査の申出につき、国地方係争処理委員会において行った主張を要約すると次のとおりである。
①公水法における「承認」は国に対して埋立事業をしうる地位を与えるものであり、埋立事業をしうる地位を与える点において、一般私人に対する「免許」と変わりがない。
②国の承認基準と一般私人の免許基準が同一であり、免許や承認の申請が競合した場合に、国が一般私人に優先されることにはなっていないから、承認に係る埋立事業は国が自らの責務として処理すべきものとはいえない。
③国が公有水面に対して直接排他的に支配管理する権能を有していることと、固有の資格の有無の議論とは関係性がない。
④国に対する埋立承認について、免許に関する条文が準用等されていないことは、国と都道府県の関係で内部関係に立つものとはいえないから、固有の資格の有無の議論とは関係性がない。
(本件国地委決定の通知書より)

国の主張の特徴は、次のとおりである。

まず、国は、これまでの「行政機関相互の内部行為」に係る主張と「埋立承認の処分性否定」に係る主張は、沖縄防衛局が審査請求をする際に障害となることから、その主張の修正を図っている。すなわち、「埋立承認」が機関相互間の内部行為ではなく、知事が外部の申請者に対してなす外部行為であることを認めつつも、そのことと国が公有水面に対して直接排他的に支配管理する権能を有していることとは論理的な関連性を有しないとする。

次に、国は、承認により埋立事業をなしうる地位が与えられると述べ、この点では、埋立免許も同様だから、国は固有の資格において承認を受けるわけではないという。

ここで注意しなければならないのは、承認により埋立事業をなしうる地位が与えられるのであって、埋立権が付与されるとは主張していない点である。一見すると、国は、非埋立権説から埋立権説に見解を変更したかのようにみえるが、公有水面に対して直接排他的に支配管理する権能を維持していることから、埋立権説に見解を変更したとはいえない。

結局のところ、国の主張は、一方で、公有水面に対して直接排他的に支配管理する権能という行政固有の機能を主張しておきながら、他方で、埋立事業をなしうる地位という私人と同様の地位を主張しているのである。これまでは、国は、公有水面に対して直接排他的に支配管理する権能をコアにして、そこから、埋立権を否定し、さらに、知事との関係を行政機関または行政主体間の関係として理解するという、それぞれに論理的な関連性をもたせて主張を展開してきた。ところが、このたび、国は、この関連性を断ち切ることで、埋立承認申請者（国の機関）の固有の資格性を否定する論理を作り出したといえよう。

このような国（国土交通大臣）の見解に対して、国地方係争処理委員会は、(i)国が公有水面の埋立権能を含む包括的な支配管理権を有していること、それ故に、免許と承認が区別され、承認には免許に関する条文が一部準用されていないことから、「疑問も生じるところである。」と述べつつも、国の主張が「一見明白に不合理であるとまではいうことができない。」と述べて、沖縄防衛局が申し立てた執行停止が「固有の資格」においてなされたものでないことを認めたのである。

本件国地委決定とその理由の当否は、ひとまず措くとして、国地方係争処理

委員会は、固有の資格の有無を判断する際に、「国が公有水面の埋立権能を含む包括的な支配管理権を有していること」に着目していたと思われる。そこで、次に、公有水面の埋立てに伴う公物廃止に着目して、「固有の資格」について検討をしよう。

(3) 埋立承認制度における公有水面の公用廃止と固有の資格論

埋立承認制度において、申請者は、どの行為により、いつ、所有権を取得することになるのであろうか。公水法42条2項では、「工事竣功シタルトキハ、……知事ニ之ヲ通知スヘシ」と規定するだけであり、同法24条（埋立免許）のように「〔竣工認可の〕告示アリタルトキハ、……埋立地ノ所有権ヲ取得ス」と明記していないため、疑問が生じるのである。

この点について、①埋立承認は、竣功通知（公水法42条2項）を条件に「公用の廃止」がなされ、所有権が発生する、という見解と、②埋立地の誕生（埋立てによる陸地状態の形成）により、「公用廃止」がなされ、その時点で、所有権が発生する、という見解が考えられる。この見解では、国が所有権を取得する法的根拠は、民法の無主物国庫帰属制度（民法239条2項）であると考えられる。

この①と②の違いは、「公用の廃止」を「竣功通知」にかからしめるか、それとも埋立てにより陸地状態が形成をされ、公有水面が消滅する事実にかからしめるかの点にある。

しかし、このような議論が成り立ちうるにもかかわらず、埋立権説も非埋立権説もともに、「埋立承認」の本質をどのようにみるかの違いはあるものの、「通知」に「所有権取得の効果」が生じることを求めるという点では、同じである[10]。

では、なぜ、両説とも、「通知」に「所有権取得の効果」が生じることを求めるのか、そこでは「通知」の法的意義は何であろうか。

これは、公物を公物以外の物にするためには、公物管理権者による公用廃止が必要であり、公用廃止がなされるまでは、公物としての本質は変更されない以上、私法の適用を受けず、所有権の対象とならないからである（参照、最判

---

10) 山口・住田・前掲注4）341頁参照、三善・前掲注6）235頁参照。

平成17・12・16民集59巻10号2931頁)。公有水面という自然公共公物は、自由使用が原則であり、多くの人の使用が前提であり、その廃止には、行政処分その他立法的な措置が必要であり、これは、埋立免許の場合であろうと、埋立承認の場合であろうと同じであろう。

そうすると、「承認」により国に対して設定される地位の内容には、国にその公物管理権に基づいて竣功通知による公用廃止を行う権限を付与することが含まれているものと解される。公物管理権者である行政にしかなしえない公用廃止の権限を付与する点において、「免許」と「承認」は本質的に異質なものである。また、仮に、「承認」が竣功通知を条件とする公用廃止処分であると解したとしても、埋立免許と埋立承認がまったく異質の制度であることに変わりはない。すなわち、「免許」の場合には、竣功認可・告示という都道府県知事の行為によって条件成就して公用廃止という効果が発生するのに対して、「承認」の場合には国が単独で竣功通知により条件成就させて公用廃止の効果を自ら発生させることができる権限ないし資格が法律によって付与されるのである。

国の機関が名宛人となる「承認」は、承認を得た上で、公物廃止処分を行う権限行使を法律上も認められている。これは、国が、公有水面に対して、「公有水面の埋立権能を含む包括的な管理支配権」を有していることと親和的である。私人が名宛人となる「免許」においては、免許申請者には、そのような権限が与えられていないこととの対比で考えると、沖縄防衛局は、固有の資格として(私人とは異なる立場で)処分の名宛人となるものである。

おわりに

本稿では、固有の資格の有無につき、①規制の態様、②事務の内容・性質、その両方からアプローチした。その結果、沖縄防衛局は、固有の資格に基づいて、埋立承認申請を行い、また、その承認を受けた、という結論に至るのである。

(とくだ・ひろと　琉球大学法文学部教授)

第4章

自治体の争訟権について

人見　剛

はじめに

　2015年10月13日、沖縄県知事は、2013年12月27日に沖縄防衛局に対して行った辺野古沖公有水面の埋立承認処分を職権で取り消した。これに対し、沖縄防衛局は、直ちに国土交通大臣に対して審査請求および執行停止の申立てを行い、同大臣は2015年10月27日に執行停止の決定を行った（ちなみに、この審査請求に対する裁決は結局なされないまま、2016年3月4日の国土交通大臣と沖縄県知事の和解を迎え、同月7日、審査請求は取り下げられている）。

　沖縄県知事は、2015年11月2日、国地方係争処理委員会に対し、上記執行停止は国土交通大臣による違法な関与であるとして審査の申出を行った。併せて、沖縄県は、同年12月25日、上記執行停止決定の取消訴訟も那覇地裁に提起した。国地方係争処理委員会は、同月28日、上記執行停止決定は同委員会の審査の対象には当たらないという理由で県知事の申出を却下し、知事は福岡高裁那覇支部に地方自治法251条の5に基づく関与取消訴訟も提起した。後者の関与取消訴訟は、前記の和解により取り下げられ、前者の那覇地裁に対する執行停止決定の取消訴訟も2016年3月9日に取り下げられて事件は一時終息した。

　本稿は、以上の係争のうち、2015年12月25日に沖縄県が国を被告として提起した国土交通大臣の執行停止決定取消訴訟に関して、原告沖縄県からの依頼に

より執筆し、那覇地方裁判所に提出した意見書「審査請求に係る裁決・執行停止決定に対する原処分庁の所属する地方公共団体の取消訴訟提起の可否に関する意見書」に若干の加筆修正を施したものである。

内容は、概要以下の通りである。

まず、①2015年12月25日に沖縄県が提起した、国土交通大臣の執行停止決定取消訴訟が、そもそも「法律上の争訟」（裁判所法3条1項）に当たるのか、②当たるとした場合、この取消訴訟が、国地方間関係の紛争について特に定められた機関訴訟の排他性に反しないか、そして、③国民の簡易迅速な権利救済を目的とする行政不服審査法の制度趣旨に反しないか、最後に、④取消訴訟の訴訟要件なかんずく原告適格の要件を充足するのか、という諸問題を行政法学の見地から検討し、いずれについてもこれを肯定できると結論づける。

1 「法律上の争訟」該当性

(1) 宝塚市パチンコ店等規制条例事件最高裁判決の射程

本件訴訟が、そもそも裁判所の本来的審判対象たる「法律上の争訟」（裁判所法3条1項）に当たらないとする主張があるとすると、それは、まず、本件の原告である沖縄県が、財産権の主体として私人と同質の主体ではなく、固有の行政権の主体としての地位にあると考えられるからである。この理を説いた宝塚市パチンコ店等規制条例事件・最判平成14・7・9民集56巻6号1134頁（以下、「平成14年判決」）は、次のように判示している。

> 「国又は地方公共団体が提起した訴訟であって、財産権の主体として自己の財産上の権利利益の保護救済を求めるような場合には、法律上の争訟に当たるというべきであるが、国又は地方公共団体が専ら行政権の主体として国民に対して行政上の義務の履行を求める訴訟は、法規の適用の適正ないし一般公益の保護を目的とするものであって、自己の権利利益の保護救済を目的とするものということはできないから、法律上の争訟として当然に裁判所の審判の対象となるものではなく、法律に特別の規定がある場合に限り、提起することが許されるものと解される。」

ただし、このように平成14年判決が「法律上の争訟」性を否定したのは、

「国民に対して行政上の義務の履行を求める訴訟」であることに注意すべきである。すなわち、この判決の射程は、行政上の義務の民事執行を否定するという点に限られる、と理解することができる。例えば、この判決を根本的に批判する塩野宏博士も、この「判決の結論を維持する論拠となりうるのは、おそらく、民事執行法は自力救済の禁止が厳格に妥当する私人相互の権利実現のためのものであって、行政上の義務履行確保の制度を自ら用意できる行政主体には適用されないという民事執行不能論ではないかと考えられる……。そして、本件は、民事執行法以前の給付判決を求める本案訴訟であるので、民事執行法を持ち出すに由無く、論議を早めに決着させるために法律上の争訟論に頼ったというのである[1]」と論じている。実際、この平成14年判決の調査官解説も、この判決の事例に「法律上の争訟」性を認めることの具体的な問題点として、裁判所が「行政権の執行力獲得の手段として利用されることになる[2]」ことを挙げており、この問題点は、行政が私人を相手に行政上の義務履行を求めて提起する訴訟にこそ関わっている。

したがって、行政主体としての地方公共団体や国が提起した訴訟等について、過去にそれらの「法律上の争訟」該当性を当然のごとく認めていた従前の諸判決等（水道行政の主体としての小倉市（現在の北九州市）が提起した取消訴訟に係る最判昭和37・4・12民集16巻4号781頁、租税行政の主体としての大牟田市が提起した損害賠償請求訴訟に係る福岡地判昭和55・6・5判時966号3頁、児童福祉行政の主体としての摂津市が提起した負担金請求訴訟に係る東京高判昭和55・7・28行集31巻7号1558頁、まちづくり行政の主体としての日田市が提起した場外車券売場設置許可処分の取消訴訟に係る大分地判平成15・1・28判タ1139号83頁、公害防止行政の主体としての福間町（現在の福津市）が提起した産廃処分場の操業差止め訴訟に係る最判平成21・7・10判時2058号53頁、防衛行政の主体としての国が提起した沖縄県情報公開条例に基づく公文書開示決定に対する執行停止の申立てに係る那覇地決平成27・3・5 LEX/DB25506223）は、「国民に対して行政上の義務の履行を求める訴訟」ではないので、平成14年判決の射程外であると解されるのである。

かくして、平成14年判決の判示によって「法律上の争訟」該当性を否定さ

---

1) 塩野宏『行政法Ⅱ〔第5版補訂版〕』（有斐閣、2013年）282頁。
2) 福井章代・判例解説『平成14年最高裁判所判例解説・民事編(下)』（法曹会、2005年）542頁。

る国または地方公共団体が提起する訴訟は、「専ら行政権の主体として国民に対して行政上の義務の履行を求める訴訟」に限られる、と解することができる。そして、本件訴訟が、かかる「国民に対して行政上の義務の履行を求める訴訟」ではないことはいうまでもない。

(2) 宝塚市パチンコ店等規制条例事件最高裁判決の「法律上の争訟」観の問題点

もっとも、平成14年判決の判示は、一般的に地方公共団体の出訴は、「行政権の主体」としてではなく「財産権の主体」として自己の権利利益の保護救済を目的とする場合に限定する趣旨であるようにも読むことができる。そして、この判決の最高裁判所調査官解説も、「行政上の権限は、通常、公益保護のために認められているのにすぎないのであって、財産的権利に由来する場合を除いては、行政主体がその実現について主観的な権利を有するとは解しがたい」[3]と述べている。

このことから、平成14年判決後の多くの下級審判決は、地方公共団体が、およそ「行政権の主体」として提起する訴訟は、広く「法律上の争訟」性を否定されるという理解をしているようにみえる。そのような裁判例として、住基ネットに参加していなかった杉並区が東京都を被告として提起した、住基ネット接続希望住民の住基情報の受信を求めて提起した受信義務確認訴訟に係る東京地判平成18・3・24判時1938号37頁およびその控訴審・東京高判平成19・11・29判例自治299号41頁がある。最高裁も平成20・7・8決定において原告・杉並区の上告・上告受理申立てを退けている[4]。また、逗子市米軍住宅追加建設訴訟・東京高判平成19・2・15訟月53巻8号2385頁も、逗子市が国等との間で締結した合意書に基づき国を被告として提起した米軍住宅の追加建設をしてなら

---

3) 福井・前掲注2) 539頁。
4) この事件について裁判例を批判するものとして、兼子仁・阿部泰隆編『自治体の出訴権と住基ネット』（信山社、2009年）、常岡孝好「自治体による住基ネット接続義務確認訴訟と司法権」判時1962号（2007年）164頁以下、阿部泰隆「区と都との間の訴訟（特に住基ネット訴訟）は法律上の争訟に当たらないのか(上)(下)」自治研究82巻12号（2006年）3頁以下、83巻1号（2007年）3頁以下、同「続・行政主体間の法的紛争は法律上の争訟にならないのか(上)(下)」自治研究83巻2号3頁以下、3号20頁以下（いずれも2007年）。

ない義務等の確認訴訟について、平成14年判決を引用して「法律上の争訟」該当性を否定している。

　平成14年判決の採用した「法律上の争訟」概念については、実はこのような理解がむしろ有力であり、筆者も含む多くの行政法学者もそのような理解ができることを前提に、そうした「法律上の争訟」概念を厳しく批判してきた。例えば、この平成14年判決について藤田宙靖元最高裁判官は、次のようなコメントをしている。「行政法学者がこぞって反対した悪名高き判決」は、「既存の引き出しのどれもがうまく当てはまらない事態が生じたとき、例えば大変な自信家の場合（優秀な若手の裁判官の中には時々こういうタイプがいます）には、強引に既存の引き出しを当てはめてしまって、とんでもない結論に到達してしまうこともあり」、「担当調査官のこういった判断を、小法廷の裁判官がうまくチェックできなかったケースではないか」。

　以下では、平成14年判決の「法律上の争訟」概念理解の問題点として、①板まんだら事件最高裁判決との不適合、②「法律上の争訟」＝「個人の権利利益の保護のための主観訴訟」のドグマとその変容、③「法律上の争訟」の片面的理解、④刑事裁判の位置づけ、⑤財産権の主体と行政権の主体の区別の困難性

5）　参照、山本未来「行政主体間の争訟と地方自治──逗子市米軍住宅追加建設訴訟を契機として」愛知学院法学部法経論集177号（2008年）1頁以下。

6）　批判文献は汗牛充棟であるが、教科書レベルでも、阿部泰隆『行政法解釈学Ⅱ』（有斐閣、2009年）83頁以下、塩野・前掲注1）281頁以下、同『行政法Ⅰ〔第6版〕』（有斐閣、2015年）247頁、原田尚彦『行政法要論〔全訂第7版〔補訂2版〕〕』（学陽書房、2012年）234頁以下、357頁、宇賀克也『行政法概説Ⅱ〔第5版〕』（有斐閣、2015年）112頁、櫻井敬子・橋本博之『行政法〔第4版〕』（弘文堂、2013年）176頁、稲葉馨ほか『行政法〔第3版〕』（有斐閣、2015年）177頁〔稲葉執筆〕、大浜啓吉『行政法総論〔第3版〕』（岩波書店、2012年）423頁以下など。例えば、今村成和・畠山武道補訂『行政法入門〔第9版〕』（有斐閣、2012年）230頁は、「最高裁の見解は、大審院時代の『国庫理論』や『公法私法二元論』の焼き直しにすぎず、『法律上の争訟』の形式的な解釈から、国や地方公共団体が裁判手続を用いる機会を封じ込めることには大きな問題がある」と指摘する。この点について同旨、渋谷秀樹『憲法〔第2版〕』（有斐閣、2013年）641頁。

　最近の包括的な検討として、曽和俊文『行政法執行システムの法理論』（有斐閣、2011年）157頁以下、村上裕章「国・自治体間等争訟」岡田正則ほか編『現代行政法講座第4巻　自治体争訟・情報公開争訟』（日本評論社、2014年）11頁以下。拙論としては、人見剛「宝塚市パチンコ店等規制条例事件最高裁判決」自治総研331号（2006年）43頁以下、同「宝塚市条例事件」淡路剛久ほか編『環境法判例百選〔第2版〕』（有斐閣、2011年）230頁以下、同「行政権の主体としての地方公共団体の出訴資格」法律時報81巻5号（2009年）65頁以下。

7）　藤田宙靖「法律学と裁判実務」法学74巻5号（2010年）116頁、119頁。

などの問題点を指摘しておきたい。

(3) 板まんだら事件最高裁判決と私権保護限定ドグマ

　平成14年判決の最大の問題点は、「法律上の争訟」は、「自己の財産上の権利利益の保護救済を求めるような場合」、すなわち争訟提起の目的が私権保護目的でなければならないとした「私権保護限定ドグマ[8]」にある。

　しかし、平成14年判決もその前提としている、「法律上の争訟」に関する今日も通用している板まんだら事件・最判昭和56・4・7民集35巻3号443頁の定式、すなわち「当事者間の具体的な権利義務ないし法律関係の存否に関する紛争であつて、かつ、それが法令の適用により終局的に解決することができるもの」には、私権保護目的というような争訟提起の目的の要素は全く含まれていない。したがって、平成14年判決は、この先例に私益保護目的の争訟提起という新たな要素を、何の理由付けもなしに付け加えたことになるのではないか、ということが問題となる[9]。板まんだら事件判決の定式によれば、当事者間の「権利」、「義務」、「法律関係」の存否が争われていれば、上記定式の前半を充足するのであるから、パチンコ店事業者の建設を停止する義務の有無が争われており、かつ法令の適用により終局的に解決可能な平成14年判決の事案は、「法律上の争訟」性が認められるはずなのである。あるいは行政上の法的義務を課された私人と当該義務を課した行政主体との関係が、「法律関係」ではないとは到底いえないはずである[10]。

(4) 主観訴訟と客観訴訟の区別の相対性と変容

　かかる私権保護限定ドグマの背景には、「法律上の争訟＝主観訴訟」と「主観的権利＝私権」の固定観念があるものと考えられる。「主観訴訟」とは、「個人的な権利利益の保護救済を目的とする」訴訟の意味で、「法規の適用の適正

---

8) 西上治「機関争訟の『法律上の争訟』性――問題の抽出」行政法研究6号（2014年）36頁。
9) 平成14年判決の調査官解説は、こうした目的の観点は、従来の判例では明示的には示されていないことは認めつつ、それは当然に前提とされていたと理解しているようである。福井・前掲注2）542頁。
10) 塩野・前掲注1）281頁、斉藤誠「自治体の法政策における実効性確保」同『現代地方自治の法的基層』（有斐閣、2012年）404頁。

または一般公共の利益の保護を目的とする特殊の訴訟」たる「客観訴訟」と対比されて用いられる講学上の概念である。[11]

　しかし、つとに村上裕章教授が指摘するところであるが、行政訴訟の訴訟目的が、国民の権利保護という主観的な目的であるのか、行政の客観的な適法性確保という客観的な目的であるのか、という区別は、極めて相対的、量的な差異にすぎない。一般的にいって、抗告訴訟の主眼が国民の権利保護であることは確かであろうが、副次的に行政の適法性担保も目的としていることは否定できず、客観訴訟とされている選挙訴訟であっても、落選候補者の提起する当選訴訟は、自己の参政権侵害を理由とする訴訟として主観訴訟とみることもできる。[12]

　南博方博士も、次のように論じている。「従来、抗告訴訟と当事者訴訟は、権利保護を目的とする主観訴訟とされ、民衆訴訟と機関訴訟は、法規維持を目的とする客観訴訟とされてきた。しかし、抗告訴訟の原告適格を拡張緩和すれば、公共利益訴訟の性質を帯びてくることになる。他方、選挙訴訟や住民訴訟は、憲法の保障する人権としての参政権にかかわる訴訟であるから、権利保護を目的とする主観訴訟とも考えられる。さらに、機関訴訟についても、国・地方公共団体間の争いが地方自治権にかかわるときは、主観訴訟の性質をもつと解する余地もある。このようにして、主観訴訟と客観訴訟との区別は相対化の傾向を強め、相互交錯の現象が顕著になってきている」。[13]

　かかる相互交錯を明らかに示すのが、近年の抗告訴訟の原告適格を拡張する判例法理、すなわち「処分根拠法規が不特定多数者の具体的利益を専ら一般的公益の中に吸収解消させるにとどめず、それが帰属する個々人の個別的利益としても保護する趣旨を含むと解される場合は、そのような利益も法律上保護された利益として原告適格を根拠付ける」とする判例法理である。[14] 仲野武志教授

11）　参照、杉本良吉『行政事件訴訟の解説』（法曹会、1963年）7頁、田中二郎『新版　行政法上巻〔全訂第2版〕』（弘文堂、1974年）295頁、塩野・前掲注1）81頁、芝池義一『行政救済法講義〔第3版〕』（有斐閣、2006年）25頁など。
12）　村上裕章『行政訴訟の基礎理論』（有斐閣、2007年）76頁、216頁、249頁。
13）　南博方『行政法〔第6版補訂版〕』（有斐閣、2012年）264頁。
14）　もんじゅ原発訴訟・最判平成4・9・22民集46巻6号571頁、小田急訴訟・最大判平成17・12・7民集59巻10号2645頁など。

は、そこでいう公益に解消されてしまう個々人の利益を「拡散利益」、解消されない利益を「凝集利益」と呼び、取消訴訟は、主観的権利のみならずかかる凝集利益をも保護するのであるから、取消訴訟は民事訴訟や当事者訴訟のような主観的権利保護を保護する訴訟からは区別されると論じている。

さらに、純然たる私益と純然たる公益の中間に多数の住民等が共通に享受する「集団的利益」、「共通利益」、「共同利益」を観念し、こうした法益の保護のために抗告訴訟を活用しようとする議論も盛んである。例えば、亘理格教授は、「生命・身体に直接及ばない程度の生活利益、危険施設からの安全確保の利益、住環境・自然環境や街並み・眺望等のアメニティに関わる諸利益」を挙げて、行政法の特質は、その権限行使を通してこれら「共同利益」にまで法の保護の網を積極的及ぼすところにある、とする。そして、かかる「共同利益」は、「行政権限行使の適法性を条件に侵害し得る利益なのであるから、適法性遵守という条件が権利利益の内容として予め組み込まれた利益である。そのような意味で適法性という客観法的要素を内在させた利益の保護・救済のための訴訟である行政訴訟は、本来的に、主観的要素と客観的要素との有機的接合の上に立脚した訴訟形態である。」と論じている。

かくして、上記の主観訴訟と客観訴訟の区別から深く検討もされないまま当然のごとく導かれ、平成14年判決も当然の与件としていると見られる「主観訴訟＝私益保護訴訟」、「客観訴訟＝公益保護訴訟」という対の観念は、今日、学説上見直されつつあるといってよい。例えば、宇賀克也教授の体系書では、「主観争訟とは、自己の権利利益が侵害されたことを理由として救済が求められた場合の争訟であり、客観争訟とは、自己の権利利益と関わらない紛争の解

---

15) 仲野武志『公権力の行使概念の研究』（有斐閣、2007年）278頁以下、同「不可分利益の保護に関する行政法・民事法の比較分析」民商法雑誌148巻6号（2013年）553頁以下。
16) 参照、宮崎良夫「取消訴訟における訴えの利益」同『行政訴訟の法理論』（三省堂、1984年）149頁、見上崇洋「都市行政と住民の法的位置——都市法領域における争訟適格問題を中心に」同『地域空間をめぐる住民の利益と法』（有斐閣、2006年）77頁以下など。
17) 亘理格「行政訴訟の理念と目的」ジュリスト1234号（2002年）12頁以下、同「公私機能分担の変容と行政法理論」公法研究65号（2003年）188頁以下、同「共同利益論と『権利』認定の方法」民商法雑誌148巻6号（2013年）518頁以下。
18) 亘理・前掲注17) ジュリスト論文14頁以下。同旨、亘理格「法律上の争訟と司法権の範囲」磯部力ほか編『行政法の新構想Ⅲ』（有斐閣、2008年）17頁。

決が求められた場合の争訟である」[20]と説明されている。主観訴訟は、「個人の」私益保護目的の訴訟には限られず、「訴訟提起主体自らの」権利利益の救済目的の訴訟に一般化されており、客観訴訟も主観訴訟以外の残余の訴訟という形で控除的に定義されて「客観訴訟＝公益保護訴訟」の観念も完全に姿を消している。また、大浜啓吉教授は、行政主体にも「公行政一般の利益とは異なるそれ自身固有の利益」があると考えれば主観訴訟として認められるとし、「国も自治体も独立の法人格を有するのであるから、そこに独自の利益があることは当然の前提とされている」と論じている。[21]

こうした主観訴訟の観念に立脚するならば、国と地方公共団体、あるいは地方公共団体相互間のそれぞれの主体が担う公益相互をめぐる訴訟も、「自己の権利利益が侵害されたことを理由とする主観訴訟」として当然認められることになる。そして、このような国や地方公共団体の主観的権利の観念（国家公権）は、決して突飛なものではなく、むしろ日本の公法学の伝統的な観念であるといえるのである。[22]

例えば、美濃部達吉博士は、次のように論じていた。「公共団体又は其の他国家的公権を授与せられて居る者は、唯法規の認むる範囲内に於てのみ人民に対し権利を主張し得るに止まることは勿論であるのみならず、法治国家に於いては、国家自身も行政法関係の主体としては、法規に依って規律せらるるもので、法規の定むる所に従い、人民に対し各種の権利を有するものである。国家的公権は其の目的から見て、組織権・警察権・公企業特権・公物管理権・軍

---

19) 参照、宮沢俊義『行政争訟法』（日本評論社、1940年）9頁以下、小早川光郎『行政法講義〔下1〕』（弘文堂、2002年）9頁、山岸敬子『客観訴訟の法理』（勁草書房、2004年）29頁など。
　日本における主観訴訟と客観訴訟の区別論の学説史的研究として、村上裕章「日本における客観訴訟論の導入と定着」法政研究82巻2・3号（2015年）519頁以下、杉井俊介「日本における主観訴訟と客観訴訟の概念の系譜(1)〜(3・完)」自治研究92巻2号12頁以下、3号105頁以下、4号116頁以下（2016年）、人見剛「地方公共団体の出訴資格再論──『法律上の争訟』に関する私権保護ドグマ」磯部力先生古稀記念『都市と環境の公法学』（勁草書房、2016年）199頁以下。
20) 宇賀・前掲注6）9頁。
21) 大浜啓吉『行政裁判法』（岩波書店、2011年）146頁以下。
22) 戦前戦後の市町村境界争訟に関する学説・判例の展開を詳しく跡づけ、市町村の権利主体としての出訴資格が広く認められていたことを明らかにする業績として、小林博志「市町村の提起する境界に関する訴えと当事者訴訟──市町村間訴訟の研究(1)(2)」西南学院大学論集48巻1号23頁以下、2号1頁以下（2015年）参照。

政権・財政権・行政監督権・法政権・刑罰権等の各種に分つことが出来るし、又其の内容から見て、下命権・強制権・形成権・公法上の物権等の種類を分つことが出来る。」

　田中二郎博士も、「公法関係において、直接自己のために一定の利益を主張しうべき法律上の力」と定義された「公権」について、「これを国家的公権と個人的公権とに分かつことができる」とする。そして、次のように論じている。「国家的公権とは、国又は公共団体その他国から公権力を与えられた者が、優越的な意思の主体として、相手方たる人民に対して有する権利である。その権利の目的からいえば、警察権・統制権・公共的企業に対する監督支配権・公用負担特権・課税権等の各種に分かつことができ、その内容からいえば、下命権（租税の納付その他の義務を命ずる権利）・強制権（強制執行・即時強制をする権利）・形成権（法律関係を発生・変更・消滅せしめる権利）・公法上の物権的支配権（公所有権・公用地役権・公法上の担保物権）等に分かつことができる。行政権の主体が、法律上認められた優越的な意思の主体としての地位に基づいて、法律の定めるところにより、権利の内容を自ら決定し、時には、自力によって、その内容を実現することができるものとしている点にその特色が認められる」。

　さらに、村上教授は、むしろ主観訴訟と客観訴訟の区別自体、日本法においては必要はなく、仮にこの区別をするとしても、それは「法律上の争訟」に当たる訴訟としからざる訴訟の区別とすべきことを提唱している。「法律上の争訟」該当性の要素として「主観訴訟」性を持ち込むのではなく、逆に「主観訴訟」のメルクマールとして「法律上の争訟性」を設定すべきであるとするのである。後者の見地に立てば、行政権の主体が提起する訴訟も、当事者間の具体的な権利義務・法律関係に関する訴訟であれば、主観訴訟と認められるわけである。

---

23)　美濃部達吉『日本行政法・上』（有斐閣、1936年）117頁以下。
24)　田中・前掲注11）84頁。
25)　田中・前掲注11）85頁。
26)　村上・前掲注12）249頁。同「客観訴訟と憲法」行政法研究 4 号（2013年）12頁注(1)。この問題を「法律上の争訟」、「事件性」の概念とも関連づけて論ずるものとして、亘理格『「司法」と二元的訴訟目的観」法学教室325号（2007年）58頁以下。

(5) 宝塚市パチンコ店規制条例事件最高裁判決の片面的「法律上の争訟」観念

　平成14年判決のように争訟提起の目的を「法律上の争訟」の要素に取り込むと、同一の紛争であっても、提起主体の如何によって、「法律上の争訟」として認められたり認められなかったりすることになる。平成14年判決の事案では、市が原告となって出訴したために、私権保護目的ではないとして「法律上の争訟」性が否定されたが、パチンコ店事業者の方が建設中止命令の取消訴訟や無効確認訴訟を提起した場合には、それらは私権保護目的の訴訟であるから、当然「法律上の争訟」と認められる。かくして、国や地方公共団体が、その作用の適否をめぐって私人との関係で被告とされる場合には「法律上の争訟」性が認められるのに、同様の関係で国や地方公共団体が原告となると「法律上の争訟」でなくなるのは、根拠のない片面的な「法律上の争訟」概念であるとも批判されている[27]。

　「法律上の争訟」は、むしろ、訴訟当事者の如何に関わらない、専ら訴訟の対象である事件の客観的性質・内容に関わる訴訟要件として捉えられることは、民事訴訟法学においては、当然のことと考えられているようである。竹下守夫博士は、次のように述べている。民事訴訟法学は、「『法律上の争訟』を『当事者適格』とは明確に区別された、もっぱら訴訟の対象である事件の客観的性質・内容に関わる訴訟要件、訴訟法的に言えば、訴訟物たる訴訟上の請求に関わる訴訟要件と捉えていることである。つまり『法律上の争訟』を、誰が訴訟当事者となって訴えを提起したかの問題とは切り離して、事件そのものが司法権の範囲に属するか否かを決定する基準と考えている。」「権力分立原理上、立法権、行政権に対する関係で司法権の範囲を画するのは、客観的な事件そのものの性質・内容であるべきであって、その事件につき誰に訴訟当事者となる資格が認められるかは、司法権の範囲に属することが決まった事件について考慮すべき、次の段階の問題と考えられる」[28]と。

---

27)　阿部泰隆「行政上の義務の民事執行――宝塚市パチンコ店等規制条例事件最高裁2007年7月9日判決批判」同『行政訴訟要件論』（弘文堂、2003年）151頁以下、塩野・前掲注1）282頁、藤田宙靖『行政法総論』（青林書院、2013年）277頁注(2)、宇賀・前掲注6）112頁。
28)　竹下守夫「行政訴訟と『法律上の争訟』覚書――選挙訴訟の位置づけを手懸りとして」論究ジュリスト13号（2015年）120頁。

(6) 刑事裁判と「法律上の争訟」

　平成14年判決は、「行政事件を含む民事事件において」と述べて巧妙に判示の射程を限定して正面から取り扱うことを回避しているが、刑事裁判が「法律上の争訟」であるとしたら[29]、「法律上の争訟」は、私権保護目的訴訟ではありえないであろう。刑事裁判は、国（検察官）が提起する争訟であり、それは国（検察官）の私権保護の目的でなされるものではないからである。

　ちなみに、裁判所法3条1項の「法律上の争訟」は、「当事者間の具体的な権利義務または法律関係の存否（刑罰権の存否を含む）に関する紛争」であると理解されており[30]、国家の「刑罰権の存否」も「権利義務ないし法律関係の存否」に含まれて理解され、従って「法律上の争訟」に含まれるとするのが通常の解釈である。また、「法律上の争訟」として、あくまでも主観訴訟の要素が必須であると考えるのであれば、国家が自己の刑罰権という権利（国家公権）の実現を主張するという意味で、刑事訴訟も国に固有の権利を主張する主観訴訟であるとも考えられる。

　しからば、民事・刑事事件を通じて妥当する「法律上の争訟」を観念しようとするのであれば、争訟提起の目的が私権保護であることは、その要素とは到底いえないのである[31]。そして、国が起訴してその刑罰権の存否（あるいは、その行使の具体的内容）をめぐって争われる争訟である刑事裁判が「法律上の争訟」に含まれるのであれば、国や地方公共団体の行政権限の発動をめぐって国や地方公共団体が出訴して争われる紛争がそれに含まれることはむしろ当然と

---

29) 理論的には、刑事事件は、「法律上の争訟」には含まれず、「その他法律において特に定める権限」（裁判所法3条1項）として裁判所の権限とされるという理解もありうる。参照、大貫裕之「行政訴訟による国民の『権利保護』」公法研究59号（1997年）208頁。さらに、そもそも国家刑罰権の行使手続である刑事裁判手続が「紛争の裁断」という意味での裁判であるかどうかについても議論がないわけではない。例えば、宮沢・前掲注19）3頁および7頁は、刑事争訟を「法律上の争いの裁断」の内容をもたない「形式争訟」と位置づけている。他方、兼子一・竹下守夫『裁判法〔第4版〕』（有斐閣、1999年）2頁では、刑事裁判も「公権力を有する国家……と人民との間の、公益と私益との衝突の調整」として「紛争の裁断」に含まれるとされている。

30) 最高裁判所事務総局総務局編『裁判所法逐条解説(上)』（法曹会、1968年）22頁以下。

31) 同旨、阿部・前掲注27）150頁以下、神橋一彦『行政救済法』（信山社、2012年）15頁、渋谷・前掲注6）640頁。従来の「法律上の争訟」概念が、民事訴訟モデルに偏していることへの批判として、亘理・前掲注18）「法律上の争訟と司法権の範囲」18頁以下。

考えられるのである。

(7) 財産権の主体と行政権の主体の区別の困難性

多様な公的活動を行う地方公共団体の法的地位を、平成14年判決のように「行政権の主体」としてのそれと「財産権の主体」としてのそれとに截然と区別することがそもそも可能であるか、も問題となる。

例えば、既にみたように、公害防止目的の協定を事業者と締結した地方公共団体は、地域環境の保全に責任をもつ行政権の主体としての地位にあるはずであるが、同時に契約の一方当事者という意味で財産権の主体に近い地位にもあり、協定に基づく使用差止めの民事請求が法律上の争訟として認められている（前掲福間町公害防止協定事件・最判平成21・7・10）。他方、前掲逗子市米軍住宅追加建設訴訟・東京高判平成19・2・15は、市・県・国の3者間で締結された合意について、それは市域における緑地の環境保全、市民生活に関連する医療、道路、治水、治安、消防等に係る行政事項を対象とするものであって権利主体としての市の固有の権利利益の保護救済を目的とするものではないとして、この合意の履行をめぐる訴訟を「法律上の争訟」ではない、と判示している。同じ契約当事者の立場で提起した地方公共団体の出訴について真っ向から対立する判断が示されているのである。

また、先に見た杉並区の住基ネット訴訟（前掲東京地判平成18・3・24、前掲東京高判平成19・11・29）では、区の求めた受信義務確認請求は法律上の争訟ではないとされたが、同一の事実関係に基づく区の国家賠償請求は、直接には損害賠償請求権という財産権の成否に関する争いであるため、「法律上の争訟」であると認められている。

さらに、財産権との関係が微妙な公物管理権の主体としての地位も問題となりうる。例えば、最判平成18・2・21民集60巻2号508頁は、国から無償貸し付けを受けた土地によって構成される道路について断続的に交通妨害行為を行

---

32) 中川丈久「国・地方公共団体が提起する訴訟」法学教室375号（2011年）106頁。
33) 参照、斉藤・前掲注10) 405頁以下。
34) 後述の平成21年最判と平成14年判決は矛盾すると指摘するものとして、板垣勝彦『自治体職員のための ようこそ地方自治法』（第一法規、2015年）97頁。
35) 参照、山本隆司『行政上の主観法と法関係』（有斐閣、2000年）29頁以下。

う私人を被告とする道路管理者たる市の妨害予防請求訴訟を適法な訴えとしたが、道路法に基づく道路管理権の行使という「行政権の主体」としての行為によって道路を現実的に管理していることをもって占有権（「財産権の主体」としての地位）の成立を認めている。他方、同じく道路管理に係る最判平成8・10・29民集50巻9号2506頁は、占有権を媒介とせず、道路管理者としての市の道路敷地の管理権に直接基づいて、道路敷地であることの確認請求訴訟と工作物撤去請求訴訟を認容している。

　以上のように、地方公共団体における「行政権の主体」と「財産権の主体」は、一方であれば他方ではない、というような相互に排他的な関係にあるのではなく、両方の性格を兼ね備えた場合も少なくないと考えられるのである。例えば、水道事業の主体としての市町村は、地域住民の生活に不可欠な上水道を供給する水道行政の主体であるが、水道事業自体は民間事業者も営むことができる経済事業でもあり、その限りで私人と同質の法的地位にあるともいえる。さらに水道事業の主体は、浄水場等の水道施設の所有者であるという意味で財産権の主体でもある。したがって、水道事業という行政活動に対する侵害を理由に市町村が出訴するとき、それは「行政権の主体」としての出訴であるが、同時に「財産権の主体」としての出訴であるともいえるのである。

2　法定機関訴訟の排他性

　本件のように地方公共団体の処分に対してなされた審査請求に係る国の審査庁の裁決等は、その法的性質としては「一定の行政目的を実現するため普通地方公共団体に対して具体的かつ個別的に関わる行為」（自治法245条3号）という意味での国の関与に当たる。このことは、地方自治法245条3号括弧書きが、わざわざ「審査請求その他の不服申立てに対する裁決、決定その他の行為」を明文で関与の定義から除いていることにも明らかである。

　地方自治法251条の5は、国地方係争処理手続の一環としての関与取消訴訟を機関訴訟（行訴法6条）として法定している（自治法251条の5第8項が、行訴法43条3項の適用があることを前提とした定めをしている）[36]。そして、機関訴訟は、「法律に定める場合において、法律に定める者に限り、提起することができる」

（行訴法42条）と定められている。このことから、国等の関与に対して地方公共団体が提起する訴訟は、専らこの法定された機関訴訟の専管とされているという見方が生ずるかもしれない。[37]

　しかし、国地方係争処理手続の一環としての関与取消訴訟は、本来的には、行政主体たる国と地方公共団体の間の訴訟であるが、地方自治法の特別の定めにより、「地方公共団体の長その他の執行機関」が原告となり、「国の行政庁」を被告として高裁に提起する機関間の特別な訴訟として、「機関訴訟」と定められたものである。したがって、国地方間の関与をめぐる訴訟が機関訴訟として法定されたことは、国と地方公共団体の間のこのような紛争が、もともと裁判所法3条1項の「法律上の争訟」ではない、ということまでも意味するわけではない。[38]この地方自治法改正に関わった小早川教授も、「改正地方自治法が機関訴訟としての関与不服訴訟の制度について規定していることは、論理的には、そのような特別の規定がなくてもこの関与不服訴訟に相当するものが機関訴訟ならぬ一般の訴訟——"司法権"の本来の対象としての"法律上の争訟"——として認められるものである可能性を、完全には排除しない。」[39]と述べている。

　そして、重要な疑念や異論はあるものの、今日では、学説上は、国地方間の関与について一般の抗告訴訟を提起することができるとする肯定説が通説であ[40]

---

36)　地方自治法251条の5は、国の関与の取消訴訟のほか、国の不作為の違法確認訴訟も定めており、この他、同法251条の6は都道府県の関与に対する市町村の取消訴訟・不作為の違法確認訴訟を、同法251条の7は、地方公共団体の不作為に対する国の違法確認訴訟を、同法252条は市町村の不作為に対する都道府県の違法確認訴訟を定めている。これらの訴訟も機関訴訟であることが地方自治法上前提とされている（自治法251条の5第9項、251条の6第4・5項、251条の7第4項、252条7項）。

37)　参照、成田頼明監修『地方自治法改正のポイント』（第一法規、1999年）75頁。

38)　松本英昭『新地方自治制度詳解』（ぎょうせい、2000年）257頁は、国・地方間関係の関与をめぐる訴訟が「法律上の争訟」に当たるか否かの学説上の争いを踏まえ、「今回の改正は立法的に措置をしたということができる」と述べている。したがって、地方自治法251条の5以下の訴訟が、機関訴訟として法定されたことは、国地方間関係の関与をめぐる争訟が「法律上の争訟」であるか否かの学説上の争いに対して中立的であるとするものとして、塩野宏『行政法Ⅲ〔第4版〕』（有斐閣、2012年）252頁、小早川光郎・小幡純子『あたらしい地方自治・地方分権』（有斐閣、2000年）40頁〔小早川発言〕。

39)　小早川光郎「司法型の政府間調整」松下圭一ほか編『岩波講座・自治体の構想2　制度』（岩波書店、2002年）66頁。

る。以下、代表的な肯定論者の論拠を紹介しておこう。まず、日本の地方自治保障論に関する古典的論文である成田頼明「地方自治の保障」は、次のように論じていた。

「地方公共団体に対する国の監督手段の当否を当該地方公共団体が争うことはできないであろうか。おそらく、これまでの一般的な考え方に従えば、国と地方公共団体との関係は広い意味での機関内部の関係であるから、その間の争いは一種の機関訴訟であり、起債の許可、補助金の交付決定・取消等の措置は行政処分とみることはできないから、抗告訴訟の対象たりえない、ということになろう。しかしながら、このような考え方にはにわかには賛成することはできない。けだし、地方公共団体が広い意味での国家の統治構造の一環をなすことはいうまでもないところであるが、地方公共団体は、国から独立して自己の目的と事務をもつ公法人であるから、国と地方公共団体との間の争いがつねに機関争訟であるというのは、妥当でないと考えるからである。行政事件訴訟法でも、機関訴訟とは

---

40) まず、国が地方公共団体に対して公行政の関与の手段として行われる処分について地方公共団体からの出訴を一般的に認めることは「国の行政監督・関与のコントロールを裁判所に委ねるということになるのであって、司法的権利保障制度の枠からはみ出ることになるのではないか」という疑問を呈し、問題の当否については「一般的な断定をさし控える外はない」と述べるものとして、雄川一郎「地方公共団体の行政争訟」同『行政争訟の理論』(有斐閣、1986年) 427頁。

また、「地方公共団体が私人の権利を侵害するような公権力行使を行い、これに対し国が法律上許された監督権の行使を行った」という場合を前提とした上で、さらに現行法上の抗告訴訟は「私人の主観的権利の保護を目的とする主観訴訟である」という前提の下、国に対する地方公共団体からの抗告訴訟を認めることは「私人の側から見れば、抗告訴訟が、自己の権利に対する侵害のための手段として利用される」ことを意味し、このことは上述の抗告訴訟の基本的構造に矛盾すると論ずるものとして、藤田宙靖「行政主体相互間の法関係について――覚え書き」成田頼明先生古稀記念『政策実現と行政法』(有斐閣、1998年) 101頁以下。

「現行憲法の理解として、司法ないし司法権の観念は、基本的人権などの個人の権利に対する尊重の理念と深く結びついたものとして捉えられるべきである」として「自治体 (ないしその機関) が一般私人の立場とは基本的に異なる行政主体としての立場において国 (ないしその機関) との間で一定の問題をめぐって争っている場合にそれについて裁判することは、憲法76条・裁判所法3条にいう"司法権"および"法律上の争訟"の範囲には含まれず、言いかえればこれらの条項が裁判所の本来的任務・権限として予定しているものには当たらないと考えるべきであろう」と論ずるものとして、小早川・前掲注39) 67頁。

これらの消極説ないし否定説の背景には、先にみた「抗告訴訟＝私人の主観的権利保護目的訴訟」という伝統的な観念に立脚した (自明ではない) 固定的観念があることは明らかであろう。

41) 学説上、肯定説が多数説であることを明確に指摘するものとして、宇賀克也『地方自治法概説〔第6版〕』(有斐閣、2015年) 408頁、塩野宏「国と地方公共団体の関係のあり方再論」同『法治主義の諸相』(有斐閣、2001年) 433頁。

『国又は公共団体の機関相互間における権限の存否又はその行使に関する紛争についての訴訟』をいうものとされているから（6条）、国と地方公共団体との間の紛争が直ちにこれに該当するとはいえない。国家官庁が固有の資格における地方公共団体を相手方として行う公共事務の範囲における公権力の発動たる行為、例えば起債の許可、補助金の交付決定、地方交付税額の決定・減額等は、行政不服審査法に定める不服申立ての対象となる処分ではないが、抗告訴訟の対象となる処分と解してもよいのではなかろうか」[42]。

さらに、塩野宏博士も、次のように論じている。

「地方公共団体は……一般私人とは異なった特別の公の行政主体の資格において行動する。そして、公の行政は、その担当主体が複数に分かれようと、一体として行われることが望ましい。すなわち、国と地方公共団体の協力関係の保持が必要であることはいうまでもない。しかしながら、地方自治の保障という憲法原理が妥当している現行法秩序においては、その有機的関連性乃至協力関係の保持が、国家関与における国家行政機関の意思の優越性という形で担保されるべきものとは考えられない。むしろ国家関与の根拠及びその態様が法律の留保に属し、その範囲内の関与にのみ地方公共団体が服従するとみるべきであろう。そうだとするならば、国家関与がその限界を越えた場合には、その是正手段が制度上存在していなければならないはずであるし、また、その是正の要求が、個別地方公共団体の自治権の侵害の排除という形をとる限りにおいて具体的権利義務に関する訴訟として、裁判所による救済の方法が認められると考えられる。地方自治の保障は、制度的保障と理解されるとしても、そのことと、裁判所の救済の対象となる権利の存否とは別問題である」[43]。

したがって、例えば地方自治法176条7項の定める、同一の地方公共団体内の長と議会との間の訴訟のように、もともと「法律上の争訟」が成立しないところに特別に設けられた訴訟として地方自治法251条の5以下の訴訟が設けられたわけではないので、同条に基づく訴訟とは別に、団体としての国と地方公共団体と間の一般の抗告訴訟等も可能と解されるのである[44]。同条は、国地方係

---

[42] 成田頼明『地方自治の保障《著作集》』（第一法規、2011年）131頁以下。
[43] 塩野宏「地方公共団体の法的地位覚書き」同『国と地方公共団体』（有斐閣、1990年）36頁以下。
[44] 村上順・白藤博行・人見剛編『新基本法コンメンタール地方自治法』（日本評論社、2011年）435頁〔人見執筆〕、白藤博行「国と地方公共団体との紛争処理の仕組み」公法研究62号（2000年）208頁。

争処理委員会から高等裁判所へという簡易迅速な係争処理制度を特別に設けたところに意義があるのであって、前述のような従来から認められてきた一般の抗告訴訟の手段をあえて排除したものと解すべきではない。

まして、そもそも地方自治法251条の5等の特別法定の訴訟の対象とはならない関与、例えば支出金の交付および返還に係る行為や審査請求等に関する裁決などに対しては、一般の取消訴訟等の提起が可能であると解される[45]。ちなみに、本件における沖縄県知事による執行停止決定に係る審査の申出に対する2015年12月28日の国地方係争処理委員会の決定によれば、本件執行停止決定は、国地方間関係における係争処理手続の対象外であるとされており[46]、この決定の結論が正しいとすれば、本件執行停止決定を地方自治法251条の5以下の訴訟を通じて争う余地はないはずである。

3 行政不服審査法の構造に由来する訴訟排除と執行停止決定の処分性

(1) 行政不服審査法の制度趣旨

一般論として原処分庁が不服審査庁の裁決を争いえないことは当然といってよいであろう。このことを明晰に明らかにするものとして、塩野博士の次のような説明がある[47]。

①行政組織法の一般論として、法制度上、原処分庁は、不服審査庁の指揮命令に当然に服従すべきであって、この原則は、たまたま不服審査手続によって

---

45) 塩野・前掲注38) 252頁以下、稲葉馨「国・自治体間の紛争処理制度」都市問題91巻4号 (2000年) 39頁、人見剛「地方公共団体の自治事務に関する国家の裁定的関与の法的統制」同『分権改革と自治体法理』(敬文堂、2005年) 291頁以下、村上・前掲注12) 64頁以下、同・前掲注6) 21頁、薄井一成『分権時代の地方自治』(有斐閣、2006年) 197頁以下、曽和俊文「地方公共団体の訴訟」同『行政法執行システムの法理論』(有斐閣、2011年) 226頁以下、木佐茂男「国と地方公共団体」雄川一郎ほか編『現代行政法大系 第8巻』(有斐閣、1984年) 411頁以下、碓井光明『要説自治体財政・財務法』(学陽書房、1997年) 75頁以下、山本隆司「行政組織における法人」塩野宏先生古稀記念『行政法の発展と変革』(有斐閣、2001年) 859頁以下、斉藤誠「行政主体間の紛争と行政訴訟」藤山雅行・村田斉志編著『新・裁判実務大系25巻 行政争訟〔改訂版〕』(青林書院、2012年) 96頁以下。

46) 参照、人見剛「法定受託事務の処理に対し国の機関が行った審査請求に係る大臣の執行停止決定の『関与』該当性」法学セミナー738号 (2016年) 121頁。

上級庁の意思が表明されたとしても、それに対する下級庁の服従義務は何ら異なるところがない。②不服審査制度の通常の場合は、原処分庁も不服審査庁も、国や地方公共団体等の一定の行政主体の手続上の当事者にすぎず、かかる同一行政主体内の機関相互間の権限の争いが行政事件訴訟の下では特別の法律で認められる場合を除いては一般的に裁判所の審理の対象とならないとされている。[48]③当該不服申立を行った不服申立人たる私人の早期の権利保護の点からみても、原処分庁によるさらなる争訟提起を認めないことには十分な理由がある。

　しかし、本件のように、原処分庁が地方公共団体の機関である知事であり、審査庁が国の機関である大臣であるような場合は、事情が異なる。上にみたような組織法の原則は全く妥当しないのである。再び、塩野博士の論ずるところを紹介したい。

　知事と大臣の間には「実体組織法上一般的指揮監督関係の存在しないことは明らかであると同時に、審査庁による原処分（地方公共団体の処分）の取消は、一つの組織体内部の自己反省ではなくして、一の権利主体の意思が他の権利主体の意思に優越することを常に意味せざるを得ないのであって、それは、地方公共団体に保障された自治権の侵害そのものである。その限りでは、地方公共団体の行為の取消が、職権によってなされようと行政争訟的手続でなされようと何ら異なるところはないのである。むしろ、職権による監督処分には出訴を認めつつ、たまたま私人の不服申立てをまって発動される争訟による取消について、地方公共団体の出訴を認めないのは極めて不合理であるといわざるを得ないのである。もちろん、このことによって、原処分に不服を有する私人には、通常の不服審査よりも争いの早期確定が妨げられるという意味の不利益を課せられることになろう。しかし、実体法上の権利については、何らの侵害も加えられるわけではないのみならず、憲法に保障される地方公共団体の自治権を実質的に担保するためには、私人に負わされるべきその程度の不利益は合理性を

---

47)　参照、塩野宏「地方公共団体に対する国家関与の法律問題」同・前掲注43) 121頁。
　　なお、原処分庁と審査庁が同一の行政主体に所属する場合であっても、原処分庁が審査庁を被告として提起する訴訟を機関訴訟として新たに立法化することを主張する最近の論説として、碓井光明「裁決に対して原処分庁の提起する機関訴訟制度の構想」明治大学法科大学院論集17号（2016年）1頁以下。

48)　例えば、地方自治法176条7項に基づく、地方公共団体内部の議会と長との争訟。

有するものと思われる。」[49]

　そもそも、裁定的関与としての性質を有する本件のような特別の審査請求制度自体、地方自治の観点からみて、その廃止論も根強くあるのであり[50]、ドイツ法においては、市町村事務について市町村機関が処分を行い、郡や州の機関が当該処分に対する不服申立ての審査庁である場合、市町村が審査庁の裁決を取消訴訟をもって争うことは、市町村の自治権保障から当然に認められているところである[51]。

　さて、かかる裁定的関与に対する地方公共団体側からの出訴の可否の問題について最も問題となるのは、前述の塩野博士の議論の最後の点、すなわち、かかる出訴を認めると私人の不服申立ての対象事件の簡易迅速な解決が阻害されるという点であろう。地方自治法245条3号括弧書きが、国地方係争処理委員会への審査の申立て等の係争処理手続の対象から「審査請求その他の不服申立てに対する裁決、決定その他の行為」を除いている理由も、主にこの点にあったと考えられる[52]。

　しかし、塩野博士も指摘するように、地方公共団体側からの取消訴訟を認めたところで、裁決が適法であれば、それは取り消されることはなく、不服申立人の実体法上の権利が害されるわけではない。紛争が長引くという問題も、不服申立人は国地方間の争訟の当事者ではないし（もちろん、不服申立人は被告国側に訴訟参加することはできよう。行訴法22条）、地方公共団体の出訴を認めたと

---

49)　塩野・前掲注47）121頁以下。
50)　参照、人見・前掲注45）275頁、芝池義一「地方自治法改正案の検討」法律時報71巻8号（1999年）82頁、石森久広「法定受託事務に係る審査請求」小早川・小幡編・前掲注38）95頁、山本隆司「国民健康保険の保険者としての市の地位」『地方自治判例百選〔第4版〕』（有斐閣、2013年）197頁、宇賀・前掲注41）365頁。
51)　人見・前掲注45）281頁以下。
　　ドイツのボン基本法28条2項が、「市町村には、法律の範囲内で、地域共同体の全ての事項を自己の責任において規律する権利が保障されていなければならない。」と定めるに至った憲法制定過程の議論を詳細に跡づけた業績として、中嶋直木「制定過程における基本法28条2項の文言の意義――ゲマインデの『主観的な』法的地位保障の議論を契機に」熊本ロージャーナル11号（2016年）3頁以下参照。
　　明治憲法下における美濃部達吉博士による裁決に対する処分庁の取消訴訟提起肯定論について参照、小林博志「処分庁、行政主体の不服申立権と出訴権」西南学院大学論集48巻3・4号（2016年）1頁以下。
52)　参照、松本英昭『新版・逐条地方自治法〔第8次改訂版〕』（学陽書房、2015年）1098頁。

ころで、国の裁決は公定力をもって有効に存続している以上、不服申立人には何らの不利益もない。地方公共団体が、取消訴訟に併せて執行停止の申立てを行い、それが認められると実際に不利益を被ることになるが、裁判所の執行停止決定の要件（行訴法25条2～4項）の審査の中で、不服申立人の利益は十分に考慮されるべきであろう。

　なお、審査庁の裁決には関係行政庁に対する拘束力（行審法43条、新行審法52条）が認められており、関係行政庁である原処分庁は裁決に拘束されることから、原処分庁は裁決取消訴訟を提起できないとする議論もある[53]。しかし、審査庁の裁決についてはかような優越的な効力があるからこそ、審査庁の属する行政主体とは区別された別の行政主体である原処分庁の所属する地方公共団体は、その拘束力を与えられた裁決の取消しを求めて裁判所に出訴せざるをえず、かつ、出訴することができるというべきである。行政処分が一般的に国民等に対して優越的な拘束力（規律力）を有するがゆえに、その法効果を覆滅させるべく取消訴訟等の争訟手段を用いなければならず、かつ、用いることができるのと同じである。

(2) 先行判例の検討

　日本において、処分庁の所属する行政主体と別の行政主体の機関が当該処分の審査請求の審査庁とされている場合に、処分庁等が審査庁の裁決に対して取消訴訟を提起した事例は多くなく[54]、地方自治に関わる本件に最も近いと思われる先行判例として大阪府国民健康保険審査決定事件・最判昭和49・5・30民集28巻4号594頁がある。この判例は、大阪市の行った国民健康保険の被保険者

---

53) 大阪高判昭和46・11・11行集21巻11・12号1806頁およびこの判決の小高剛の評釈（判時661号124頁）。なお、裁決の拘束力が及ぶのは関係行政庁であって、公法人たる地方公共団体の出訴権まで奪うものではないとする反論として、大阪地判昭和44・4・19行集20巻4号568頁、尾上実「国民健康保険の保険者の原告適格」『昭和47年度重要判例解説（ジュリスト535号）』31頁以下などがある。

54) 原処分庁の取消訴訟を肯定すると解される例として、船員保険の保険者たる厚生大臣が船員保険審査官の審査決定を争いうるとした東京高判昭和30・1・27行集6巻1号167頁がある。逆に否定する例として、町選挙管理委員会が県選挙管理委員会の裁決を争った事件に関する最判昭和24・5・17民集3巻1号188頁や田辺市が和歌山県介護保険審査会の裁決を不服として提起した裁決取消訴訟に関する和歌山地判平成24・5・15LEX/DB25481779がある。

証交付申請拒否処分に対して大阪府国民健康保険審査会に審査請求がなされたところ、拒否処分の取消裁決がなされ、この裁決に対して大阪市が取消訴訟を提起したという事件に関するものである。最高裁は、「国民健康保険事業の運営に関する法の建前と審査会による審査の性質から考えれば、保険者のした保険給付等に関する処分の審査に関するかぎり、審査会と保険者とは、一般的な上級行政庁とその指揮監督に服する下級行政庁の場合と同様の関係に立ち、右処分の適否については審査会の裁決に優越的効力が認められ、保険者はこれによつて拘束されるべきことが制度上予定されているものとみるべきであつて、その裁決により保険者の事業主体としての権利義務に影響が及ぶことを理由として保険者が右裁決を争うことは、法の認めていないところであるといわざるをえない。」と判示している。

こうした判示の適否についても、学説上疑義や異論があるが、この点は措いても、本判決の上記結論は、国民健康保険法の制度趣旨に即した判示であるから、およそ裁定的関与一般に妥当するものではない。

例えば、阿部泰隆博士は、次のように論じている。「本判決の射程範囲についても、決め手はないが、これは国民健康保険法の解釈によるものである。したがって、他の法令の場合にも自治体が国の裁定的関与を争うことはできないという法理が導かれたわけではない。まして、地方自治権を理由とする裁定的関与への訴訟いかんに決着をつけたものではない。」塩野博士も、「仮に最高裁の論理に従うとしても、裁定的関与一般について、地方公共団体の出訴権が否定されることにはならないであろう。判決においては、保険事業を行う市町村は、『もっぱら、法の命ずるところにより、国の事務である国民健康保険事業の実施という行政作用を担当する行政主体としての地位に立つもの』と規定されており、この点が、判決の基本的前提の一つとなっていると解される」と述べている。

それでは、この昭和49年最判が、原処分庁たる市町村による都道府県の審査

---

55) 阿部泰隆「国民健康保険審査会の裁決の取消訴訟と保険者の原告適格」『社会保障判例百選〔第3版〕』(有斐閣、2000年) 27頁。
56) 塩野・前掲注43) 37頁。
57) 同旨、曽和・前掲注45) 234頁。

機関の裁決に対する取消訴訟を排斥した根拠を振り返ってみることにしよう。まず、本判決は、国民健康保険という保険事業は、「国の社会保障制度の一環をなすものであり、本来、国の責務に属する行政事務」であることを前提に（国民健康保険事務は、当時の法制度上、地方公共団体たる市町村等が国から委任を受けた団体委任事務であったと解される）、市町村は、かかる国の行政事務を国法に基づいて全国一律に斉一に遂行すべきものとされている。そこから、都道府県の審査会と保険者たる市町村は、「一般的な上級行政庁とその指揮監督に服する下級行政庁の場合と同様の関係」に立つものと評価され、市町村の行った保険給付等に関する処分の適否についての審査会の裁決に市町村は当然に拘束されるべきことが制度上予定されているものとみるべきであって、裁決に対して市町村長は、これを争う余地はない、とされているのである。

これに対し、本件の公有水面埋立法に基づく埋立免許・承認の事務は、国の機関委任事務として、国の地方出先機関としての都道府県知事が処理する国の事務であったのであるが、1999年の地方分権改革により都道府県の事務としての法定受託事務となったものである（公水法51条）。法定受託事務は地方公共団体の事務であり、国の事務ではない。「自治事務はもとより、法定受託事務も、地方公共団体の事務である。法定受託事務という名称にもかかわらず、国の事務が委託の結果、地方公共団体の事務になったと観念されるわけではない（第1号法定受託事務の場合。この点で従前の〔団体〕委任事務と異なる）[58]。」[59]しかも、公有水面埋立免許・承認処分は、その性質上、そしてその根拠規定に鑑みて、地域の事情を考慮して免許・承認の是非を判断することが要請される処分であって、地域の事情に通暁した都道府県知事に広い裁量権が認められる処分である。

また、公有水面埋立法には、都道府県の免許・承認処分に係る国土交通大臣に対する審査請求の定めは置かれておらず、その法的根拠は地方自治法255条の2にある。同条によって機関委任事務時代のこの裁定的関与が存置された理由は、「処分に不服のある者の立場からすれば、処分庁以外の別の行政庁に対しさらに判断を求めることができることとすることは、一定の利益があると考えられ……私人の権利利益の救済を図ることを重視するとともに従来の取扱い

---

58) 参照、松本・前掲注52) 47頁以下。
59) 宇賀・前掲注41) 125頁。

との継続性を確保することにも配意し[60]」たものであるとされている。

かくして、上記の昭和49年最判において国民健康保険法に基づく保険給付等の処分に係る審査請求をめぐる原処分庁と審査庁との関係に認められた「一般的な上級行政庁とその指揮監督に服する下級行政庁の場合と同様の関係」は、公有水面埋立法に基づく埋立免許・承認処分に係る原処分庁と審査庁の関係には認められないのである。

また、昭和49年最判は、原処分庁からの出訴を認めるべきではないもう１つの理由として、「審査会の裁決に対する保険者からの出訴を認めるときは、審査会なる第三者機関を設けて処分の相手方の権利救済をより十分ならしめようとしたことが、かえつて通常の行政不服審査の場合よりも権利救済を遅延させる結果をもたらし、制度の目的が没却されることになりかねないのである。」とも述べている。この点については、既に述べた反論が一般論として妥当するが、こと国民健康保険法の解釈としては、国民皆保険制度の下、被保険者の認定について地方公共団体相互間での消極的権限争いの事態を是非回避するという要請を重んずれば、保険者たる市町村からの出訴を封じる趣旨を同法の中に読み込むこともありうるところであろう[61]。

(3) 裁決にいたるまでの暫定的手続的行為

なお、本件辺野古訴訟で争われた審査庁の行為は、審査請求に対する裁決そのものではなく、裁決をなすまでの暫定的な手続的行為である執行停止決定である。この点を取り上げて、取消訴訟の対象性たる処分性を疑問視する議論もあるかもしれない。

執行停止の申立てに係る審査庁の決定の取消訴訟の先行事例として、収用委員会の収用裁決に対する審査請求に係る建設大臣の執行停止をしない旨の決定は、抗告訴訟の対象となりえないと判示した岐阜地判昭和54・12・19判タ409号137頁がある。しかし、この判決の判旨は、本件には妥当しない。

まず、この地裁判決で争われた決定は、執行停止決定ではなく、執行停止を

---

60) 松本・前掲注52) 1475頁。
61) 参照、阿部・前掲注55) 27頁、山本隆司「国民健康保険の保険者としての市の地位」『地方自治判例百選〔第４版〕』(有斐閣、2013年) 197頁。

認めなかった決定である。執行停止を拒否したこの決定は、それ自体として現状の法律関係を変動させないという実体法的効果のないものであるが、本件で争われている大臣の執行停止決定は、単なる審査手続上の効果しかないものではなく、いったん法効果を生じた埋立承認取消処分の効果を停止しその効果を除くという実体法的効果を有している。

　また、審査請求を申し立て、併せて執行停止を申し立てた請求人が、執行不停止決定を争っている岐阜地裁の判決の事案では、請求人は、執行停止を求めるために、別途裁判所に原処分の取消訴訟を提起して裁判所による執行停止を申し立てる方途があり、このことも執行停止決定の取消訴訟を否定する理由となっている。これに対し、本件では、執行停止決定がなされ、それに不服をもっている原処分庁が帰属する行政主体である沖縄県は、執行停止決定によって原初的に不利益を被っているので原処分を争うにゆえなく、専ら執行停止決定を争うより他に手段がないのである。

　以上のように、行政上の不服申立制度に伴う暫定的な決定である執行停止決定であっても、その法効果に鑑みれば、取消訴訟の対象性の意味での「処分性」は明らかに認められ、執行不停止決定の場合にはありうる別途の救済手段の利用の途も、執行停止決定に対しては開かれていないのである。この限りで、本案決定たる裁決と執行停止決定を区別することはできないというべきである。

4　沖縄県の原告適格・訴えの利益

(1)　処分の名宛人としての沖縄県

　まず、大臣の執行停止決定により直接に知事の行った承認取消処分の法効果が停止されたので、県は、実質的に執行停止処分の名宛人といってよく、当該処分によって不利益を受けている限り、「当該処分により自己の権利若しくは法律上保護された利益を害された侵害され」た者として原告適格は当然に認められるべきであるといえる。かつて那覇市情報公開事件・最判平成13・7・13訟月48巻8号2014頁は、国と地方公共団体の間の取消訴訟について、処分根拠

---

62)　塩野・前掲注41) 433頁以下。

法規たる那覇市情報公開条例の解釈として、原告となった国の原告適格を否定したが[63]、むしろ福田博裁判官の次のような反対意見が妥当であったと考えられる。

「本件は、国が地方公共団体のした情報公開処分の取消しを求める訴訟であるところ、国と地方公共団体又は地方公共団体相互の間における訴訟では、原告となるべき当事者の数はそもそも限定されているのであるから、特段の事情がない限り、原告適格の有無を論ずる要はないというべきである。原告適格についての理論は、一般的にいえば、一方においていわゆる好訴者等を排除しつつ、他方において行政行為によって重大な利益侵害を被る一定の私人を保護するために発展してきた考えであるといえるのではないかと思われるが、行政主体そのものが原告となる事例にあってそのような理論を延伸して原告適格を論ずることには、私は大いにちゅうちょせざるを得ない。

近時、地方分権の推進に伴って情報公開のほか、課税権ないし課徴金の賦課、広義における環境問題等の分野で国と地方公共団体又は地方公共団体相互間の利害が対立する場面が増加しつつあるところ、国又は地方公共団体等の行政主体が裁判によって行政処分の取消しを求める場合には、私人が取消訴訟を提起する場合とは異なり、当該行政主体には当該行政処分の取消しを求める原告適格があると解して本案の裁判を行うことに何らの支障もなく、このように解することは、司法の責務に沿うものである。いずれにしても、多数意見の引用する判決は、行政処分の名あて人以外の第三者である私人が行政処分の取消しを求める訴訟における原告適格について判示するものであり、第三者が国である場合とは、事案を異にするというべきである。」

仮に福田反対意見のように原告適格を理解することが、これまでの判例に照らしてラディカルにすぎるとしても、行政権の主体としての地方公共団体が有する各種の公行政作用を自己の責任と判断の下に自主自立的に行使する自治権が、わが国の地方自治法制において地方公共団体の出訴を根拠付けうる主観的権利として位置づけられうることは既にみたところであり、地方公共団体に対する国家関与について、関与を受けた地方公共団体が抗告訴訟を提起できるという論を展開する中で、塩野博士は次のように述べている。「地方公共団体は、

---

63) 最近、那覇地判平成27・3・5 LEX/DB25506223は、類似の沖縄県情報公開条例事件において国の原告適格を肯定した。

憲法以下の実定法制において、自由な活動を直接的に法的に保障され、また、一定の公権力を自己の責任で行使することを認められているのであって、監督手段が、かかる自由な領域の侵害を意味するものである以上、当該地方公共団体には、その侵害行為を排除する法的利益の存することは、異論のないところと思われる。」[64]

さらに、塩野博士は、「原子力等の発電施設にかかる電気事業法等の許可、新幹線・高速自動車国道等の計画にかかる認可等のいわゆる大規模プロジェクトに関する国の行為により、当該地方公共団体は各種の面からのインパクトを受ける。そこで、そのプロジェクトが当該地域に及ぼすデメリットに鑑みて、地方公共団体が、これら国家行為の取消を求めて出訴できるかどうか」[65]という問題を設定し、次のように回答している。「当該プロジェクトが、地方公共団体の存在に重要な影響を及ぼす場合には、これを地方公共団体の一般的自治権との関連でとらえるか、或いは、少なくとも市町村レベルでは、制定法上も認められている、一般的計画団体たる地位との関連においてとらえるかの問題はあるが、地方公共団体の原告適格を容認できるように思われる。」[66]

後者のように地方公共団体が行政処分の第三者である場合であっても原告適格が認められるとすれば、地方公共団体が処分の名宛人といえる本件のような場合においては、原告適格は当然に認められるべきであろう。

(2) 取消訴訟の原告適格に関する判例の一般的な定式

行政処分の第三者の原告適格に関する最高裁の判例法理は、「当該行政処分を定めた行政法規が、不特定多数者の具体的利益を専ら一般的公益の中に吸収解消させるにとどめず、それが帰属する個々人の個別的利益としてもこれを保護すべきものとする趣旨を含むと解される場合には、かかる利益も上記にいう法律上保護された利益」に当たる、とするものである。[67]かかる定式の文言から既に明らかなように、そこでは公益と個人の個別的利益の区別を基礎にした上

---

64) 塩野・前掲注47) 120頁。
65) 塩野・前掲注43) 38頁以下。
66) 塩野・前掲注43) 40頁。
67) もんじゅ原発訴訟・最判平成4・9・22民集46巻6号571頁、小田急訴訟・最大判平成17・12・7民集59巻10号2645頁など。

で、原告が不特定多数者である事案が想定されているものである。その意味で、この定式は、私人が原告である場合を想定したものであり、本件のように公益主体である地方公共団体が、その固有の資格の下で原告となった場合については、そのままの形で原告適格の判断基準として用いることができるものではない。

　思うに、公益主体が原告である以上、上記定式にいう「公益」をさらに分析して、原告に固有の法益としての公益と、しからざる一般的公益を区別する必要がある。国の行政庁の行政処分を地方公共団体が争っている本件の事情の下では、国が専らもしくは主として担う国家的公益と、地方公共団体が専らもしくは主として担う地域的公益を区別する必要があろう。日本国憲法は、あらゆる公益事項を中央政府たる国に一元的に処理させる中央集権体制を否定し、国から独立して地域的公益を担う「地方公共団体」を設置し、それが「財産を管理し、事務を処理し、及び行政を執行する権能を有し、法律の範囲内で条例を制定する」（憲法94条）地方自治制度を予定している。かかる地方公共団体と国との役割分担として、地方自治法は、前者について「住民の福祉の増進を図ることを基本として、地域における行政を自主的かつ総合的に実施する役割を広く担う」（自治法1条の2第1項）と定め、後者について「国際社会における国家としての存立にかかわる事務、全国的に統一して定めることが望ましい国民の諸活動若しくは地方自治に関する基本的な準則に関する事務又は全国的な規模で若しくは全国的な視点に立って行わなければならない施策及び事業の実施その他の国が本来果たすべき役割を重点的に担」う（自治法1条の2第2項）と定めている。

　したがって、公有水面埋立法に基づく埋立承認処分が適正に行われることによって保護される公益にも、かかる国レベルの国家的公益のみならず地方公共団体レベルの地域的公益も含まれている可能性があるのであるから、そうした地域的公益が、国レベルの国家的公益に吸収解消されない地域固有の法益として保護されていると解される場合には、そうした地域的公益も行政事件訴訟法9条1項の「法律上の利益」と解されるべきである。

（ひとみ・たけし　早稲田大学大学院法務研究科教授）

第 5 章

辺野古訴訟における
代執行等関与の意義と限界

白藤博行

はじめに

　2015年10月13日、翁長雄志沖縄県知事は、仲井眞弘多前沖縄県知事が2013年12月27日に行った「普天間飛行場代替施設建設事業に係る公有水面埋立承認」（以下、「埋立承認」）について、「本件公有水面埋立出願は、……公有水面埋立法の要件を充たしておらず、これを承認した本件承認手続には法律的瑕疵が認められる」との「普天間飛行場代替施設建設事業に係る公有水面埋立承認手続に関する第三者委員会」の「検証結果報告書」に基づき、当該埋立承認を違法として取り消した。

　防衛省沖縄防衛局（以下、「沖縄防衛局」）は、翌10月14日、この埋立承認取消処分（以下、「本件処分」ともいう。）の取消しを求めて、地方自治法255条の２に基づき、国土交通大臣（以下、「国交大臣」）を審査庁として、行政不服審査法上の審査請求および執行停止申立を行った。国交大臣は、10月27日、「本件取消しにより、普天間飛行場の移設事業の継続が不可能となり、同飛行場周辺の住民等が被る危険性が継続するなど重大な損害が生じるため、これを避ける緊急の必要があると認められる」として、本件処分の執行停止決定を下した。このため、沖縄防衛局による本件埋立関連工事は、再開されることになった。

　同日、本件処分は、①何ら瑕疵のない埋立承認を取り消す違法な処分である

こと、②本件処分により、「普天間飛行場が抱える危険性の継続」、「米国との信頼関係に悪影響を及ぼすことによる外交・防衛上の重大な損害」など、著しく公益を害することが確認されること、および③本件処分の法令違反の是正を図るため、公有水面埋立法を所管する国交大臣において代執行等の手続に着手する、といった内容の閣議了解が行われた。翌10月28日、国交大臣は、この閣議口頭了解を踏まえ、地方自治法245条の8の代執行等関与の手続を開始し、まずは本件処分の取消「勧告」、続いて11月9日、取消「指示」が行われた。沖縄県知事がこのいずれにも従わなかったため、国交大臣は、11月17日、同知事を被告として、福岡高裁那覇支部に対して代執行訴訟を提起し、12月2日、第1回口頭弁論が開催され、いわゆる代執行訴訟が開始された。

　これに対抗するかのように、沖縄県は、11月2日、地方自治法250条の13に基づき、本件処分に係る国交大臣の執行停止決定が違法であるとして、国地方係争処理委員会（以下、「国地委」）に対して審査の申出を行った。国地委は、12月24日、審査対象に該当しないとして、審査の申出を却下した（通知は、12月28日付「国地委第19号」）。このため、沖縄県は、12月25日、国を被告として、本件処分に係る国交大臣の執行停止決定の取消訴訟を提起し、同時に、同決定の執行停止申立も行った。

　その後、代執行訴訟の審理は、2016年3月29日、予定された5回の期日を終えた。ただ、国と沖縄県は、2016年3月4日、かねて（同年1月29日の第3回期日）より、福岡高等裁判所那覇支部・多見谷寿郎裁判長から出された和解勧告を受け入れ、提起されていた2つの訴訟が取り下げられることになり、和解が成立し、新たな局面を迎えた。その2つの訴訟とは、①国が、沖縄県知事を被告として、地方自治法245条の8第3項に基づいて提起した代執行訴訟と、②沖縄県知事が、自らが行った公有水面埋立法上の埋立承認取消処分に関する国交大臣の執行停止決定に係る国地委の却下決定を不服として、地方自治法251条の5に基づいて、国交大臣の執行停止決定の取消訴訟（2016年2月1日に提起。）である。また、この和解成立を受けて、同日、沖縄防衛局は、国交大臣に対して行っていた沖縄県知事の埋立承認取消処分に対する審査請求を取り下げ、2016年3月9日には、沖縄県も、行政事件訴訟法3条2項に基づいて、国を被告として那覇地方裁判所に提起していた、埋立承認取消処分に係る国交

大臣の執行停止決定の取消訴訟（2015年12月25日）を取り下げた。この結果、現在の国と沖縄県との間の法的紛争の焦点は、和解後の両者の対応に移っている。[1]

　知事の埋立承認取消処分後の沖縄県と国との間の争訟の概略は以上のとおりであるが、このほか、辺野古周辺住民が原告となり、国交大臣の執行停止決定の取消訴訟を提起していたり、逆に、宜野湾市民が原告として知事の埋立承認取消処分の無効確認訴訟を提起していたりして、辺野古新基地建設問題は、複雑な「訴訟合戦」の様相を呈している。

　地方自治法245条の8は、「各大臣は、その所管する法律若しくはこれに基づく政令に係る都道府県知事の法定受託事務の管理若しくは執行が法令の規定若しくは当該各大臣の処分に違反するものがある場合又は当該法定受託事務の管理若しくは執行を怠るものがある場合において、本項から第8項までに規定する措置以外の方法によつてその是正を図ることが困難であり、かつ、それを放置することにより著しく公益を害することが明らかであるときは、文書により、当該都道府県知事に対して、その旨を指摘し、期限を定めて、当該違反を是正し、又は当該怠る法定受託事務の管理若しくは執行を改めるべきことを勧告することができる。」（以下、これを「代執行等関与」）と定めるところ、今般、国交大臣は、沖縄県知事が沖縄防衛局に対して、公有水面埋立承認取消処分の取消しを求めて代執行等関与を行った。本稿では、この本件代執行等関与の要件充足について、行政法、特に地方自治法の観点から論じてみたい。[2]

---

[1] 白藤博行「辺野古代執行訴訟の和解後の行政法論的スケッチ」自治総研451号（2016年）1頁以下参照。そのほか、和解前の辺野古争訟に関する経緯や論点等については、さしあたり白藤「辺野古新基地建設行政法問題覚書——琉歌「今年しむ月や戦場ぬ止み沖縄ぬ思い世界に語ら」（有銘政夫）」自治総研443号（2015年）21頁以下、同「辺野古新基地建設問題における国と自治体との関係」法律時報87巻11号（2015年）114頁以下、同「法治の中の自治、自治の中の法治——国・自治体間争訟における法治主義を考える」吉村良一ほか編『広渡清吾先生古稀記念論文集　民主主義法学と研究者の使命』（日本評論社、2015年）245頁以下、同「辺野古埋立承認取消処分に関する国・自治体間争訟の論点」自由と正義67巻4号（2016年）76頁以下を参照。

[2] 本稿は、もともと本件代執行訴訟において、沖縄県側の意見書として提出されたものである（2016年1月27日）。その後の経過を加筆し、若干の修正を行った。

1 地方自治保障の階層的法秩序
　　——憲法、地方自治法、そして公有水面埋立法

(1) 憲法の地方自治保障

　日本国憲法は、国民主権、基本的人権の保障および平和主義に加えて、地方自治を明文でもって保障している。そして、憲法が保障するところの地方自治を具体化するために、法律レヴェルでは地方自治法を中心とする地方自治関連法律（地方公務員法、地方財政法、地方交付税法等）が整備されている。このうち地方自治法は憲法付属法として、地方自治基本法的な位置づけを与えられている。

　憲法92条は、「地方公共団体の組織及び運営に関する事項は、地方自治の本旨に基いて、法律でこれを定める。」と定めるところであるが、ここでの「地方自治の本旨」は不確定法概念であり、その解釈は多義的である。一般には、地方公共団体および住民の自治権を保障したものであり（団体自治・住民自治の保障）、より具体的には、自治行政権、自治計画権、自治立法権および自治財政権等の自治権を保障したものであると解されている。このような憲法が保障する地方自治は、ヨーロッパ地方自治憲章を嚆矢として、EU（ヨーロッパ連合）の地方自治保障の一般的傾向であり、いまやグローバルな趨勢であるといってよい。

(2) 地方自治保障の現実——機関委任事務体制の実態

　しかし、わが国の実際の地方自治に目を転じると、その具体化法としての地方自治法にそもそも中央集権的な法の仕組みが内在し、しかもその運用実態がいかにも中央集権的色彩の強いものであったことは、つとに指摘されるところである。国家行政組織法と地方自治法の仕組みの下で、国は自らの事務を執行するにあたり、地方公共団体の執行機関に（典型的には都道府県知事や市町村長といった執行機関に）、国の事務を機関委任し、同時に、この機関委任事務を執行する地方公共団体の執行機関を国の行政機関として位置づけ国の指揮監督下に置く機関委任事務体制といわれる事務処理体制が支配してきた。例えば、国の

事務を都道府県知事に機関委任する場合を例にとれば、国は都道府県知事に対して包括的指揮監督権を有するものとされ、監視権、訓令権、許認可権などの行使において、特別の法令の規定が不要であると一般に解されてきたところである。国と地方公共団体との関係は、あたかも上下・主従の関係にあるかのごとくであり、憲法による地方自治保障にもかかわらず、いかにも中央集権国家のごとき状態が続いてきたのが現実態である。

(3) 地方分権改革と1999年地方自治法改正

そのため機関委任事務体制の克服がつとに指摘されながら、地方分権改革が実効性があるかたちで始まったのは、衆議院・参議院の両院で地方分権決議が行われた1993年6月のことであった。その後、1995年には地方分権推進法が制定され、地方分権推進委員会が設置されるなど、本格的な地方分権改革が軌道に乗ることになった。この地方分権改革を後押しする事件として、「自治体の行政執行権は、憲法第65条の内閣の行政権に含まれない」という大森政輔内閣法制局長官の衆院予委員会における答弁を忘れてはならない（1996年12月6日）。小早川光郎は、この答弁の意義に関わって、地方行政執行権は内閣の行政権に含まれないことから、憲法上、国の行政権が自治体行政を制約するものとして単独で登場することはもはやなく、そのようなものとして登場するのは立法権のみである、といった理解を表明している[3]。これは、行政権の主体である国の行為（政府の行為）の法的限界を指摘したものであり、換言すれば、行政権による地方公共団体への国の関与についての憲法上の制約原理を示したものであり、本件代執行等関与を考察する場合においても、最も重要な視点と論点を指摘するものである。

このような経過を経て、1993年以降の地方分権改革は、機関委任事務体制下における国と地方公共団体との関係を、従来の上下・主従の関係から対等・協力関係へと転換するために、機関委任事務体制そのものを廃止することを目的とするものとなった。そして、1999年、地方分権改革の大きな成果として、いわゆる地方分権一括法による地方自治法改正が行われた（2000年施行）。主要な

3）　小早川光郎「地方分権改革——行政法的考察」公法研究62号（2000年）166頁。

内容は、以下のとおりである。[4]

(a) 「国と地方公共団体との間の適切な役割分担の原則」と「補完性原理」

まず、地方自治法1条の2は、「地方公共団体は、住民の福祉の増進を図ることを基本として、地域における行政を自主的かつ総合的に実施する役割を広く担うものとする。」(1項)、そして、「国は、前項の規定の趣旨を達成するため、国においては国際社会における国家としての存立にかかわる事務、全国的に統一して定めることが望ましい国民の諸活動若しくは地方自治に関する基本的な準則に関する事務又は全国的な規模で若しくは全国的な視点に立って行わなければならない施策及び事業の実施その他の国が本来果たすべき役割を重点的に担い、住民に身近な行政はできる限り地方公共団体にゆだねることを基本として、地方公共団体との間で適切に役割を分担するとともに、地方公共団体に関する制度の策定及び施策の実施に当たって、地方公共団体の自主性及び自立性が十分に発揮されるようにしなければならない。」(2項)と定めるところである。これは、まずは「地域における行政」については地方公共団体が自主的・総合的に処理することを原則とし、国は、これを補完する役割を担うといった役割分担を原則とすることを定めたものである。いわゆる「補完性原理」の明文化といわれ、一般には、国の役割を限定する趣旨に出たものであると解されている。さらに、これに基づく「国と地方公共団体との間の適切な役割分担の原則」を明文化したものであり、国と地方公共団体の関係を対等・協力関係とする地方分権改革の理念を具体の条文とすることで、単に両者の間の事務配分原則を示すといった意味を超えて、「地方自治の本旨」の憲法原理と並んで、地方自治の憲法上の指導原理として、「補完性原理」および「国と地方公共団体との間の適切な役割分担の原則」を位置づけ、これらに法規範性を認めるべきものであると主張されるところでもある。[5]

実際、「地方自治の本旨」と「国と地方公共団体との間の適切な役割分担の

---

4) 地方分権改革の変遷については、雑誌「地方自治」(ぎょうせい)の2014年2月号から8月号までの「〈巻頭座談会〉地方分権の20年を振り返って」が、「有識者」、「政府要職歴任者」の考えた地方分権改革を知るに便利である。また、これを単行本化した『地方分権 20年のあゆみ』(ぎょうせい、2015年)がある。

5) 磯部力「国と自治体の新たな役割分担の原則」西尾勝編著『新地方自治法講座⑫ 地方分権と地方自治』(ぎょうせい、1998年)84頁以下。

原則」は、地方自治法2条11項で、「地方公共団体に関する法令の規定は、地方自治の本旨に基づき、かつ、国と地方公共団体との適切な役割分担を踏まえたものでなければならない。」といったように、地方自治に関係する国の法令制定における立法原則を定めるだけでなく、同条12項では、「地方公共団体に関する法令の規定は、地方自治の本旨に基づいて、かつ、国と地方公共団体との適切な役割分担を踏まえて、これを解釈し、及び運用するようにしなければならない。この場合において、特別地方公共団体に関する法令の規定は、この法律に定める特別地方公共団体の特性にも照応するように、これを解釈し、及び運用しなければならない。」というように、地方自治に関係する法令規定の解釈・運用の基本原則まで定めるところとなっている。

本件代執行等関与では、専ら公有水面埋立法の解釈・運用が問題とされるところであるが、その解釈・運用にあたっては、何よりも「地方自治の本旨」と「国と地方公共団体との間の適切な役割分担の原則」に留意した解釈・運用が肝要であることを示すところである。

(b) 機関委任事務の廃止と新たな事務区分（自治事務と法定受託事務）

次に、改正地方自治法は、機関委任事務を廃止し、地方公共団体の事務に関する新たな事務区分を採用するところとなった。まず、機関委任事務時代のごとく、事務の本来的帰属にこだわり、国の事務であるか地方公共団体の事務であるかといった事務の本来的帰属（本籍）を問う考え方を捨て、実際にどこが当該事務を処理することになっているかといった、いわば事務の現住所を重視する考え方を採用した。つまり、「地方公共団体が処理する事務」は「地方公共団体の事務」であるという整理をした上で、機関委任事務に代えて自治事務と法定受託事務の新たな事務区分を採用した（自治法2条8項・9項）。例えば、第1号法定受託事務は、「法律又はこれに基づく政令により都道府県、市町村又は特別区が処理することとされる事務のうち、国が本来果たすべき役割に係るものであつて、国においてその適正な処理を特に確保する必要があるものとして法律又はこれに基づく政令に特に定めるもの」（同条9項1号）と定義されている。

本件との関わりでいえば、公有水面埋立法上の知事の埋立免許や承認に係る事務が法定受託事務とされる限りにおいて、同事務は「国が本来果たすべき役

割に係るものであつて、国においてその適正な処理を特に確保する必要がある」ところの「地方公共団体の事務」であることになる。したがって問題の焦点は、この法定受託事務の処理にあたり、国がどのような役割を果たすべきであるか、または、国がどこまでどのようなかたちで関与が可能か、といった国の関与の法制化へと移動することになる。

(c)　国の関与の法制化・国と地方公共団体との間の紛争解決の法制化

　機関委任事務体制下においては、国の包括的指揮監督が承認されていたところ、地方公共団体の行政機関はあたかも国の下級行政機関（国の仕事の下請機関）であるかのごとく位置づけられていた。このような国の包括的指揮監督権を排除し、国の関与の縮減を目指して、国と地方公共団体との関係は対等・協力の関係であることを基本として、国の関与等は、地方自治法245条以下において、抜本的に改められることになった。国の関与の法制化あるいは国と地方公共団体との間の紛争解決の法制化である。

　これについての詳細はのちに述べることにしたいが、本件代執行等関与における国交大臣と沖縄県知事との関係を公有水面埋立法上考える場合にも、まずは憲法が保障する地方自治から出発し、それを具体化する地方自治法の仕組みを踏まえて、個別法としての公有水面埋立法の個別具体の解釈を施すことが重要である。憲法は、「地方自治の本旨」を全うならしめるため、憲法を頂点とする階層的法秩序とでもいえる地方自治保障法制を求めており、これを無視・軽視した法の解釈は、そもそも憲法に反するものとして許されないことをまずは確認しておきたい。

2　地方自治法上の関与の仕組みと代執行等関与

(1)　地方自治法上の関与の仕組みの特徴

(a)　関与の基本類型と地方自治法の一般法主義

　さて、地方自治法は、第11章「国と普通地方公共団体との関係及び普通地方公共団体相互の関係」の第1節第1款で、「普通地方公共団体に対する国又は都道府県の関与等」を定める。まず、「関与の意義」（自治法245条）では関与の基本類型が定められ、「関与の法定主義」（同245条の2）、「関与の基本原則」

（同245条の3）が続き、245条の4から245条の8まで、関与の基本類型の中から選ばれたいくつかの関与について要件・効果が定められ、これらの関与は、これらの規定を直接の根拠として発動が可能とされる。このように地方自治法は、関与の法定主義の原則をとるが、国の関与の根拠をすべて個別法に任せることをせず、地方自治法を一般ルール法として関与の仕組みを構想する「一般法主義」を採用していることにまずは注意したい。

　また、245条の関与の基本類型は、関与の種類が漫然と並べられているわけではなく、まず、国・都道府県の「一方的関与」である第1号関与と「双方的関与」である「協議」の第2号関与が区別され、さらに、第1号関与は、「イ　助言又は勧告」、「ロ　資料の提出の要求」、「ハ　是正の要求」、「ニ　同意」、「ホ　許可、認可又は承認」、「ヘ　指示」および「ト　代執行」のように、イからトまで関与の強度が低いものから高いものの順番で並べられており、関与にグラデーションが付けられている。ちなみに、第3号関与は、「前2号に掲げる行為のほか、一定の行政目的を実現するため普通地方公共団体に対して具体的かつ個別的に関わる行為」と定め、いわゆる落穂ひろい条項である。本件代執行等関与では、むしろこれに続く同条同号の括弧書きであるところの「（相反する利害を有する者の間の利害の調整を目的としてされる裁定その他の行為（その双方を名あて人とするものに限る。）及び審査請求、異議申立てその他の不服申立てに対する裁決、決定その他の行為を除く。）」（ただし、行政不服審査法改正前）といった、いわゆる「裁定的関与」が、地方自治法255条の2や行政不服審査法の適用との関係で問題とされるところとなる。

(b)　「関与の必要最小限度原則」または「より緩やかな関与の優先原則」

　これらの関与は、何より245条の3第1項が、「国は、普通地方公共団体が、その事務の処理に関し、普通地方公共団体に対する国又は都道府県の関与を受け、又は要することとする場合には、その目的を達成するために必要な最小限度のものとするとともに、普通地方公共団体の自主性及び自立性に配慮しなければならない。」と定めることで、「関与の必要最小限度原則」（「最適関与執行原則」あるいは「比例原則」と呼んでもよい）と「地方公共団体の自主性・自立性配慮原則」を明示しており、自治事務および法定受託事務の区分に応じ、その関与の強度や範囲（適法性・正当性の審査）は区々であるが、上述の「地方自治

の本旨」や「国と地方公共団体との間の適切な役割分担の原則」とあいまって、「より緩やかな関与の優先原則」を採用していることは明らかである。これを245条の8の代執行等関与に即していえば、最強度の関与である代執行等関与は、旧職務執行命令訴訟制度における代執行制度と同様に、裁判所の司法的関与をもってはじめて許されるところの最強・最終の関与であるということになる。

(2) 地方自治法245条の関与と地方自治法255条の2の行政不服審査との関係
(a) 関与の基本類型と「停止」または「取消」の関与

既にみた地方自治法上の関与の基本類型には、「停止」(以下、「停止的関与」)または「取消」(以下、「取消的関与」)といった関与の類型は存在しない。この点、機関委任事務時代においてさえ、機関委任事務の管理・執行に関する「停止的関与」・「取消的関与」は、特別の法律の定めがない限り許されないと解されていたところからすれば当然のようにみえる。すなわち、旧自治省事務次官まで務めた長野士郎は、「長野逐条」といわれるほどに著名な地方自治法コンメンタールにおいて、旧職務執行命令訴訟制度を定めたところの旧地方自治法151条に関わって、「指揮監督権のうちに取消権乃至停止権、すなわち、下級行政官庁の違法又は不当な行為を直接取り消し又は停止する権限が含まれるか否かについては、学説上も必ずしも一致していないようである。指揮監督権の本質は、被監督者の行為に対して或る程度の影響を与え得るということであつて、被監督者の行政客体に対する関係に対しては当然には、なんらの影響をも及ぼしうるものではなく、被監督者の行政客体に対する行為の効力自体を左右するがごとき取消、停止権は指揮監督権の当然の性質から生じてくるものと解すべきではあるまい。さらにまた、瑕疵ある行為の取消又は停止は、当然には本来その行為を行いうる行政機関の権限に含まれる行為でもある。したがって、地方公共団体の機関の行為の取消、停止権について、法令の特別の規定を必要とするものであって、単に指揮監督権あることのみをもつてしては認められないものと解するのが妥当であろう（行実　昭27.7.6）。地方自治法も第151条にその処分の取消、停止権に関して規定を設けるゆえんである。」と注釈している[6]。したがって、国の事務である機関委任事務とは違って、地方公共団体の事務で

ある法定受託事務については一層のこと、「停止的関与」や「取消的関与」が許されるいわれがなく、したがって、もし国が「停止的関与」または「取消的関与」を行いたければ、関与の基本類型の中でいえば、「代執行」（自治法245条1号ト）を通して行うしかなく、より具体的には、245条の8の代執行等関与の手続を履行して、知事に代わって停止（以下、「停止的代執行」）または取消（以下、「取消的代執行」）をやるしかないことになる。

(b) 国が行う地方自治法255条の2の審査請求

したがって、国は、このような地方自治法の関与の仕組みからすれば、沖縄県知事の埋立承認取消処分の法的効果を一時的に停止したり取消したりしたければ、本来的に代執行等関与を行うことができたにもかかわらず、これに先立ち、なぜか沖縄防衛局を審査請求人として、地方自治法255条の2の法定受託事務に係る審査請求・執行停止申立を行ったという構図が浮かび上がる。先にみたように、地方自治法は、代執行等関与を含む国からの関与の仕組みをかなり周到に整備しているところ、専ら国民の権利の簡易迅速な救済を目的とした行政不服審査法を使った審査請求と執行停止申立を行ったのかという大きな疑問を禁じえないところである。繰り返しになるが、沖縄県知事の埋立承認取消処分の効果を停止したり取り消したりしたければ、本来、代執行等関与（245条の8）を使った「停止的代執行」または「取消的代執行」を行うべきところ、なぜか沖縄防衛局が国民と同様の立場で行政不服審査法上の審査請求・執行停止申立を行い、これに対して、国交大臣が直ちに応え、きわめて迅速に執行停止決定だけを行い、あたかも「停止的関与」を行ったと同じ効果を得たことがすべての問題の始まりである。ちなみに、もし万が一にも沖縄防衛局が行政不服審査法上の「国民」であるとしても、2016年3月4日の和解成立によって審査請求が取り下げられるまで、審査請求に対する裁決は行われておらず、簡易迅速な「国民」の権利救済といった行政不服審査法の目的は果たされていない。[7]

---

6) 長野士郎『逐条地方自治法〔第12次改訂新版〕3刷』（学陽書房、1996年）432頁。ちなみに、旧153条の注釈においても、「都道府県知事の権限に属する国の事務についての処分が、成規に違反し又は権限を犯すと認めるときには、主務大臣は、その処分を取り消し、又は停止することはできないのであるか。従前、行政官庁法第7条にその旨の規定があったのであるが、現在においては、国家行政組織法にはそれに相当する規定がないから、消極に解するほかはない」としている。

(c) 地方自治法255条の 2 の行政不服審査の本来的意義

　長野士郎のコンメンタールの後継者である松本英昭は、地方自治法255条の 2 の審査請求制度の意義について、「国民の立場からすれば、従前『機関委任事務』については、主務大臣等への審査請求の途があったものが、今回の改正で閉ざされることになり、その権益が制限されるという見方もあり得る。このようなことから『法定受託事務』については、代執行制度（第245の 8 ）をはじめ国により多くの関与の類型が認められ、処理基準も定めることができる（第245条の 9 ）こととされていることなども勘案して、『法定受託事務』については、国の行政庁等は上級行政庁等ではないことを前提としつつ、一般的に、国の行政庁等への行政不服審査法による『審査請求』を特に認めることとし」たものであると解説している。

　また、自治省・総務省の官僚として、より直接的に1999年地方自治法改正に関わった佐藤文俊も、法定受託事務に係る行政不服審査について、法定受託事務に関しても処分庁への異議申し立てにとどめる考え方も、国と地方公共団体との関係に着目する限り、地方自治法改正の理念に適合的であるが、「私人の権利利益の救済を重視」する立場に立てば、処分庁以外の別の行政庁に対して判断を求めることができるとすることには、メリットがあり、機関委任事務制度が廃止されることをもって、直ちに広範な分野にわたるこのメリットを失わしめることは、「私人の権利利益の救済」という観点からは適当でないということになると述べている。

　これらの旧自治省や総務省関係者からなる文献において繰り返し述べられる

---

7 ）　沖縄県漁業調整規則に係る岩礁破砕等許可に関連する知事の「工事停止指示」についても、沖縄防衛局は、これを行政処分とみて農林水産大臣に対して審査請求および執行停止申立を行い、農林水産大臣は、すみやかに執行停止決定を行ったが、いまだに審査請求に対する裁決はなされていない。ここでも沖縄防衛局の「国民」としての審査請求人適格が問題となるが、それよりも、審査請求に対する裁決を放置し続けることは、少なくとも行政不服審査法の目的である簡易迅速な国民の権利救済に反し、許されない。

8 ）　松本英昭『要説地方自治法〔第 9 次改訂版〕』（ぎょうせい、2015年）237頁。ちなみに、松本は、255条の 2 の第 1 号法定受託事務に係る市町村の執行機関の処分または不作為についての審査庁を都道府県知事等としているところ、その趣旨は、「住民の権利利益の救済」「住民の利便性」「住民の立場」を考慮したものと書き、同条の「国民」が「住民」を意味していることを端的に示唆している。松本『新版逐条地方自治法〔第 8 次改訂版〕』（学陽書房、2015年）1406頁参照。

ところの「私人の権利利益の救済」というところの「私人」は、いうまでもなく行政庁の処分の名あて人としての一般国民にほかならない。さらに大橋洋一は、同条の「国民」について、より端的に「市民が行政機関に不服を申し立てる場合」あるいは「法定受託事務の処理に関する市民の権利救済を厚くする趣旨であるといわれている」というように、「私人」を「市民」と表現することで行政処分の名あて人としての一般国民性を明らかにしている。これらの文献における「私人」は、最高裁判所判事経験者の藤田宙靖のいうところの「行政主体の外にある私人」[11]に違いない。沖縄防衛局のごとき、一見明白には私人とはみえず、もし沖縄防衛局が主張するごとく「私人」であるとしても、沖縄防衛局は、本来、国という行政主体の中にあり、内閣の一員として一体で行動する防衛省の一国家行政機関であることに違いはない。少なくとも本件代執行等関与においては、閣議口頭了解の下で国交大臣が代執行等関与の手続を開始した時点からは、地方自治法255条の２が保護対象とする「私人の権利利益の保護」における「私人」とは無縁の存在であるというしかない。

さらに付言すれば、地方自治法255条の２の「国民」とは、いわゆる「個人」としての国民を意味し、したがって、「私人の権利利益の救済」は「個人の権利利益の救済」を意味しているといえる。すなわち、憲法によって基本的人権を保障され、さまざまな行政法規によって具体的に保護される法律上の利益を有する者であり、行政不服審査法はこのような意味での国民＝個人の権利利益を保護していると解さなければならないし、現に、大半の国民はそのように解しているところであろう。地方自治法255条の２が定めるところの行政不服審査法を使った行政不服審査の趣旨が、地方公共団体の行政庁の処分によって権利利益を侵害されるところの国民・住民の救済にあると解することで、かろう

9）　佐藤文俊「地方分権一括法の成立と地方自治法の改正(3)」自治研究76巻2号（2000年）99頁。佐藤は、地方自治法245条3号の「裁定的関与」を係争処理手続の対象とするかどうかについても、私人の権利利益の救済を重視せざるをえず、行政主体間の紛争の長期化によりいたずらに私人を不安定な状態に置くことは、簡易迅速な救済という行政不服審査制度の本来の目的を損なうことになるとも述べる。自治研究76巻3号（2000年）55頁参照。

10）　大橋洋一「自治事務・法定受託事務」松下圭一ほか編『自治体の構想2　制度』（岩波書店、2002年）86頁。

11）　藤田宙靖『行政組織法〔新版〕』（良書普及会、2001年）4頁以下、49頁以下、51頁以下、および57頁以下など。

じて旧機関委任事務に係る原制度と法定受託事務に係る現制度との整合性が確保できるというものである。法定受託事務であれ地方公共団体の事務である限りにおいて、これを維持することは地方分権改革の理念に反するという批判もあったところ、あえてこれを存続したのは、憲法が保障する基本的人権の享受主体としての国民・住民の権利利益の保護と救済が何よりも重要であるとの観点が不可欠であり、それゆえに特例として存続が可能であるという判断があったと確信する。

(d) 地方自治法255条の2の行政不服審査と代執行等関与との関係

さて、ここであらためて、地方自治法255条の2の行政不服審査と代執行等関与の関係について、小早川光郎の並行権限論を手掛かりに検討しておきたい。

小早川は、「互いに重なり合う一定の事項を処理する権限が複数の行政庁にそれぞれ別個に与えられている場合、とりわけ、国・自治体間の関係において、一定の事項を自治体の事務としつつ、それと重なり合う一定の事項を、右の自治体事務とは別個独自の国の事務であって国の行政庁の権限に属するものとしている場合」を「並行権限関係」と定義して、その上で、「相互に並行権限関係に立つそれぞれの行政庁の権限」を「並行権限」と定義する[12]。このような一般的定義から出発すると、国と地方公共団体との間の行政不服審査関係もまた、「概念上は国・自治体間の並行権限関係」となりうるというのである[13]。

ちなみに地方自治法上の自治事務に係る「狭義の並行権限」とは(自治法250条の6)、国の直接執行ともいわれるものであるが、地方公共団体の行政庁と国の行政庁の権限を並行的に組み合わせるものであり、その法的効果は法定受託事務に係る代執行に匹敵する強いものであるといわれる。したがって、この制度は、国民の権利利益保護の要請や緊急性がある場合に限られるとされる。小早川は、この「狭義の並行権限」のほか、行政不服審査および代執行等関与[14]

---

12) 小早川光郎「並行権限と改正地方自治法」碓井光明ほか編『金子宏先生古稀祝賀論文集 公法学の法と政策 下巻』(有斐閣、2000年)295頁。
13) 同296頁。ただし、国の行政庁の行政不服審査権限は、行政不服審査法その他による不服審査固有の仕組みの下で行使されるので、並行権限の一種ではあるが、「特別な地位を占めるもの」であるというしかないとされる。
14) ここで「国の行政庁の不服審査権限が並行権限の一種」であるというのは、行政処分(本来の意味の行政処分)についての不服審査の場合に限られる。同297頁。

の3つの制度をもって「広義の並行権限」概念を定立するところである。[15]

　ここでの行政不服審査は、本来、国民・住民からの申立てがあって始まる応答的なものであり、代執行等関与は、国の側からの一方的な権力的な行政的関与である点で違いがあるが、行政不服審査において、審査請求のほか執行停止申立が可能なことからすれば、関与の基本類型にはない「停止的関与」が可能となる点で強い国の関与となりうる可能性がある点に特徴がある。他方、代執行等関与では、高等裁判所の審理を経てはじめて停止的代執行および取消的代執行が可能となるが、行政不服審査では、審査庁となる大臣等の判断で、停止・取消が行われるという意味で、いわば「裁判抜き代執行」（さらにいえば、「裁判抜き停止的代執行」・「裁判抜き取消的代執行」）の機能を有する制度であるともいえる。したがって、この制度趣旨および実際的機能からして、行政不服審査に係る審査庁には、きわめて厳格な第三者審査機関性が求められることになるのは自明の事柄である。

(e)　本件における地方自治法255条の2の行政不服審査と代執行等関与との関係

　以上のような小早川の並行権限論を参考にして、本件代執行等関与について、より具体的に考察してみよう。国は、沖縄防衛局という国の一行政機関に、あえて「私人」という立場で審査請求および執行停止申立を行なわせたわけであるが、これに引き続き、国交大臣は、閣議口頭了解を経て、代執行等関与の手続を開始した。行政不服審査制度において審査庁の立場にある国交大臣が、代執行等関与においては、公有水面埋立法の所管の大臣として、知事の埋立承認取消処分を違法として取り消すための行政的関与主体として登場することになったわけである。当然ながら、行政不服審査の審査庁と代執行等関与の行政的関与の主体との関係性が問われることになる。

　代執行等関与の手続における国交大臣の立場は、地方公共団体の長である知事に対する関与主体であり、地方自治法上はまぎれもなく国の関与の当事者である。この国の関与の当事者である国交大臣が、果たして上述のごとき行政不

---

15) 大橋も、「並行権限」は、本来的には、代執行ができなくなるとされた自治事務に対する代償措置として発案されたものであるが、自治事務にも法定受託事務に対しても可能であり、「実質的に代執行に該当するという評価も可能」であるという。大橋・前掲注10) 86頁。

服審査制度において厳格な第三者審査機関性が求められる審査庁たりうるのかが直ちに問題となる。

そもそも論としては、国家行政組織法上の防衛省の行政機関である沖縄防衛局は、本来的には「行政主体の外にある私人」（藤田宙靖）とはいえないのではないかという大問題があるが、このような「私人」としての沖縄防衛局の審査請求人適格の問題を措いていまは考えることにしたい。地方自治法255条の2の制度上、一般論として、国交大臣が審査庁となることは否定されないとしても、代執行等関与との同時並行的関与は果たして許されるのであろうかという問題は当然にあるだろう。

小早川のいうように、もし行政不服審査も代執行等関与も広義の並行権限の範疇にあるとすれば、国には、地方公共団体の執行機関が行った処分に対して、停止的効果あるいは取消的効果といったきわめて強い法的効果を有する二重の並行権限、すなわち《代執行＝裁判経由代執行》と《行政不服審査＝裁判抜き代執行》といった行政的権力的関与の権限が与えられることになる。

この間の地方分権改革の理念、それを具体化した地方自治法の改正が、このようなかたちで国の関与を強化する方向を意図したとはとうてい考えられないところである。しかし、《代執行＝裁判経由代執行》と《行政不服審査＝裁判抜き代執行》が併存するとしても、それらの同時並行的な制度利用あるいは権限行使は、少なくとも予定されていないはずではなかろうか。すなわち、国という行政主体が「私人」としてであれ審査請求人となる行政不服審査と今般の代執行等関与との関係においては、両者の選択的利用のみが許容されると考えるのが素直ではなかろうか。いわんや、閣議口頭了解を経て国交大臣が行う代執行等関与の手続は、内閣が一体となり、国交大臣もその一員として行動しているものであり、代執行訴訟の準備書面において縷々述べられる国交大臣の主張は、国という行政主体と代執行等関与の主体としての国交大臣の地位をあたかも混同しているかのような主張にみえる。国交大臣は、この点だけからしても、代執行等関与を開始した時点において、すでに厳格・公正な第三者機関性が求められる審査庁としては不適格となるといわねばならない。

本件において、国（沖縄防衛局）は行政不服審査を選択し、国（国交大臣）は審査庁として執行停止決定を行い、審査請求についてはなお審査中であると

するところ、他方で、国（公有水面埋立法の所管大臣）は代執行等関与手続を開始したのである。審査庁としての国交大臣としては、いまだ審査請求に関する適法性・正当性の審査の結論（裁決）を出せない難しい案件であるにもかかわらず、公有水面埋立法の所管大臣としては、知事の埋立承認取消処分を早々に違法と断じて、代執行等関与手続を開始したのである。内閣の構成員である国交大臣が閣議口頭了解を経た手続の開始ということであるが、いったん行政不服審査を始めたからには、裁決をするなど審査請求手続を迅速に終了することが行政不服審査法の趣旨にも適合的な解釈であり運用であっただろう。ましてや公有水面埋立法の所管大臣としての国交大臣は、審査庁としての国交大臣に対して、審査請求に対する迅速な裁決を求める指揮監督も、法理論・法制度上可能であるはずである。このような指揮監督権を行使しないまま、二重の並行権限を同時的に国のために行使することは、明らかに改正地方自治法上の理念に反するし、もっといえば、憲法の「地方自治の本旨」の理念に悖る行為であるというしかない。

　代執行等関与を開始したことを理由に、審査請求の審査が放置されたようであると仄聞するところであるが、行政不服審査に代執行等関与が優先するという規定は地方自治法上どこにも存在しない。地方自治法上の関与の仕組みおよび関与に係る紛争解決の仕組みの基本的な考え方は、国と地方公共団体に関する紛争は、まずは行政権内部において解決することであったはずである。国地方係争処理委員会を設置したことの趣旨も、まさにここにあったはずである。地方分権改革で築きあげてきた地方分権の理念も、憲法が保障する地方自治の理念もかなぐり捨ててしまってよいのであろうか。

3　代執行等関与にかかる要件についての具体的検討

(1)　代執行等関与の要件に係る原告・国交大臣の主張

　既に述べたように、審査庁としての国交大臣は、迅速な執行停止決定はしたものの、沖縄防衛局の審査請求に対する裁決はしないまま、地方自治法245条の8の代執行等関与の主体として、沖縄県知事の埋立承認取消処分を違法であると断じて手続を開始した。この代執行等関与制度は、基本的に、旧機関委任

事務制度における職務執行命令制度を踏襲したものであるが、「機関委任事務制度廃止後の新しい国と地方公共団体との関係を規定するとの観点から[16]」定められたものであり、国と地方公共団体の対等・協力関係を前提とする点で、両者は本質的に異なるものと解すべきである[17]。

　代執行等の要件に関わっては、①知事の法定受託事務の管理・執行に法令の規定違反等や管理・執行の懈怠がある場合、②245条の8第1項から第8項に規定する措置以外の代替措置による法令違反等の是正が困難、かつ、法令違反等を放置することによる著しい公益侵害が明らかであるとき、勧告、指示および代執行訴訟が可能とされる。

　原告・国交大臣は、①の要件について、被告・翁長現知事の埋立承認取消処分が、仲井眞前知事の適法な埋立承認処分を取り消す違法なものであり、その埋立承認取消処分の法的瑕疵についてはあらためて論ずるまでもないとして、「念のため」論じているにすぎず、被告・沖縄県知事の提示した「取消処分の理由」については一顧だにしないようにみえる。②の要件については、「是正の指示」（自治法245条の7）の可能性は認めつつも、2015年8月10日から9月9日の間に行われた国（政府）と沖縄県の間の「集中協議」の不調を理由に既に代替措置を尽くしたかのように主張する。また、著しい公益侵害についても、あたかも沖縄防衛局の主張のごとく、普天間飛行場の危険除去、日米両国間の信頼等の喪失、日本の安全保障への脅威等を繰り返し述べるにとどまっている。

---

16) 松本英昭『新版逐条地方自治法〔第7次改訂版〕』（学陽書房、2013年）1100頁。

17) ただし、旧職務執行命令制度は、旧内務省・内務官僚からしてみれば、旧地方自治法146条は、基本的には中央政府による監督の制度であり監督の手段であったといえようが、あくまでも地方自治の側からいえば、違憲の法律あるいは公益に反する法令に対して裁判上争うことのできる手段であり、適法に不服申立てをするための武器であるという機能を持っていたとも評されるところである。このような問題の多かった機関委任事務時代における職務執行命令訴訟制度ですらこのような「中立的な裁定機能」を有していたところからすれば、現在の法定受託事務の管理・執行にかかる代執行等関与、なかんずく代執行訴訟のもつ現代的機能は、一方での適法性確保といった法治主義的機能と、他方、地方自治の本旨、すなわち自治権保障といった機能の2つの機能の確保のために、裁判所に対して中立的な裁定を期待していることは明らかである。間田穆「職務執行命令訴訟制度と戦後地方自治制度改革」愛知大学法経論集120・121号（1989年）179頁参照。

⑵　国の第 4 準備書面に即した代執行等関与の要件の検討
⒜　「著しい公益侵害」の要件について
　国の主張は、「著しい公益侵害が明らか」であるとの要件について、「社会公共の利益に対する侵害の程度が甚だしい場合である」と解して、このような場合は「できる限り速やかに是正すべき非常事態」（以下、「非常事態」説）であるとして、代執行等関与以外の措置を行わないでも直ちに代執行等関与が可能であるという考え方に基づくものである。
　たしかに本件代執行等関与においても、地方自治法245条の 8 の所定の要件を充たせば、直接、代執行等関与が可能であり、その意味で、地方自治法における関与の一般法主義が妥当するであろう。しかし、同条の「法律」あるいは「法令」は、本件代執行等関与においては、当然ながら公有水面埋立法（以下、「公水法」）であり、その所管大臣である国交大臣が関与主体であり、同大臣は公水法の目的とする公益実現のために、さまざまな権限を授権されているところである。行政組織法に基づき設置される行政機関は、いかなる行政機関といえども公益実現のために存在するものであり、個別の行政作用法は、これらの行政機関が、どのような場合に、どのような要件の下で、どのような公益実現のために、どのように権限を行使することができるかを定めている。個別の行政作用法が、第 1 条で目的条項を置くのは、このような趣旨である。したがって、公水法の所管大臣であるからといって、一般的・抽象的な「公益」を主張して、「法律若しくはこれに基づく政令に係る都道府県知事の法定受託事務の管理若しくは執行」に関する代執行等関与ができるわけではない。この点、松本英昭がいうところの地方自治法245条の 8 の解釈としての「社会公共の利益」は、なおも一般的・抽象的なものにとどまるところからすれば、本件におけるような個別の「社会公共の利益」は公水法において示されるところのものであり、公水法の個別具体の解釈により具体化される「社会公共の利益」こそが、地方自治法245条の 8 の代執行等関与の「著しい公益侵害」で考慮されるべき「公益」である。
　このような観点からすれば、そもそも国がいうところの「非常事態」説を採ることはできないところであるが、一歩譲って「非常事態」説を採るとしても、それは公水法の目的である公益の侵害が甚だしい場合に限定されるのであり、

地方自治法の代執行等関与の文言解釈から直ちに導かれるかのごときものではない。地方自治法の代執行等関与の要件について、「是正すべき非常事態」のごとき一般的・抽象的な概念を措定し、関与の必要最小限度原則、代執行等関与の抑制原則等の関与の基本原則を無視・軽視するかのごとき解釈は、この間の地方分権改革の理念に基づき改正された地方自治法の趣旨を甚だしく逸脱するものであり、とうてい憲法が保障する地方自治（「地方自治の本旨」）を具体化する地方自治法の解釈として成り立つものではない。

(b) 「**本項から第 8 項までに規定する措置以外の方法によってその是正を図ることが困難**」の要件

地方自治法245条の 8 の代執行等関与の要件は、一般法としての地方自治法245条 1 号トの「代執行（普通地方公共団体の事務の処理が法令の規定に違反しているとき又は当該普通地方公共団体がその事務の処理を怠っているときに、その是正のための措置を当該普通地方公共団体に代わって行うことをいう。）」について、地方自治法が具体の要件と効果を定めたものである。特に②の要件は、そもそもは1991年の職務執行命令制度の改正で設けられたものであり、職務執行命令の発動要件を厳格化するために加重されたものであり、その意味で代執行等関与が国の関与のうちの最強・最終の権力的関与手段であることを示すものであり、いわば最後通牒（Ultima Ratio）としての関与の慎重な発動を求めるものと解される。

このような観点からすれば、国交大臣の①の要件に係る法令違反の主張は、授益的行政処分に係る取消制限の法理について、旧態依然たる行政作用法論に係る学説・判例を手掛かりにしながら論じるだけであり、公水法の目的を実現するための役割分担を担う国交大臣と沖縄県知事との間において、そのまま妥当する議論かどうか疑問のあるところであるが、それ以上に、②の要件の軽視は、代執行等関与の意義に関する無理解を示すものとなっており無視できない。代執行等関与の主体は、あくまでも法令所管大臣としての国交大臣であり、この国交大臣が代執行等関与以外の代替措置を尽くしたかどうかは決定的に重要な要件充足問題であることを見逃してはならない。

この点、地方自治法では、違法・不当な地方自治行政について、関与の事前・事後において、簡易・迅速な是正を図るため、周到な国の関与法制が整備されている。特に法定受託事務に関しては、「是正の指示」といった強い権力

的関与が可能であり、これに何らの改善措置も講じない自治体に対しては、国からの不作為の違法確認訴訟といった「司法的関与」も用意されている（自治法251条の7）。関与主体としての国交大臣は、これらの代替的関与を自らが何も尽くしていない点で、既に②の要件を充たしていない。

さらに、国の主張は、地方自治法の代執行等関与制度に関する独自の解釈である。代執行等関与、特に代執行訴訟制度の「前身」である旧職務執行命令訴訟制度に係る制度趣旨、要件等の問題もまったく知らないかのような解釈は、法の解釈として不適切というより、きわめて非常識・不見識であるものといえる。

旧職務執行命令訴訟制度は、1991年の改正において、旧弾劾裁判制度を踏まえた内閣総理大臣による罷免制度（それに伴う国からの不作為の事実確認訴訟）を廃止すると同時に、機関委任事務に係る主務大臣の職務執行命令に従わない知事に対して、直ちに代執行訴訟手続を開始する制度を改め、まずは「勧告」、次に「命令」という手続を採用した。例えば「国の機関としての都道府県知事の権限に属する事務」の場合、以下のような手続となった。

《1991年改正の内容》
・主務大臣は、他の方法によつてその是正を図ることが困難であり、かつ、それを放置することにより著しく公益を害することが明らかであるときは、文書により、都道府県知事に対して、期限を定めて、怠る事務の管理若しくは執行を改めるべきことを勧告することができる。
・主務大臣は、都道府県知事が期限までに勧告に係る事項を行わないときは、文書により、都道府県知事に対し、期限を定めて、その行うべき事項を命令することができる。
・都道府県知事が期限内に当該事項を行わない場合に、主務大臣は、高等裁判所に対し、訴えをもつて、当該事項を行うべきことを命ずる旨の裁判を請求することができる。
・高等裁判所は、この請求に理由があると認めるときは、都道府県知事に対し、期限を定めて、当該事項を行うべきことを命ずる旨の裁判をなす。
・都道府県知事がこの期限内に当該事項を行わないときは、主務大臣は当該事

項を代執行することができる。
・高等裁判所の判決に対しては、最高裁判所に上告が許され、上告は執行停止の効力を有しない。

　この改正のときはじめて、「他の方法によってその是正を図ることが困難であり、かつ、それを放置することにより著しく公益を害することが明らかであるとき」といった要件が加重され、勧告および命令の手続が行われることになった。この要件加重の趣旨は、職務執行命令の発動要件の厳格化を行うとともに、地方公共団体の自主的・自治的解決を促すことを目的としたものであった。これは、たとえ中央集権的色彩の強い制度との批判が大きかった職務執行命令訴訟制度といえども、憲法が地方自治を保障し、「地方自治の本旨」に悖る職務執行命令の発動は抑制されるべきであり、同時に、違法な行政についての地方公共団体の自主的解決を第一義的な是正手段とすることがより憲法適合的であるという考え方から出たものである。佐藤文俊なども、1991年改正によって、地方自治法146条を廃止し、新たに同法151条の2の規定を新設したことの意味について、いきなり職務執行命令という「強権的手続に入らないようにするため、まず勧告という緩やかな手段を通じて自主的に機関委任事務が適正に執行される機会を与えることとされた[18]」としているところである。

　国の代執行訴訟の第4準備書面では、国（内閣官房長官、副官房長官、防衛大臣等）と沖縄県知事・副知事等との間の「集中協議」等について縷々述べられるところであるが、国交大臣として、代執行等関与の要件を充たすような代執行等関与以外の関与（ここでは、さしあたり「代替的関与」）を行ったことは一切述べられていない。国交大臣としては、あまりにも突然に、しかも閣議口頭了解に基づき代執行等関与を開始し、この代執行等関与手続において法定されるところの「是正の勧告」および「是正の指示」を行ったにすぎない。すなわち、国交大臣は、「本項から第8項までに規定する措置以外の方法によってその是正を図る」ことは一切行っていない。このことは、地方自治法245条の4から245条の8までの関与規定が、関与主体を定めるにあたって、例えば第1号法

---

18)　佐藤文俊「職務執行命令制度」中島忠能ほか編『実務地方自治法講座　第11巻』（ぎょうせい、1993年）137頁。

定受託事務の関与について、ほかでもない法令所管大臣としていることの趣旨をまったく理解していない解釈であるというほかない。本件でいえば、公水法を所管する国交大臣が、沖縄県知事に対して、公水法の目的実現のために、沖縄県知事の公水法関係法令違反を理由に、どのような代替的関与を尽くしたかが不可欠の論点であるにもかかわらず、これを無視して代執行等関与を行ったのである。

　この代替的関与の不尽は、国の準備書面がいみじくも自ら示すところとなっている。国交大臣ではなく、官房長官や防衛大臣が、「集中協議」等の機会を通じていくら交渉を行ったとしても、それは関与主体としての国交大臣が行うところの地方自治法245条の8の代執行等関与の要件としての代替的関与を尽くしたことにはならない。

　いくら国が「非常事態」と主張して、「是正の指示」等の関与ができ、そして知事がこれに従わないことが予想される（見込まれる）としても、国交大臣が、代執行等関与よりも緩やかな関与である「是正の指示」を行わない理由にはならない。「是正の指示」を行ったり、あるいはこれに不服従の場合、国からの不作為の違法確認訴訟を行ったりして時間を費消することがあたかも時間の「無駄」であるかのごとき主張もあるが、とうてい地方自治法の関与の法制化の趣旨を理解しているものとは思われず、「地方自治の本旨」に悖る解釈というほかない。なぜなら、国が時間の無駄、手続の無駄であるかのごとく主張する「是正の指示」を行っていれば、沖縄県は、これに対して、国地方係争処理委員会への審査の申出も可能となり、それに不服であれば、裁判所への訴えの提起も可能になったはずである[19]。これは、地方自治法245条が定める関与の基本類型の中に、本来、地方自治の本旨からすれば不適切あるいは不要といわねばならない権力的関与が含まれることから、対等・協力関係を重視する国と地方の役割分担に鑑みれば、権力的な関与に不服のある地方公共団体に一定の紛争解決機会を与える趣旨に出たものである。つまり、まずは行政権内部の解決として国地方係争処理制度、つぎに、一層第三者機関性・公正性が強い司法的（裁判的）統制の機会を与えたものである。このような制度趣旨を理解しな

---

[19] 武田真一郎「辺野古埋立をめぐる法律問題について」成蹊法学83号（2015年）57頁以下、特に70頁以下参照。

いで、国の準備書面にあるごとき「見込み」でもって、いきなり代執行等関与を行うことは、このような制度趣旨を没却するものであり、この20年間の地方分権改革の理念を踏みにじるものである。

(3) 代執行訴訟における裁判所の審査範囲

最後に、代執行訴訟における裁判所の審査範囲について触れることで、司法の役割・任務について付言したい。

既に職務執行命令訴訟における裁判所の審査範囲については、沖縄県知事代理署名職務執行命令訴訟最高裁大法廷判決（最大判平成8・8・28民集50巻7号1952頁）が、たとえ機関委任事務についての判例ではあれ、参考とされるべきである。すなわち、職務執行命令訴訟において「裁判所を関与させることとしたのは、主務大臣が都道府県知事に対して発した職務執行命令の適法性を裁判所に判断させ、裁判所がその適法性を認めた場合に初めて主務大臣において代執行権を行使し得るものとすることが、右の調和を図るゆえんであるとの趣旨に出たものと解される。」の部分は、代執行訴訟についても踏襲されることになろう。本件では、裁判所は、国交大臣が発した勧告および指示、そして代執行訴訟がその適法性要件を充足しているか否かを客観的に審理判断することになる。

ただ、裁判所の審査範囲についても、機関委任事務の時代のままというわけにはいかない。裁判所とて国家機関のひとつであることを考えると、裁判判決もれっきとした「司法的関与」であり、その肥大化はそれ自体問題となりうる。この点、議会の損害賠償請求権の放棄の適法性にかかる一連の最高裁判決は、本件とは文脈は異なるが参考にすべき点がある。例えば「住民訴訟の対象とされている損害賠償請求権又は不当利得返還請求権を放棄する旨の議決がされた場合についてみると、このような請求権が認められる場合は様々であり、個々の事案ごとに、当該請求権の発生原因である財務会計行為等の性質、内容、原因、経緯及び影響、当該議決の趣旨及び経緯、当該請求権の放棄又は行使の影響、住民訴訟の係属の有無及び経緯、事後の状況その他の諸般の事情を総合考慮して、これを放棄することが普通地方公共団体の民主的かつ実効的な行政運営の確保を旨とする同法の趣旨等に照らして不合理であって上記の裁量権の範

囲の逸脱又はその濫用に当たると認められるときは、その議決は違法となり、当該放棄は無効となるものと解するのが相当である。」（最判平成24・4・20判時2168号45頁）といったところである。これに倣っていえば、本件では、知事の埋立承認取消処分が、民主的かつ実効的な行政運営の確保を旨とする地方自治法の趣旨や公水法の目的・趣旨等に照らして不合理であって、知事の裁量権の範囲の逸脱またはその濫用に当たると認められるときに限って、裁判所の違法判断が可能であるということにでもなろうか。裁判所の司法審査の範囲や密度が必要以上に限定されてはならないのは当然であるが、本件代執行訴訟においては、憲法が保障する地方自治を重視する観点は不可欠である。この点、法令所管大臣の沖縄県知事の埋立承認取消処分に係る関与において、憲法の地方自治保障を根拠とする知事の自治裁量権の行使についての特段の配慮を必要とすることは言を俟たないところであり、法令所管大臣による行政裁量権の統制といったものではなく、地方公共団体の自治体裁量権の統制に係る特別の配慮が必要である。このことは、裁判所の司法審査にも同様に求められるところである。[20]

おわりに

最後に、以上の論点を箇条書き風に整理しておきたい。

憲法を頂点とする地方自治保障の階層的法秩序からすれば、憲法―地方自治法―公有水面埋立法といった全体的法秩序の中での地方自治法の関与の仕組みおよび代執行等関与の要件解釈が求められるところである。

1999年改正地方自治法によって、機関委任事務制度は廃止され、国と地方公共団体との対等・協力関係の構築が目指され、国と地方公共団体との間の適切な役割分担原則が、憲法の「地方自治の本旨」と並んで、最も重要な地方自治保障の指導原理となったことが認められるところであり、そもそも地方公共団体に対する国の関与の解釈・運用は、20年余にわたる地方分権改革を踏まえた1999年改正地方自治法の趣旨に適合的なものでなければならない。

---

20) 知事の固有の裁量権に関する私見については、さしあたり白藤・前掲注1)「辺野古代執行訴訟の和解後の行政法論的スケッチ」13頁以下参照。

このような1999年改正地方自治法の趣旨を踏まえ、かつ、地方自治法255条の2が定めるところの行政不服審査制度の歴史からすれば、そもそもかかる制度を利用可能な審査請求人は、「行政主体の外にいる私人」である個人（住民としての国民）を想定しており、さらにいえば、基本的人権の享受主体である個人であると解すべきである。また、地方自治法255条の2の行政不服審査は、「狭義の並行権限」（同250条の6）と代執行等関与を含めて、「広義の並行権限」の範疇に入るものであり、行政不服審査と代執行等関与の同時並行的な行使は許されず、選択的にのみ行使が許される関係にあると解される。

　たしかに代執行等関与は、1999年改正地方自治法の国の関与の基本類型の1つであるが、関与の必要最小限度の原則などから、地方自治法が想定する関与の中では最強・最終的な関与手段であると位置づけられており、その発動はきわめて厳格な要件の下で行われなければならない。また、代執行等関与においては、関与主体（各大臣）は、その手続において、地方自治法自らが定める「是正の指示」のごとき、より緩やかな代替的関与を尽くしたかどうかが最も重要な要件となるところ、本件代執行等関与は、より緩やかな代替的関与が一切行われていないため、代替的関与の不尽が際立ち、代執行等関与の要件を充たさない違法な関与といわねばならない。

　このほか、代執行等関与の要件の1つである知事の埋立承認取消処分の公有水面埋立法違反についても国側の立証が不足しており、また、「著しい公益違反」についても、公水法が目的とする「公益」に具体的にどのように違反するかが明らかでなく、「非常事態」や「緊急性」が繰り返されるだけで、まったく判然としないものである。以上のことから、本件代執行等関与は、地方自治法245条の8の要件を充足しない不適法な関与であるというのが本稿の結論である。本稿のごとき分析・検討からすれば、本件代執行訴訟は和解に終わったが、正直なところ、代執行訴訟の意義と限界について、裁判所の明確な法的判断を聞きたかったところである。

（しらふじ・ひろゆき　専修大学法学部教授）

第 6 章

辺野古新基地建設と
国地方係争処理委員会の役割

武田真一郎

はじめに

　辺野古新基地建設に伴う沖縄県知事の埋立承認取消しをめぐり、国地方係争処理委員会（以下、「委員会」）には既に2件の審査の申出が行われている。委員会は1999年の地方自治法（以下、「自治法」）改正によって国と地方公共団体が対等と位置づけられた際に、両者の紛争を解決するための第三者機関として設置されたことは周知のとおりである。委員会が審査した事例はこれまでに4件だけであり（2016年6月現在。審査中の事例を含む）、委員会の権限や審査のあり方については未解明な点が少なくない。本稿では辺野古新基地建設をめぐる2件の審査の申出を契機として委員会の審査のあり方を検討するとともに、新基地建設問題の解決への手がかりを探ることにしたい。

1）　辺野古新基地建設に関係する2件以外の事例は、2001年7月24日の横浜市が審査の申出をした勝馬投票券発売税に関する勧告と、2009年12月24日の新潟県が審査の申出をした北陸新幹線の工事実施計画認可に関する決定である。

1　国地方係争処理委員会

(1)　委員会の組織

　1999年の自治法改正により、国の事務であって地方公共団体の長に執行が委任された機関委任事務は廃止され、地方公共団体の事務は自治事務と法定受託事務とされた（自治法2条8項、9項）。機関委任事務は国の事務であるから地方公共団体の長は主務大臣の指揮監督を受けていたが、機関委任事務の廃止によってこれまでの国と地方公共団体の間の上下関係は解消され、両者は基本的に対等な関係となった。その結果として、国と地方公共団体との間で紛争が生じたときに主務大臣の指揮監督権の行使によって一方的に解決することはできなくなり、両者の紛争を解決するための制度が必要とされた。そこで、国地方係争処理委員会による審査制度（同250条の13以下）と訴訟手続[2]が設けられた。

　委員会は、国と地方公共団体との間の係争を「国と地方公共団体との間に立って公平・中立な立場から判断する第三者機関」[3]と位置づけられている。訴訟手続が司法権による紛争解決手続であるのに対し、委員会の審査制度は行政権による紛争解決手続である。

　委員会は総務省に置かれ（同250条の7第1項）、委員5人をもって組織する（同250条の8第1項）。委員は、優れた識見を有する者のうちから、両議院の同意を得て、総務大臣が任命する（同250条の9第1項）。

(2)　委員会の権限

　委員会の権限は、地方公共団体に対する国の関与について審査の申出がなされた場合に、これを審査して必要な措置を勧告することである（同250条の7第2項、250条の14）。審査の申出がなされるのは、①国の権力的な関与に不服があるとき（同250条の13第1項）、②国の不作為に不服があるとき（同条第2項）、③国との協議が調わないときである（同条第3項）。このうち、辺野古新基地建

　2）　国の関与に関する訴え（自治法251条の5）および地方公共団体の不作為に関する国の訴え（同251条の7）である。
　3）　松本英昭『新版・逐条地方自治法〔第4次改訂版〕』（学陽書房、2007年）1055頁。

設に関連して審査の申出が行われているのは①の場合なので、以下①について検討する。[4]

　1999年の自治法改正により、国の地方公共団体に対する関与はすべて法律に基づかなければならないとする関与法定主義が採用され（同245条の2）、関与の方法は法律に列挙された（同245条）。この中には是正の要求（同条1号ハ）のほか、同意（同号ニ）、許可、認可または承認（同号ホ）やこれらの拒否のように、国が地方公共団体に対して権力的な関与[5]を行うものがある。このような権力的な関与が行われた場合には、「普通地方公共団体の長その他の執行機関は、その担任する事務に関する国の関与のうち是正の要求、許可の拒否その他の処分その他公権力の行使に当たるもの……に不服があるときは、委員会に対し、当該国の関与を行った国の行政庁を相手方として、文書で、審査の申出をすることができる。」（同250条の13第1項）とされている。ここにいう審査の申出が前記①の場合である。

　この場合の委員会の審査権限は、審査の対象となる事務が自治事務か法定受託事務かによって若干異なっている。委員会は、国の関与について審査の申出があった場合においては、審査を行い、相手方である国の行政庁の行った国の関与が違法ではないと認めるとき（自治事務については、違法ではなく、かつ、普通地方公共団体の自主性および自立性を尊重する観点から不当でないと認めるとき）は、理由を付してその旨を審査の申出をした地方公共団体の長その他の執行機関および国の行政庁に通知するとともに、これを公表しなければならない（同250条の14第1項）。

　また、委員会は、国の行政庁の行った国の関与が違法であると認めるとき（自治事務については、違法または前記の観点から不当であると認めるとき）は、国の行政庁に対し、理由を付し、かつ、期間を示して、必要な措置を講ずべきことを勧告するとともに、勧告の内容を地方公共団体の長その他の執行機関に通知

4）　②の場合の審査および勧告については自治法250条の14第3項に、③の場合については同条第4項に規定されている。

5）　ここにいう「権力的」とは国が一方的に地方公共団体の権限を制約するという意味と解されるが、関与法定主義によって国の関与にはさまざまな法律上の制限があり、行政庁が行政行為によって国民の権利義務を「権力的」、一方的に形成したり確定したりする場合とは異なる原理に服するはずである。

し、これを公表しなければならない（同）。勧告の内容は委員会が決定する権限を有するが、大臣などの国の行政庁に対して拘束力はないと解される[6]。

なお、前記①から③のいずれの場合についても、審査および勧告は審査の申出があった日から90日以内に行わなければならない（同条第5項）。

(3) 審査の特徴と問題点

以上のように、委員会は国の関与の違法性（自治事務については違法性および不当性）を審査し、違法（自治事務については違法または不当）と認めるときは国の行政庁に対して必要な措置を勧告する権限を有している。自治法は委員会の権限についてそれ以上に具体的な規定を置いていないが、委員会の審査にはどのような特徴があるのだろうか。ここでは次の3つの点に留意しておきたい。

第1は、委員会による審査手続は行政権内部の紛争解決手続であるから、訴訟による紛争解決手続とは異なって司法権による行政権の侵害という問題は生じないため、柔軟かつ踏み込んだ審査ができることである。裁判所は違法性の判断しかできないが、委員会は自治事務については不当性の判断ができるし[7]、関与を取り消すだけでなく必要な措置を勧告することができる。

第2は、委員会の審査は国の関与が違法（自治事務については違法または不当）かどうかを判断することになるが、国の関与は新しい制度であって、どのような場合にそれが違法、不当となるのかについては未解明な点が多いことである。国の関与は国と地方公共団体の関係に関する問題であり、これまでの行政法学が主な考察の対象としてきた国や地方公共団体と国民の関係ではないから、関与を行う国の機関に認められる権限（裁量権）の範囲やその違法性を判断する基準などについては新たな考え方が求められている。特に、国の関与は「その目的を達成するために必要最小限度のものとするとともに、普通地方公共団体の自主性及び自立性に配慮しなければならない。」（自治法245条の3第1項）と自治法に明記されていることから、この規定がどのような効果をもつかについ

---

6) 自治法250条の14第1項から第3項には勧告の内容について何ら規定がないので、勧告を行う委員会の判断に委ねられていると解される。また、勧告はもともと助言的なものであり、拘束力を有することを窺わせる規定もないので、拘束力はないと解される。

7) 不当性の審査は法律上は自治事務に限られているが、理論的には法定受託事務についても可能であると解される。

ては十分な検討が必要となる。

　第3は、委員会による審査には次の2つの限界があることである。

　1つは政治的限界である。委員会は国家行政組織法8条に規定されたいわゆる八条機関であるが、典型的な八条機関である審議会等は委員の構成が任命権者の意向に左右されやすいことが知られている。[8] 委員会の委員も両議院の同意を得て総務大臣が任命するのであるから、政府の意向がある程度影響することは避けられないであろう。各大臣の権限の行使を法的拘束力をもって阻止するような強力な権限を委員会に与えることは慎重でなければならないとする見解もあるとされており、[9] このような抑制的な見解も委員会の権限行使に様々な制約を生じる可能性がある。

　もう1つは時間的限界である。前記のように審査期間は審査の申出があった日から90日以内とされている。委員は原則として非常勤であるから（同250条の8第2項）、複雑な事案について委員会が審査を尽くすことはかなり困難であろう。

2　辺野古新基地建設と審査の申出

　辺野古新基地建設をめぐっては2件の審査の申出が行われているが、ここでは委員会による審査の内容を検討する前提として、事実関係を整理するとともに申出の内容を明らかにすることにしたい。

(1)　執行停止決定に対する審査の申出

　辺野古新基地建設は、沖縄県名護市の辺野古地区とこれに隣接する海域を約157haにわたって埋め立てて造成する計画である。よって、国は造成に際して公有水面埋立法（以下、「公水法」）に基づき、沖縄県知事に対して埋立承認を申請し、承認を受ける必要がある（同法42条1項）。

　国（沖縄防衛局長）は、2013年3月22日に沖縄県知事（仲井眞弘多前知事）に対

8）　金子正史「審議会行政論」雄川一郎ほか編『現代行政法大系7』（有斐閣、1985年）113頁以下、120頁等参照。
9）　松本・前掲注3）1027頁。

して埋立承認を申請し、同知事は同年12月27日に申請を承認する処分を行った。これに対して沖縄県民の間で批判が高まり、2014年11月16日に行われた沖縄県知事選挙では、辺野古新基地建設反対を公約とする翁長雄志知事が当選した。

翁長知事は、2015年1月26日に仲井眞前知事のした埋立承認を検証する「普天間飛行場代替施設建設事業に係る公有水面埋立承認手続に関する第三者委員会」（以下、「検証委員会」）を設置して検証を行い、承認には法的瑕疵があるとする検証委員会の報告書に基づき、2015年10月13日に前知事のした埋立承認を取り消した（以下、「承認取消し」）。

公水法に基づく埋立承認に関する都道府県の事務は第1号法定受託事務とされており（同法51条1号）、法定受託事務とされた都道府県知事の処分に不服がある者は法律を所管する大臣に審査請求をすることができるとされていることから（自治法255条の2第1号）、沖縄防衛局長は行政不服審査法（以下、「行審法」）に基づき、2015年10月14日に公水法を所管する国土交通大臣（以下、「国交大臣」）に対して承認取消しの取消しを求める審査請求をするとともに、承認取消しの執行停止の申立てをした。

国交大臣は同年10月27日、沖縄防衛局長の執行停止申立てを認容し、承認取消しの執行停止を決定した。これによって承認取消しの効力は停止したとして、沖縄防衛局長は承認取消しによって一時停止していた埋立工事を再開した。

翁長知事は同年11月2日、国交大臣のした執行停止決定は違法な国の関与に当たるとして、委員会（国地方係争処理委員会）に対して決定の取消しを求める審査の申出をした。これが辺野古新基地建設をめぐる第1の審査の申出である。この申出に対しては同年12月28日に既に決定がなされており、委員会は本件審査の申出は不適法であるとして、申出を却下した。

(2) 是正の指示に対する審査の申出

国交大臣は、翁長知事のした承認取消しに対し、沖縄防衛局長の執行停止申立てを認容して埋立工事を継続しつつ、他方で自治法245条の8に基づき、承認取消しの取消しを自ら代執行するために代執行の手続を開始した。

---

10) 沖縄県のホームページに報告書の全文が掲載されている。また、概要版も公開されている。
http://www.pref.okinawa.jp/site/chijiko/henoko/documents/houkokusho.pdf

国交大臣は、翁長知事に対して承認取消しの取消しを勧告し（同法245条の8第1項）、知事が従わないので取消しを指示したが（同条第2項）、なお知事が従わないので、2015年11月17日、福岡高裁（那覇支部）に承認取消しの取消しを求める訴えを提起した（同第3項。以下、「代執行訴訟」）。他方で翁長知事は前記(1)で見た委員会の決定を不服として、同年12月25日に同法251条の5第1項に基づき、国の関与（執行停止決定）の取消訴訟を提起した（以下、「執行停止取消訴訟」）。

このように国と沖縄県の双方が訴訟を提起して争うという事態になったが、2016年2月29日に代執行訴訟と執行停止取消訴訟が結審する直前に福岡高裁は国と沖縄県に和解を勧告し、同年3月4日に双方がこれを受け入れて和解が成立した。その内容は、①国と沖縄県はそれぞれが提起している訴訟をいずれも取り下げる、②国は埋立工事を停止する、③今後は自治法の是正の指示の手続に従って本件を解決するというものである。

和解の成立によって国は埋立工事を停止するとともに、国交大臣は自治法245条の7第1項に基づき、翁長知事に対して承認取消しを取り消すように是正の指示を行った。この是正の指示は国が一方的に是正を求めるものであり、権力的な国の関与に当たるので、翁長知事は同法250条の13第1項に基づき、同年3月23日、委員会に対して審査の申出を行った。これが辺野古埋立をめぐる第2の審査の申出である。この申出は本稿執筆中の現時点（2016年6月初旬）において、委員会で審査が続けられている（同月20日付で決定が出されたので後掲の付記を参照されたい）。

3　執行停止決定に対する審査の検討

(1)　決定の要旨

ここで検討するのは、前記2(1)で見た委員会の2015年12月28日の決定（以下、「本決定」）である。翁長知事のした埋立承認取消処分に対し、沖縄防衛局長が審査請求および執行停止申立てをしたところ、国交大臣は執行停止を認める決定を行った。翁長知事はこの決定を不服として委員会に審査の申出をしたが、本決定は本件審査の申出は不適法であり、審査の対象とならないとして、内容

の審査をせずに申出を「却下」[11]した。その理由は次の通りである。[12]

(a)「一般に、行政不服審査法第34条に基づく執行停止決定は、地方自治法第245条第3号括弧書にいう『審査請求、異議申立てその他の不服申立てに対する裁決、決定その他の行為』に該当し、国地方係争処理委員会の審査の対象となる国の関与には該当しない」。

(b)「ある者が『固有の資格』において処分を受けた場合には……、当該処分に対しては行政不服審査法による審査請求はできないものと解されるため、その者が審査請求をしたとしても、当該事案は、本来、行政不服審査制度の対象とならないものであり、また、行政不服審査制度が目的としている国民の権利利益の救済を考慮した地方自治法第245条第3号括弧書の趣旨は必ずしも妥当しないことからすると、当該審査請求の手続における執行停止決定は、同号括弧書に該当しないとも考えられる。」

(c)「他方、ある処分に関する上記の『固有の資格』該当性の有無については、行政不服審査法の解釈上導かれるべき『固有の資格』の意義及び『固有の資格』該当性の判断枠組みを踏まえつつ、直接には、当該処分に関する個別法の規定とその解釈によって判断すべきものである。」

(d)「そうすると、『固有の資格』において処分を受けたと解する余地のある者がした審査請求の場合であっても、当該個別法の規定に照らし『固有の資格』ではないとした審査庁（これは、内閣法第3条等により当該個別法に関する事務を分担管理する主任の大臣、またはその分担管理の下に権限を行使する行政庁である。）の判断を国地方係争処理委員会が覆すことは、一般的には予定されていないと考えられる。」

(e)「ただし、……『固有の資格』に該当せず審査請求が可能であるとした審査庁の当該判断が、一見明白に不合理である場合には、その限りではなく、当該判断が一見明白に不合理であるかどうかを国地方係争処理委員会が審理することは排除されていないと考えられる。……」

---

11) 自治法および委員会の審査の手続に関する規則には、民事訴訟法140条や行審法45条1項のように却下という規定があるわけではない。

12) (a)から(h)の記号は筆者が付したものである。

(f)「そこで検討すると、公有水面が国の所有に属しており、国は公有水面の埋立権能を含む包括的な管理支配権を有しているため、国以外の者に対する『免許』と国に対する『承認』とが区別され、国に対する埋立承認には、国以外の者に対する免許に関する条文の一部が適用・準用されていないとも考えられる。そのため、国が一般私人の立ち得ない立場において埋立承認を受けるものであると解することができるのではないかとも考えられ、上記ア③の国土交通大臣の見解の当否については疑問も生じるところである。」[13]

(g)「しかし、国が『固有の資格』において埋立承認を受けるものではないとの結論自体に関しては、確立した判例又は行政解釈に明らかに反しているといった事情は認められないし、国土交通大臣の上記アの主張は、国が一般私人と同様の立場で処分を受けるものであることについての一応の説明となっているということができることからすると、国土交通大臣の判断が一見明白に不合理であるとまでいうことはできない。」

(h)「したがって、本件執行停止決定は、国地方係争処理委員会の審査の対象となる国の関与に該当するということはできない。」

(2) 国は不服申立てができるか

本件では、自治法245条3号が「一定の行政目的を実現するため普通地方公共団体に対して具体的かつ個別的に関わる行為」（個別的関与）を国の関与の類型として規定しているものの、同号の括弧書きが「審査請求、異議申立てその他の不服申立てに対する裁決、決定その他の行為を除く」と規定しているため（平成26年法律69号による改正前のもの。同改正で「、異議申立て」は削除）、審査請求に伴う執行停止決定は国の関与に該当せず、したがって審査の申出の対象にならないのではないかということが問題となっていた。

この点について、まず本決定の(a)は、自治法245条3号括弧書きにより原則として審査請求の裁決や執行停止の決定は審査の申出の対象とならないとして

---

13)「上記ア③」の見解とは、公水法が国については埋立の「承認」という文言を使用し、私人等については埋立の「免許」という文言を使用していることや、「免許」に関する条文の一部が国に適用されていないことによっても、国が私人等とは異なり、国としての「固有の資格」で埋立承認を受けるとはいえないというものである。

いるが、この点について異論はないであろう。

次に(b)の部分を分かりやすく言い換えると、「不服申立て（審査請求および執行停止申立て）は私人としての国民を保護する制度だから、国が私人と同じ資格で埋立承認を受けたのであれば不服申立てをすることができるが、国固有の資格で埋立承認を受けたのであれば不服申立てをすることはできない[14]。国固有の資格で埋立承認を受けたにもかかわらず、国が不服申立てをして審査請求に対する裁決や執行停止決定がなされた場合には、それらの裁決や決定は違法であり、審査の申出の対象とする必要があるから、同号のカッコ書きによって審査の申出の対象から除外されることはないとも考えられる」ということである。

この点についても正当と考えられる。同号の括弧書きによって裁決や執行停止の決定が国の関与から除外され、審査の申出の対象にもならないとされているのは、地方公共団体が国（法律を所管する大臣等）に不服申立てをして裁決や執行停止の決定がなされた場合には、地方公共団体は私人の資格で不服申立てをしているのであるから（前記のように私人と同じ資格でなければ不服申立てはできないからである）、裁決や執行停止決定に不服がある場合には私人として裁決の取消訴訟を提起し、さらに原処分（審査請求の対象となった拒否処分や取消処分）の取消訴訟や執行停止の申立て[15]をすることによって救済を求めることが可能であり、委員会に審査の申出を認める必要はないからである。よって、不服申立てが適法に行われ、裁決や執行停止決定も適法である場合には、これらを国の関与から除外して審査の申出の対象としないことはむしろ合理的である。

ところが、国による不適法な不服申立てが行われ、国が違法な裁決や執行停止決定をした場合には、裁決や執行停止決定を違法な国の関与と認めて審査の申出の対象とする必要がある。本件では不服申立てをしたのは地方公共団体ではなくて国（沖縄防衛局長）であるが、国が本来は不服申立てができないのに

---

14) 行審法は国民の権利利益を救済するための制度であるから、国や地方公共団体が行審法による審査請求や執行停止申立てをすることができるのは、国民（私人）の資格で処分を受けた場合に限られる。逆にいうと、国や地方公共団体として固有の資格で処分を受けた場合には、審査請求や執行停止申立てをすることはできない。同法7条2項（平成26年改正後のもの）にはこの点が明記されている。

15) 執行停止申立ては取消処分に対してはすることができるが、拒否処分に対してすることはできない。

不適法な不服申立てをして、国の審査庁である国交大臣が違法な裁決や執行停止決定をしたとしても、裁決や執行停止決定の相手方である翁長知事は私人の資格ではなく、まさに県知事固有の資格で埋立承認の取消しを行い、裁決や執行停止決定を受けているのだから、私人の資格で取消訴訟制度などを利用して裁決や執行停止決定を争うことはできないと解される。このような裁決や執行停止決定は実質的にみても違法な国の関与であり、しかも他に争う方法がないのだから、委員会に対する審査の申出の対象とする必要性が高いのである。

よって、不適法な不服申立てに対する違法な裁決や執行停止決定は同号の括弧書きによって国の関与から除外されず、審査の申出の対象となると解すべきである。では、本件において国（沖縄防衛局長）の不服申立ては不適法であり、執行停止決定も違法なのだろうか。筆者は、次の３つの理由によって本件で国は不服申立てをすることができず、執行停止決定は違法であると考える。

第１は、本件において国は私人の資格ではなく、国として固有の資格で埋立承認の申請を行い、同様に固有の資格で埋立承認およびその取消処分を受けたのであるから、国は私人を保護するための制度である行審法によって不服申立てをすることはできないと解されることである。

公水法の規定をみると、私人は都道府県知事に埋立免許の申請をするものとしているのに対し（同法２条）、国は知事に埋立承認の申請をするものとして（同42条）、同法は両者を区別している。埋立免許と埋立承認の基準自体は同じであるが（同４条）、国による埋立申請については知事による監督処分の規定などは準用されず（同42条３項）、両者の手続は異なっている。私人による埋立は基本的に私的利益の実現を目的とするのに対し、国による埋立は公益の実現を目的としているから、両者の埋立には性質の違いがある。実際にも私人が軍事基地建設のために埋立を申請することはありえないであろう。

よって、国による埋立承認の申請は国として固有の資格で行われるものであ

---

16) 不適法な不服申立てに対して審査庁（国交大臣）は認容裁決や執行停止決定をする権限はないから、たとえ認容裁決や執行停止決定がなされても無効と解される。
17) ただし、地方公共団体に取消訴訟の出訴資格（原告適格）が認められるとする見解もある。
18) 公水法はこのような違いに着目し、私人の埋立については都道府県は監督的な立場に立つが、国の埋立については国と都道府県が相互に協力して事業に取り組むことを前提として、両者の埋立を区別しているものと解される。

り、都道府県知事が埋立承認の拒否処分や承認取消処分をしたとしても、国は固有の資格でこれらの処分を受けたのであるから、不服申立てをしたり取消訴訟を提起することはできないと解すべきである。[19]

　第2は、仮に国が本件において行審法による不服申立てをすることができるとすれば、国（沖縄防衛局長）の不服申立てを国（国交大臣）が判断することになり、身内の判断となって著しく不公正となることである。このことだけを考えてみても、国は不服申立てをすることができないというべきであろう。

　第3は、自治法は本件のような国と地方公共団体の紛争を解決するための手続を設けており、本件は行審法ではなく、自治法の手続によって解決できるから、行審法による不服申立てを認める必要はないことである。自治法245条の7は、各大臣は都道府県の法定受託事務の処理が法令に違反していると認めるとき、または著しく適正を欠き、かつ、明らかに公益を害していると認めるときは、是正の指示をすることができると規定している。都道府県知事は是正の指示に不服があるときは委員会に審査の申出をすることができるし、さらにその結果に不服があるときは是正の指示の取消訴訟を提起することもできるのだから、第三者機関である委員会や裁判所の判断を通して公正な解決を期すことができる。行審法の不服申立てによる不公正な解決を認める必要はまったくないのである。

(3) 一見明白に不合理という基準は妥当か

　以上のように、本件で国（沖縄防衛局長）は不服申立てをすることはできず、よって国（国交大臣）は執行停止決定をする権限はないから、執行停止決定は違法・無効であると解される。ところが、本決定の(c)から(g)の部分は、執行停止決定は違法ではないとしている。

　この部分をより分かりやすく言い換えると、(c)「国が固有の資格で承認取消処分を受けたかどうか、よって執行停止の申立てをすることができないかどうかは法令の解釈による」が、(d)「そうとすると国交大臣が法令の解釈によって国は固有の資格で承認取消処分を受けたのではなく、執行停止の申立てをする

[19) 行審法7条2項はこの点を明記している。前掲注14)参照。

ことができるとした判断を委員会が覆すことは想定されていない」、(e)「ただし、国交大臣の判断が一見明白に不合理であるときは委員会がこれを覆すことができるから、委員会は同大臣の判断が一見明白に不合理であるかどうかを審査することはできる」、(f)「埋立法の規定が『承認』と『免許』を区別していることなどによると、同大臣の判断には疑問の余地もある」が、(g)「同大臣の結論が確立した判例や行政解釈に反しているとはいえないから一見明白に不合理であるとまではいえない」、ということである。そして、本決定は結論として、(h)「本件執行停止決定は委員会の審査の対象となる国の関与には当たらない」とした。

以上の判断で不可解なのは、まず(c)と(d)の間に論理の飛躍があることである。国が固有の資格で承認取消処分を受けたかどうかは法令の解釈によるというのはそのとおりであるが、そうとするとなぜ委員会は、国は固有の資格で承認取消処分を受けたのではなく、執行停止の申立てをすることができるとした国交大臣の判断を覆すことは想定されていないことになるのだろうか。

次に不可解なのは、(e)の部分が、大臣の判断が「一見明白に不合理である場合」に限って委員会が大臣の判断を覆すことができるとしたことである。前記のように委員会は行政権内部の審査機関であり、裁判による審査のように三権分立の問題は生じない。実際に自治事務については不当性の判断もできることが自治法に明記されており（自治法250条の14第1項）、委員会は大臣の判断の違法性を広く審査することができるはずである。

翁長知事は委員会の決定を不服として関与（執行停止決定）の取消訴訟を提起したが、この訴えが和解によって取り下げられることがなかったとすれば、審理の結果、裁判所は国交大臣のした執行停止決定が法令に違反していると認めれば取り消すことになり、国交大臣の判断が「一見明白に不合理である場合」に限って取り消すことにはならないであろう。委員会は国地方の係争処理の専門機関としてむしろ裁判所より広い審査権を有しているとも解されるので

---

20) この基準は行政行為（処分）は重大明白な瑕疵がある場合に無効となり、明白な瑕疵とは瑕疵の存在が外観上一見明白であることを意味するという考え方を想起させる。実際にこの基準によれば、大臣の判断が無効といえるような例外的な場合に限って委員会は大臣の判断を覆すことができることになるであろう。

あるから、国交大臣の関与の適法性を審査し、違法であると認める場合にはそれを覆すことも当然に想定されているはずである。委員会がこのように自らの権限を自主規制する理由はないと思われる。

本件では、裁判所の和解案によって和解が成立し、和解条項には工事の停止が含まれていたが、それは裁判所が本件で国は不服申立てをすることはできず、国交大臣の執行停止決定によって国が工事を継続することはできないと判断したからであろう。委員会が国交大臣の判断を覆して執行停止決定はできないと判断したとしても、それは裁判所の判断に適合しており、むしろ適切な判断であったといえよう。

以上の次第で、本決定の結論および理由には疑問が残る。委員会は国交大臣に対して執行停止決定は違法であるとしてこれを取り消すこと、および和解案でも示されたように自治法245条の7による是正の指示をすることを勧告すべきであったと思われる。[21]

4 是正の指示に対する審査の検討

前記2(2)でみたように、2016年3月4日の和解の成立により、国は埋立工事を停止するとともに、国交大臣は自治法245条の7第1項に基づき、翁長知事に対して承認取消しを取り消すように是正の指示を行った。この是正の指示は国が一方的に是正を求めるものであり、権力的な国の関与に当たるので、同年3月23日、翁長知事は同法250条の13第1項に基づき、委員会に対して審査（以下、「本件審査」）の申出を行った。委員会は90日以内（6月21日まで）に決定を行うこととされており、現時点（6月中旬）では審査が続けられている。まだ決定や勧告は出されていないが、本稿の最後に本件審査の問題点について検

---

21) 本件で委員会は審査の申出を不適法であるとして「却下」したが、自治法は、委員会は国の関与が違法（自治事務については違法または不当）でないと認めるときは理由を付してその旨を地方公共団体の長および国の行政庁に通知するとともにこれを公表し、国の関与が違法（同）であると認めるときは、国の行政庁に対し、理由を付し、期間を示して必要な措置を勧告するとともに、勧告の内容を地方公共団体の長に通知し、公表しなければならないと規定しているが（同法250条の14第1項、第2項）、不適法であるとして却下するとは規定していない。本件においても却下という措置が適当であるかどうかには議論の余地がある。

討することにしたい（同月20日付で決定が出されたので後掲の付記を参照されたい）。

(1) 審査の対象は何か

本件審査の対象となる国の関与は、翁長知事のした承認取消しの取消しを求める国交大臣の是正の指示である。ただし、同大臣のした是正の指示は翁長知事のした承認取消しの取消しを指示しているのだから、この２つは密接な関係にある。さらに、翁長知事のした承認取消しは仲井眞前知事のした埋立承認を取り消したものだから、この２つも密接な関係にある。つまり、本件審査の対象は、①国交大臣のした是正の指示、②翁長知事のした承認取消し、③仲井眞前知事のした埋立承認という３つの行為と関連している。

では、委員会による①の審査は具体的に何を対象とするのだろうか。①は「都道府県の法定受託事務の処理が法令の規定に違反していると認めるとき、又は著しく適正を欠き、かつ、明らかに公益を害していると認めるとき」（自治法245条の７第１項）になされることになる。[22] よって、①の適法性は、沖縄県の法定受託事務である②が法令の規定に違反しているか、または著しく適正を欠き、かつ、明らかに公益を害していると認められるかによって判断されることになる。

②が法令の規定に違反しているのは、③が法令の規定に適合している（本件では公水法の規定に適合している）にもかかわらず取消しがなされた場合や、取消権の行使が違法と解される場合と考えられる。また、②が「著しく適正を欠き、かつ、明らかに公益を害していると認めるとき」というのは、自治法245条の５第１項が自治事務の処理について各大臣が都道府県に是正の要求をすることができる場合について規定する要件と同一であるから、同項の要件に準じて理解することができるはずである。同項の意味は、「法令の規定に明らかに抵触するとはいえないまでも、事務処理の適正な執行に著しく違反」し、かつ、「地方公共団体の事務処理が著しく適正を欠いている場合であって、しかも、当該地方公共団体内部の問題として放置することが公益上認められないような

---

22)「又は」の前の「違法性要件」と、後の「著しい不適正要件」の考慮要素は重複することが予想されるが、前者は違法性に関する判断であり、後者は著しく不当であるなど違法性以外の要素に関する判断と解される。

事態に限るということであり、真にやむをえないものと客観的に認定される[23]」ときであるとされている。是正の要求と是正の指示という違いがあるとしても、要件を定める文言はまったく同一であるから、是正の指示をすることができる場合も上記のような真にやむをえないものと客観的に認定されるときであると解される[24]。

本件における是正の指示の審査は、以上のような諸点を対象として行われることになる。なお、翁長知事が委員会の決定や勧告に不服がある場合には是正の指示の取消訴訟を提起することになるが（同251条の5第1項）、この取消訴訟の審理の対象も以上の諸点と同じと考えられるので、この問題は今後提起されることが予想される取消訴訟の対象を考察する上でも参考となる。

(2) 審査の基準は何か

本件審査の具体的な対象は以上の諸点であるが、これらの諸点を審査することにより、是正の指示が違法となるかどうかはどのような基準によって判断すべきなのだろうか。

まず、前記(1)の①から③はいずれも当該行為をした処分庁の政策的・専門的判断を要する行為であるから、いずれも裁量行為と解される。ところが行政事件訴訟法30条の基準が①に適用され、裁量権の逸脱・濫用があるときに限り違法となって取り消すことができるとすれば、委員会が①の是正の指示を違法として取消しを勧告できる場合はきわめて限定されることになる。

行政訴訟事件法30条をめぐる裁量論は、国や地方公共団体の行政庁が国民に対して行政処分をする場合を想定して形成されてきた。ところが本件における是正の指示は、国（国交大臣）が地方公共団体（沖縄県知事）に対して行うものであり、行政庁が国民に対して行うものではない。是正の指示を行う国交大臣に政策的・専門的な立場からの裁量権が認められるとしても、それは「関与裁量」ともいうべきものであり[25]、裁量権の範囲やその逸脱・濫用があるとして違

---

23) 松本・前掲注3) 1019頁。
24) この解釈は、自治法245条の3第1項が国の地方公共団体に対する関与はその目的を達成するために必要最小限度のものとするとともに、地方公共団体の自主性および自立性に配慮しなければならないとして、厳格な比例原則に服することとしていることにも適合する。

法となる場合の基準については、従来の裁量論とは異なる考え方が必要となるはずである。[26]

　では、関与裁量にはどのような考え方が必要なのだろうか。ここでは次の3点に注目しておきたい。

　第1は、法定受託事務は地方公共団体の事務なのでこれに関する基本的な権限と責任は地方公共団体の長にあり、大臣による関与裁量は長の権限行使の違法性を是正するのに必要な範囲で行使できると解されることである。行政庁と国民との関係における裁量は、行政庁の政策的・専門的判断を要する問題については裁判所よりも行政庁の方が適切な判断ができるはずだから、裁判所は行政庁の判断に裁量権の逸脱・濫用がある場合に限って取り消すことができるという考え方を前提としてきた。これに対して関与裁量においては、法定受託事務については地方公共団体の長の権限であり、長の方が適切な判断ができるはずだし、地方公共団体の自主性および自立性に配慮すべきだから、大臣は長の判断に裁量権の逸脱・濫用がある場合に限って取消しの指示等の関与ができるという考え方が前提となるはずである。

　第2は、本件のように大臣による是正の指示がなされた場合には、その根拠法令である自治法245条の7第1項が適法性の判断基準となることである。同項の趣旨は前記(1)でみたとおりであるが、同項によれば、翁長知事のした承認取消しが法令の規定に違反しているか、または著しく適正を欠き、かつ、明らかに公益を害していると認められる場合に限り、是正の指示は適法となる。

　第3は、自治法245条の3第1項は、是正の指示を含む国の関与について、「その目的を達成するために必要最小限度のものとするとともに、普通地方公

---

25) 関与裁量という概念については、白藤博行「辺野古代執行訴訟の和解後の行政法的論点のスケッチ」自治総研451号（2016年）1頁、14頁参照。
26) 委員会が設置された当初から、「法定受託事務の処理に対する国の関与にあっては、……国の行政機関にある程度の裁量の幅が認められることが多く、係争処理委員会としてもそのような国の行政機関の裁量を尊重すべき場合が少なくないであろう。しかし、いずれにせよ、係争処理委員会は、それが許容された裁量の幅を逸脱するものでないかどうかを含め、当該行為の違法性の有無について審理・判断を行うべきものである」とされてきた（小早川光郎「国地方関係の新たなルール――国の関与と係争処理」西尾勝編『地方分権と地方自治〔新地方自治講座12〕』（ぎょうせい、1998年）101頁以下、136頁）。ここでの裁量とは「関与裁量」であって、行政事件訴訟法30条の裁量とは異なると考えられる。

共団体の自主性及び自立性に配慮しなければならない」と規定しており、厳格な比例原則に服することを明らかにしていることである。この規定により、是正の指示が必要最小限度を超え、地方公共団体の自主性および自立性に配慮を欠いている場合には違法となると解される。

(3) 本件の是正の指示は適法か

前記(1)(2)の観点から本件の是正の指示を検討すると、それは適法といえるのだろうか。

まず、是正の指示が適法であるためには、翁長知事のした承認取消しが法令の規定に違反しているか、その他の理由によって違法でなければならないと解される。承認取消しが法令の規定に違反していることになるのは、仲井眞前知事のした埋立承認が公水法の規定に適合しているにもかかわらず、これを取り消したといえる場合である。

この点については、翁長知事は前記のように検証委員会を設置して前知事のした埋立承認を検証した。検証委員会の報告書は、前知事のした承認には公水法の基準に適合していることについて十分な理由が示されておらず、判断過程に瑕疵があるとしており、翁長知事の承認取消しはこの報告書に基づいている[27]。よって、この報告書の内容が承認取消しの根拠として正当であれば承認取消しは適法であり、正当でなければ違法であることになる。したがって、報告書の内容を十分に検討して結論を導く必要がある[28]。

仮に報告書の内容が正当であるとしても、翁長知事のした承認取消しが職権

---

27) 報告書は、公水法４条１項各号の埋立免許・承認の要件を充足しているかどうかについて、同項１号の「埋立の必要性」については、普天間飛行場移設の必要性から直ちに辺野古市区での埋立の必要性があるとしているなどの点で審査の欠落があること、同項２号の「環境保全及び災害防止についての十分な配慮」については、アセスメントの際の知事意見への対応が不十分であり、データに基づく定量的評価がなされておらず生態系の消化が不十分であること、同項３号の「法律に基づく計画に違背しないこと」については、「生物多様性国家戦略2012-2020」、「生物多様性おきなわ戦略」、「琉球諸島沿岸海岸保全計画」などの計画に違背していることなどを理由として、埋立承認には法的瑕疵があると判断している。報告書については、前掲注10）参照。

28) 筆者は、この報告書は最近の最高裁判例でも裁量行為の違法性の審査基準として採用されている判断過程審査の手法により、実証的、説得的に埋立承認の違法性を論証していると考えている。

取消しを制限する法理に照らして許されない場合も違法となると解される。一般に行政処分を行う権限には取消権・撤回権が含まれており、取消し・撤回は処分権者の自由であるのが原則とされてきたが、相手方に利益を与える授益的処分の取消しについてはこの自由が制限され、処分の取消し・撤回をする公益上の必要性が相手方の不利益を上回る場合に限って取消し、撤回ができると解されている。[29]

　埋立承認は授益的処分なので、知事の取消権の行使は制限を受けるとも解される。しかし、この取消制限の法理は私人である相手方国民の利益を保護するために形成されてきたものである。本件の承認取消しは行政庁と国民の間ではなく、地方公共団体と国の間でなされたものであるから、相手方私人を保護するために形成されてきた取消し制限の法理は必ずしもそのまま妥当しないと解される。本件のような事例では、相手方保護の要請よりも法律による行政の原理が優位するというべきであり、埋立承認の取消事由となりうるような違法性が認められれば取消権の行使は適法であると解すべきである。逆に、埋立承認にそのような違法性が認められなかったり、承認取消しが信義則違反に当たるような場合に承認取消しは違法となると解すべきであろう。

　仮に承認取消しが違法ではないとしても、前記(1)で見たように、翁長知事による承認取消しが著しく適正を欠き、かつ、明らかに公益を害していると認められる場合には是正の指示は適法となる。そのような場合とは、是正の指示をすることが真にやむをえないものと客観的に認定されるときであった。

　この要件の該当性を判断するためには、国が主張する公益と沖縄県が主張する承認取消しの必要性を比較考量して、国による是正の指示が真にやむをえないものと客観的に認定される必要があると解される。

　本件では、国が主張する公益とは、普天間基地の危険除去の必要性があること、普天間基地の辺野古移転が日米間で合意されたことなどである。これに対して沖縄県が主張する取消しの必要性の根拠は、埋立承認の違法性に関する論点を除けば、沖縄には既に全国の米軍基地の74％が集中しているのに新たな負

---

29) ただし、処分の根拠法規に取消事由を定める規定があり、取消しできる場合をこれに限定する趣旨と解されるときは、取消事由に該当するときに限って取消し、撤回ができると解される。

担を課すのは不当であること、選挙や世論調査によると沖縄県民は辺野古新基地建設にまったく納得していないことなどである。[30]

これらの比較考量が困難であることは明らかである。しかし、普天間基地の危険除去の必要性があり、日米間で辺野古移転が合意されたとしても、沖縄県民への説明を尽くしていないために県民の理解を得ることなく新基地建設を進めることは、沖縄県の自主性および自立性を損ない、地域の自己決定を妨げるといわざるをえないであろう。

是正の指示が真にやむをえないものといえるためには、国内外を問わず沖縄県外への移転は不可能であること、辺野古新基地建設が外交的、軍事的に不可欠であることについて国が説明責任を果たし、県民の理解が進むことが必要である。私見によれば、このような説明責任を果たすことなく行われた是正の指示は、真にやむをえないものと客観的に認定することはできないはずであり、よって違法と解すべきである。

(4) どのような決定・勧告が考えられるか

国に有利な決定としては、普天間基地の危険除去や日米間の合意は重要であるなどの理由により、翁長知事のした承認取消しは違法であるか、著しく適正を欠き、かつ、明らかに公益を害していると認められるから、是正の指示は適法であるとして、その旨を通知し、公表する（自治法250条の14第2項）ことが考えられる。この場合、執行停止決定に対する審査の決定のように、是正の指示が一見明白に不合理でない限り委員会が是正の指示を覆すことは予定されておらず、是正の指示は一見明白に不合理とはいえないから適法であるとして、その旨を通知し、公表する（同）こともありうる。

沖縄県に有利な決定、勧告としては、仲井眞前知事のした埋立承認は判断過程が不合理であることなどにより違法と解されるから、翁長知事のした承認取消しは適法であり、よって是正の指示は違法であるとして、国に是正の指示の取消し、および埋立承認申請のやり直し（または国と沖縄県の話し合いの継続）を

---

30) 過剰な基地負担と沖縄県民の強い反対という問題は、ここでの比較考量の要素としてだけではなく、公水法4条1号の「国土利用上適正且合理的」という要件の充足性の判断の際にも考慮要素となりうる。

勧告する（同）ことが考えられる。

　この他に委員会が調停案を作成して受諾を勧告することもありうる（自治法250条の19）。この場合は、是正の指示の違法性には触れずに、埋立承認申請のやり直しや話し合いの継続を勧告することも可能と解される。

おわりに

　本稿では辺野古新基地建設問題をめぐり、実際に沖縄県から審査の申出がなされた事例に基づいて国地方係争処理委員会の役割を検討してきた。委員会は三権分立による制約を受ける裁判所以上に柔軟かつ踏み込んだ審査を行うことが可能であり、この権限が発揮されれば地方自治の専門機関として国民から大きな信頼が寄せられることになろう。その反面で本稿でも見た政治的・時間的な制約が強く作用すれば、第三者による審査という儀式を行って国の方針を追認する機関にとどまる可能性も存在する。[31]

　実際には委員会はこれらの間のもっとも適切な位置を模索していくことになると思われる。その際に委員会が設置された背景にある現在の地方自治法の基本理念が重要な指針となることは疑いがないであろう。それは、国と地方は対等であり、地方公共団体の自主性・自立性や自己決定を尊重するという理念である。

（たけだ・しんいちろう　成蹊大学法科大学院教授）

［付　記］
　本稿脱稿後の2016年6月20日付で是正の指示に対する審査の申出について委員会（国地方係争処理委員会）の決定が出されたので、その内容を検討しておきたい。事実関係と基本的な問題点は前記4「是正の指示に対する審査の検討」でみたとおりである。
　委員会の結論は、本件是正の指示が自治法245条の7に適合するかどうかに

31）　争点を隠したり、多数が反対している議案を可決することにより、実は選挙や議会も儀式化しているのである。

ついては判断しないというものであった。

　その理由は、「国と沖縄県の両者は、普天間飛行場の返還が必要であることについては一致しているものの……、辺野古沿岸域の埋立による代替施設の建設については、その公益性に関し大きく立場を異にしている。両者の立場が対立するこの論点について、議論を深めるための共通の基盤作りが不十分な状態のまま、一連の手続が行われてきたことが、本件論争を含む国と沖縄県との間の紛争の本質的な要因であり、このままであれば、紛争は今後も継続する可能性が高い。……国と沖縄県との間で議論を深めるための共通の基盤づくりが不十分な現在の状態の下で、当委員会が、本件是正の指示が地方自治法第245条の7第1項の規定に適合するか否かにつき、肯定又は否定のいずれかの判断をしたとしても、それが国と地方のあるべき関係を両当事者間に構築することに資するとは考えられない」ので、「当委員会としては……、国と沖縄県は、普天間飛行場の返還という共通の目標の実現に向けて真摯に協議し、双方がそれぞれ納得できる結果を導き出す努力をすることが、問題の解決に向けての最善の道であるとの見解に到達した」からであるとされている。

　本決定は、自治法の規定からみるときわめて異例なものである。同法250条の14第2項は、法定受託事務に関する国の関与（本件では是正の指示）が違法でないと認めるときは、理由を付してその旨を国の行政庁および地方公共団体の長に通知するものとし、国の関与が違法であると認めるときは、国の行政庁に対して理由を付し、期間を示して必要な措置を勧告するとともに、その内容を地方公共団体の長に通知するものとしている。つまり、委員会はまず是正の指示が違法かどうかを判断することが決定および勧告の前提となっているが、本決定は違法性の判断を回避し、同項が定める本来の措置をとらなかった。

　また、委員会は同法250条の19第1項の調停案を作成して受諾を勧告することにより、是正の指示の違法性を判断せずに協議の継続を勧告することができるが、本決定は同項が定める措置もとっていない。

　このように本決定は自治法が規定している措置をとらず、同法が直接には想定していない異例の判断を行ったが、それは委員会の政治的、時間的限界によるものであろう。委員会は是正の指示の適法性を判断する権限を有しているが、本件の是正の指示の適法性について判断をすることの影響はきわめて大きいの

で、委員が明確な判断を示すことを躊躇したり、その正当性に疑問を抱くことにはやむをえない面があると思われる。また、本件の是正の指示の適法性を判断するためには翁長知事のした埋立承認取消しの適法性について慎重な審査を行う必要があるが、非常勤の委員が90日でその作業を行うことにはもともと無理がある。

　他方で本決定は国と沖縄県の間の共通の基盤づくりが不十分であり、現時点で委員会が是正の指示の違法性について判断したとしても国と沖縄県のあるべき関係を構築することに資するものではないと指摘しているが、この点はもっともであり、傾聴に値する。確かに現時点で委員会が是正の指示の適法性について判断を行い、あるいはたとえ裁判所の判決が示されたとしても、沖縄県民が納得し、かつ普天間基地の返還が実現する解決策が見い出される保障はない。これまで国は埋立承認取消しの執行停止、代執行のための訴訟提起、是正の指示など強権的な法的措置を次々にとるだけであり、沖縄県もこれに対抗する法的措置に追われ、県民の理解を得られる解決を模索するための話し合いはほとんど行われてこなかった。本件を解決するためには、委員会が求めているように国と沖縄県の真摯な協議の継続こそが不可欠なはずである。

　しかし、委員会が協議の継続を必要と考えるのであれば、それが可能となるような勧告を行う必要があり、それは可能だったのではないだろうか。翁長知事は仲井眞前知事のした埋立承認には十分な理由が示されておらず、判断過程に過誤があり、よって違法であるとして取り消している。翁長知事は埋立承認の適法性を審査する検証委員会を設置して十分な検証を行って埋立承認を取り消したのに対し、国の代執行訴訟の訴状や是正の指示の理由をみると、国は検証委員会の検証の誤りを具体的に指摘しているわけではなく、翁長知事のした埋立承認取消しに裁量権の逸脱・濫用があり、違法であることについて十分な理由を示していないといわざるをえないように思われる。

　そうだとすれば、国土交通大臣による是正の指示は、都道府県の法定受託事務の処理（本件では埋立承認取消し）が「法令の規定に違反していると認めるとき、又は著しく適正を欠き、かつ、明らかに公益を害していると認めるとき」（自治法245条の7第1項）に該当することについて十分な理由を示さずになされたものであり、この点に瑕疵があって適法性を肯定することはできないと解さ

れる。よって、委員会は是正の指示の理由不備ないし判断過程の過誤を理由として違法性を認め、是正の指示が違法である以上は指示の対象となった埋立承認取消しが違法であるということはできないから、国はいったん埋立承認の申請を取り下げ、申請をやり直すことを勧告することが適当だったのではないだろうか。自治法250条の19第1項の調停案を作成すれば、是正の指示の違法性については判断せずに申請のやり直しを勧告することも可能である。

　この場合、是正の指示および仲井眞前知事のした埋立承認の判断過程の過誤が認定されたのであって、辺野古埋立の実体的な違法性が認定されたのではないから、国が計画する辺野古新基地建設が不可能となるわけではない。再申請の手続において国は埋立の必要性および公水法との適合性についてかなり高度な説明責任を果たすことが求められるが、それは本来必要なことであり、前知事の埋立承認の際にはそれが欠けていたからこそ紛争がますます激化していることを忘れるべきではないであろう。

　この措置は実質的に是正の指示の違法性を判断することになるから、結局、前記の委員会の政治的・時間的な限界を超えるものであり、「ないものねだり」にすぎないのかもしれない。とはいえ、委員会が求める真摯な話し合いの継続を実現するためのもっとも効果的な（あるいは唯一の）措置であることは否定できないはずである。

第 7 章

埋立免許・承認における
裁量権行使の方向性

亘理　格

1　はじめに——本稿の趣旨

　辺野古崎周辺海域の埋立問題をめぐっては、仲井眞前知事による埋立承認と翁長知事によるその取消し、および当該職権取消しに対する国土交通大臣による是正の指示という一連の過程を通して、当該埋立計画が公有水面埋立法4条1項所定の基準を満たすか否かが、一貫して争われてきた。

　公有水面埋立法4条1項は、都道府県知事による埋立免許権限の行使に対して、1号以下の免許基準をすべて満たさなければ免許を与えてはならないという拘束を課す一方、1号以下の基準をすべて満たした場合でも、他の必要かつ適切な条件を考慮することにより免許を拒否する可能性を認める趣旨の規定であると解される。つまり、当該免許権限は、免許拒否の方向への裁量的判断の可能性が広く認められるという意味で、片面的裁量権が法律で認められた権限というべきものである。本稿では、1973年の公有水面埋立法改正による4条1項導入の経緯の検証等を通して、以上の点を明らかにするとともに、同項各号の免許基準、とりわけ1号と2号に明示された各基準および「公益上の必要性」に関する解釈運用のあり方についても検討する。以上の検討を通して、埋立免許または承認の際の知事の審査はいかにあるべきか、またいかなる場合に違法となるかが、明らかとなるであろう。

2　4条1項の立法経緯

(1)　1973年公有水面埋立法の一部改正

　公有水面埋立法は、公有水面の埋立ての免許（2条）に関する基準を4条に定めるとともに、国による埋立てに対する承認（42条1項）の際の基準として、4条の規定を準用する（同条3項）。したがって、4条各項の規定は、埋立ての免許と承認に共通の基準たる性格を有するため、以下で「免許基準」という場合は、承認の場合の基準も含めた共通の基準を指すことにする。

　そして、本稿の主たる検討対象は4条1項に定められた免許基準であるが、以下に述べるように、同項および第2項は、1973年の法律84号（昭和48年9月20日公布）による改正（以下、「1973年改正」）により公有水面埋立法に追加された規定である。したがって、以下ではまず、同改正以前における免許基準の定めがいかなるものであり、また4条1項および2項の追加により、従前の4条の規定はどのようになり、現在の4条全体の規定はどうなっているかを、専らその立法経緯を確認するという意味で明らかにすることにしたい。

　なお、以下で単に「法」という場合は、公有水面埋立法を指す。

(2)　改正前――漁業権や水利権等の権利者保護のための免許基準

　1921年に制定・公布された公有水面埋立法（大正10年4月9日公布・法律第57号）には、現在の4条1項および2項に当たる規定は存在しなかった。当時の4条には、現在の4条3項に相当する規定が、以下のように定められていた。

> 第4条　地方長官ハ埋立ニ関スル工事ノ施行区域内ニ於ケル公有水面ニ関シ権利ヲ有スル者アルトキハ左ノ各号ノ一ニ該当スル場合ヲ除クノ外埋立ノ免許ヲ為スコトヲ得ス
> 　一　其ノ公有水面ニ関シ権利ヲ有スル者埋立ニ同意シタルトキ
> 　二　其ノ埋立ニ因リテ生スル利益ノ程度カ損害ノ程度ヲ著シク超過スルトキ
> 　三　其ノ埋立カ法令ニ依リ土地ヲ収用又ハ使用スルコトヲ得ル事業ノ為必要ナルトキ

　当該規定は、その後、1973年改正までそのまま存続する。1973年改正により、

当該規定は4条3項として残されたが、その際、柱書きの中で、「地方長官」が「都道府県知事」に改められ、「アルトキハ」の下に「第1項ノ規定ニ依ルノ外」が加わり、「ヲ除クノ外」が「ニ非ザレバ」に改められたにとどまり、1号から3号までの規定はそのまま存続した。他方、新たに、現在の第1項および第2項に相当する規定が追加された。そして、1973年改正以降今日まで、第1項の規定はそのまま存続し、第2項の規定もほぼそのままであり、当時の「命令ヲ以テ之ヲ定ム」が現在の「国土交通省令ヲ以テ之ヲ定ム」に改められたにとどまる。

したがって、1973年改正前の免許基準に関しては、現在の4条3項に相当する規定のみが置かれていた。当該規定は、「埋立ニ関スル工事ノ施行区域内ニ於ケル公有水面ニ関シ権利ヲ有スル者アルトキハ」という柱書の文言から明らかなように、直接的には、施行区域内の公有水面について漁業権や各種の水利権を有する者の権利保護を図るための免許基準を定めたものである。

(3) 公益上の適正確保のための免許基準新設の必要性──改正前の通達から

もっとも、1973年改正前の免許基準には、埋立事業の公益的側面に関係する内容も含まれており、権利者保護の視点のみから当該免許基準の適切な運用が可能と解されたわけではない。なぜなら、権利者の「同意」を得ることを要件とする同条1号の規定は、専ら権利者保護のみを意図した規定と捉えることができるが、同条2号は、埋立てによって生ずる「利益ノ程度」と「損害ノ程度」を比較し前者が後者を「著シク超過スル」ことを要求する基準であるので、当該基準の中には、埋立てによって生ずる公共的利益の程度とそれによって私的または公共的な諸利益に生ずる損害の程度とを比較対照するための手がかりが、既に含まれていた。また同条3号は、土地収用の対象となりうる事業の用地取得のための埋立てを可能とする規定であるので、埋立免許の基準を満たすか否かの判断に際して、埋立後に予定される事業が公共の利益の実現に寄与するものであるか否かの判断を必要とする規定であった。

そして、当時の所管官庁が発出した通達においても、以下にみるように、収用事業の実施のために行われる事業等、「公共の利益に寄与する」事業を優先的に免許の対象とする旨の指針が、明確に示されていた。

すなわち、1965年に「公有水面の埋立ての適正化について」と題して発せられた通達（1965・9・1港管第2021号、建河発第341号、港湾局長・河川局長から港湾管理者の長・都道府県知事あて「公有水面の埋立ての適正化について」）は、「埋立ての免許又は承認は、原則として、次に掲げるものについて行うものとすること」とした上で、免許または承認を付与してよい事業として、①「法令に基づき土地を収用し又は使用しうる事業のため必要な埋立て」、②「国又は公共団体が行なう埋立て」、③「①に掲げるもののほか私人が行なう埋立てで公共の利益に寄与するもの」を挙げていた。当該通達は、当時、免許された時点での使用目的とは異なる使用目的への埋立地の無断転用が問題化していたことに対する対策として、発せられたものであり、埋立免許一般を対象として想定し発せられたものとはいい難い。しかし、上記①ないし③に示された事業は、いずれも公益性の高い埋立事業であり、このように高い公益性を有する事業に対する免許付与へと傾斜した免許権限の行使を、指針として明示するという当該通達の姿勢は、この時点で既に、専ら権利者保護のみの視点から埋立免許の基準を解釈運用することが、当時の埋立事業の実態やそれが社会に及ぼす影響の大きさに適合しないものになっていたことを物語っている。

　以上のように、免許基準に関する規定を権利者保護のための規定だけにとどめていた1973年改正前の4条の規定は、公有水面埋立に関する免許基準に関する規定として不十分であることは、既に明らかであった。1973年改正により新たに追加された4条1項と2項の規定は、そのような改正以前において不十分であることが既に明らかとなっていた点を、法律の規定上明確化しその欠缺を埋めようとするものにほかならなかったといえよう。

3　4条1項柱書きの解釈運用における裁量性

(1)　裁量的判断および裁量審査の作法

　以下に論ずるように、公有水面埋立法4条1項は、都道府県知事による埋立免許権限の行使に対して、1号以下の免許基準をすべて満たさなければ免許を与えてはならないという拘束を課す一方、1号以下の基準をすべて満たした場合でも、他の必要な条件を考慮することにより免許を拒否する可能性を認める

趣旨の規定であると解される。換言すると、「免許を為す」場合（免許を与える場合）と免許を為さない場合（免許を拒否する場合）との間に裁量的判断の幅に差があることを認め、免許を与える局面については裁量的判断の余地を否定しまたはほとんど認めないのに対し、免許を拒否する局面については、幅広い裁量的判断の余地を認めている。

その理由は、後述(2)において論ずるとおりであるが、その前に、後述の(2)の(a)〜(c)において論じられる事項をなぜ考慮に入れなければならないかについて、共通の了解を得る必要がある。そこで、以下では、まず、裁量的行政判断およびそれに対する裁判所の裁量審査はいかに行われるべきであり、また、その際いかなる事項が考慮されるべきかにつき、一般的な考え方を提示しておくことにする。

すなわち、行政庁の裁量的判断および当該判断に対する裁判所の裁量審査においては、根拠法規その他の関連法令の規定文言に着目する必要があるが、同時に、それのみによることなく、当該法令の趣旨目的および当該法令の規律対象となっている事柄の性質を総合的かつバランスよく勘案する必要がある。とりわけ、当該規律の対象となっている事柄が人の権利自由を侵害しまたは人の法的地位を一方的に形成変動する性質のものである場合には、そのような事柄の性質上、裁量的な行政判断の可能性は可能な限り狭く限定して解釈する必要がある。さらに、行政庁の裁量的判断を適切に行うには、まずは関係法規の実体法的な面に着目する必要があるが、同時にその手続法的な面をも考慮する必要があるのであり、実体法的側面と手続法的側面の双方にバランス良く目配りした判断を行わなければならないのである[1]。

以上のような考え方は、行政庁が裁量的判断をなす際に、また裁判所が裁量審査を行う際に要請される基本的な作法というべきものである。そこで、以上のような基本的作法を公有水面埋立法4条1項の解釈運用における行政裁量の問題に当てはめた場合に、いかなる結論が導かれることとなるだろうか。本節

---

1) 本文で論じた、行政庁の裁量的判断および裁判所による裁量審査において共通に妥当すべき「裁量審査の作法」を詳しく論じるものとして、曽和俊文・山田洋・亘理格『現代行政法入門〔第3版〕』（有斐閣、2015年）156-157頁（亘理執筆）、特に157頁の発展問題9-②を参照されたい。

の冒頭に述べたことがその結論であるが、その理由は以下に詳細に論ずるとおりである。

(2) 片面的裁量権の付与

以下の理由から明らかなように、公有水面埋立法4条1項は、都道府県知事による埋立免許権限の行使に対して、1号以下の免許基準をすべて満たさなければ免許を与えてはならないという拘束を課す一方、1号以下の基準をすべて満たした場合でも、他の必要な条件を考慮することにより免許を拒否する可能性を認める趣旨の規定である。免許を付与する局面での裁量的判断は否定されまたはごく狭く限定されるのに対し、免許を拒否する局面での裁量的判断は幅広く認められる。4条1項の規定は、そのような趣旨の規定であると解される。以下では、その理由を3つの視点から提示することにしよう。

(a) 第1の理由——法4条1項の規定態様

法4条1項の免許基準の定め方は、同項各号所定の基準に「適合スト認ムル場合」以外には「埋立ノ免許ヲ為スコトヲ得ズ」というものであり、免許を拒否しなければならない場合を明示的に定めることを通して、免許をなしうる場合を同項各号所定の基準に即した判断によって制約するという規定態様を採用している。その反面、免許拒否をなしうる場合を明示的に制約する趣旨の規定を定めていない。後述のように、4条1項は1973年の法改正によって付加されたものであるが、同様の免許基準の定め方は、改正前からの規定である同条3項において、同法制定時から採用されていた。4条1項は、そのような改正前からの規定態様を、新たに追加された免許基準との関係でも引き継いだことになる。

行政裁量の存否に関する伝統的な見解の1つである文言説の立場からみると、以上のような規定態様は、免許を付与する方向への行政判断に対しては厳格に対処し、その判断における自由裁量の余地を厳しく制約するのに対し、免許を拒否する方向への行政判断に対しては自由裁量の余地を広めに認め、仮に4条1項所定の基準を満たすと認めうる場合であっても、同項所定の基準に明示的には示されていないさまざまな公益的利益や事項を考慮した結果、免許拒否の結論に到達する可能性を認める趣旨の規定であると解される。

もっとも、既に述べたように、今日における行政裁量論が到達した考え方からすると、以上のような文言説の考え方だけで割り切ることは適切ではなく、規定文言以外の様々な面への目配りが不可欠である。しかし、行政の裁量的判断および裁判所による裁量審査も法令解釈の一環として行われるものである限り、法律の規定態様を無視ないし軽視することは許されない。特に、公有水面埋立法4条1項および3項のように、行政処分の要件と効果が対応する形である程度具体的に定められ、その意味で「要件効果規定」としての実質を具えた定め方がされており、しかも、効果に関して「できる」規定が採用されているという場合、当該法定要件が満たされたならば当該行政処分権限の行使が一定の結論に向かって拘束され、裁量的判断の余地が否定されまたはほとんど認められない局面と、当該法定要件を満たした場合でも裁量的判断の余地が広く認められる局面とがありうると、行政法学では、一般に考えられてきた。
　そのような考え方を明確に提示する代表的学説として、小早川光郎教授の行政法体系書における論述を、以下に参照することにしよう。[2]
　小早川教授によれば、上述の意味での要件効果規定の一種として、「"できる規定"（Kann-Vorshrift）すなわち、前提 p が満たされるならば行政機関は処置 x を取ることができる」という規定が採用されている場合、そのような規定は、「通常……反対解釈により、"前提－p（p が欠けていること）があれば処置 x を取ってはならない"の意味を含むと解され」てきたとされる。そして、このような場面で、行政機関の判断は「特定の方向に覊束される」とされる。つまり、公有水面埋立法4条1項および3項のように、一定の要件を満たさなければ免許・承認はなしえず、当該要件を満たした場合には免許・承認をなすことができるという規定がある場合、かかる規定の反対解釈として、当該要件を満たさない場合には、免許・承認を行ってはならないという結論が導かれるべきであって、その点で、当該免許・承認権限は覊束されているというのである。では、同様の「できる規定」の下で、逆に当該要件が満たされている場合、行政庁は当該処置をとらなければならないのだろうか、それとも、当該処置をとらなくてもよいのだろうか。そのような場合に当該処置をとらなくてもよいとすれば、

---

　[2]　本文で参照した小早川教授の所説については、小早川光郎『行政法講義　下Ⅰ』（弘文堂、2002年）18頁以下、特に19-20頁。

当該行政機関の権限には自由裁量が認められたことになるであろう。この問題について、小早川教授は、このような場合、「前提 p が満たされている場合には処置 x を取らなければならないのか、それとも処置 x を取らなくてもよいのかは、それぞれの規定ごとの趣旨解釈の問題に帰着すると考えられる」と述べており、要件がすべて満たされた場合の当該処置の権限行使が羈束されているか、それとも自由裁量の余地が認められるかという問題は、個別法規定ごとの趣旨解釈により決せられるとされるのである。そして実際、個別法規定の趣旨解釈により、仮に「処置 x を取らなくてもよい」という結論が導かれたとした場合、当該要件効果規定を適用しただけでは「判断が完結しない」こととなるわけであるから、この場面での行政機関の判断には自由裁量が認められたということになるわけである。

では、公有水面埋立法4条1項の規定については、この問題をどのように解すべきなのだろうか。同項に明示的に定められた基準をすべて満たしたという場合でも、都道府県知事には、それ以外の事項を総合的に考慮した結果免許・承認を拒否することがありうると解すべきなのだろうか。この問題に対して適切な解答を導き出すには、上述のような当該規定の規定構造を考慮する必要があることはいうまでもないが、他方、当該規定を取り巻くさまざまな事情、とりわけ規定の適用対象である事柄の性質、および当該規定制定の趣旨をも参照しなければならない。つまり、一方では、そもそも公有水面の埋立てという事柄がいかなる性質のものであり、また埋立免許とはいかなる性質の行為であるのかを明らかにしなければならない。また他方で、同項は1973年改正によって新設された規定であることにかんがみるならば、改正当時における同項新設の趣旨目的をも明らかにしなければならない。

そこで、次に、(b)において、公有水面の埋立てという事柄の性質と埋立免許という行為の性質について検討し、しかる後、(c)において、1973年改正時に4条1項が新設された趣旨目的を検討することにしよう。

(b) **第2の理由**
　　——**公有水面埋立てという事柄および埋立免許という行為の性質**

行政行為の伝統的な分類論に従えば、公有水面埋立免許は、公有水面を埋め立てるという、申請者が元来有しているのではない権利を、一定基準を満たす

ことを条件に付与する権利形成的な行為であるという意味で、特許ないし設権行為と解されてきた。特許法に基づく「特許」との混同を避けるため、以下では、設権行為という用語を用いながら、公有水面埋立事業および埋立免許の性質を特に行政裁量との関係に的を絞って検討することにする。

伝統的な分類論に従えば、設権行為は、相手方が元来有しているのではない権利や法的資格や能力を創設的に付与する行為であるので、原則として、広い範囲の自由裁量が認められうる行政行為である。この点で、警察許可その他の許可が、元来人が有している権利や自由を剥奪または制限するものであることから、法律の規定の有無やその詳細度の差違に関わりなく自由裁量の余地が否定され、またはその範囲が狭く限定的に解されてきたのとは対照的である。

以下にみるように、以上のような考え方は、わが国の戦前の行政法学において採用され、基本的に今日まで受け継がれてきたものであり、その意味において行政法学の共通了解に属する考え方であるというべきものである。そのような考え方を端的に示す古典的な一例として、美濃部達吉の議論を参照することにしよう。

美濃部によれば、経済活動に関する営業許可のような警察許可の際の裁量について、「警察許可に於ける官廳の裁量權は、自由裁量ではなく、覊束せられた裁量であつて、假令法令の明文を以つて審査すべき點が何に在るかを明示して居らぬとしても、許可せらるべき行為の性質と社會事情とに照らして、審査を要する事項は、法律上當然に定まつて居るものと見るべき」だとされる。そして、このような覊束裁量權については、行為の性質や社会事情等に照らして、審査を要する事項として定まった諸点を審査した結果「社會上障害を生ずる虞なしと認むべき場合には、許可を與へねばならぬ拘束を受ける」と結論づけた。[3] ここでは、警察許可における裁量が覊束裁量にとどまるものであることが、法律上の要件を満たす場合には「許可を與へねばならぬ拘束」を受けるという形で現出しているわけである。では、逆に法律上の要件を満たさない場合、警察許可権限はどのように行使されるべきだろうか。その場合は、「社會上障害を生ずる虞」があることから、許可してはならないという拘束を受けることが、

---

3) 美濃部達吉『日本行政法　下巻〔再版〕』（有斐閣、1986年復刻版、初版第1刷1941年）117頁。

当然の了解事項とされていると解される。そして、以上の考え方が今日でも妥当することは、上掲((a))の小早川教授の解説において、反対解釈が妥当すべき場合として論ぜられていたとおりである。

　これに対し、「行政行為に依り人民に新なる権利又は利益を授与する場合」、つまり公企業の許可や鉱業権の設定等のようないわゆる設権行為に当たる場合はどうであろうか。美濃部によれば、このような場合、「法律の特別の規定が有るか又は其の明白な規定が無くとも当然其の趣意を推定し得べき場合の外……行政官庁は一般にはこれを授与せねばならぬ義務が有るのではなく、随つてこれを授与するや否やは其の自由裁量に属し、これを授与しないとしても違法とみるべきではない」ということになる。ここでは、免許等の申請が法律上の要件を満たす場合であっても、免許等を与えないという方向への裁量的判断の余地が認められているのである。

　では、公有水面埋立ての免許権限については、どのように考えるべきなのだろうか。

　公有水面という対象物とその埋立てという行為の性質を検討する際に真っ先に考慮すべきであるのは、公有水面は国民の共通資産であり、それを埋め立てる権利は、個々人が元来有しているものではないという特質である。また、今日特に重視しなければならないのは、公有水面の多くは自然環境の一部として国民共通のまたは国境を越えたグローバルな資産としての価値を有するという点である。以上のような他に比べることのできない高度の公益性を有する資産である限り、元来の権利者ではない個々の人による埋立てについて免許を付与するか否かの判断には、当該公有水面の特質と稀少性を十分に配慮した特に慎重な判断が要請される。そのような視点から埋立免許における裁量の存否と程度を考えるならば、免許を行うか否かの判断に際しては、免許基準として明示的に定められた規定を適切かつ厳正に運用する必要があるのはいうまでもないが、同時に、上述のような公有水面の埋立てという事柄の性質を慎重に考慮した結果、免許拒否という結論が正当と評価されるべき場合がありうることとなるわけである。

4）　美濃部達吉『日本行政法　上巻』（有斐閣、1986年復刻版、初版第1刷1936年）171頁。

もっとも、一般的にいえば、設権行為たる性格を有する行政行為であっても、拒否処分をなす局面での裁量的判断が常に広く認められるわけではない。上掲((a))の小早川教授の解説でも述べられていたように、法令上明示された基準をすべて満たした場合において、なおも拒否処分をなしうるか否かの判断は、最終的には個別法律規定の趣旨解釈によらなければならない。またそのような判断の際には、当該行為によって影響を受ける事柄や権利の性格をも併せて斟酌する必要がある。一例として、生活保護の開始決定や公務員の任用等のように、個別法分野の法律でその要件や効果が詳細かつ具体的に定められている場合や、生存権や教育を受ける権利等のように憲法上保障された権利の実現のための行政行為である場合等には、自由裁量は否定されまたはその範囲が狭く限定的に解すべきだとされる場合もありえよう。元々有していない権利や法的資格等の付与であるという設権行為の特質に考慮を払いつつ、根拠法規その他の関係法令の規定、対象となる権利利益の性質や憲法上の位置付け等も適切に勘案した判断が必要とされるのである。

　一般的には、以上のように考えるべきである。しかし、法4条1項の免許基準に関する規定の場合は、どのように解すべきなのだろうか。以下にみるように、1973年の法改正時における4条1項新設の経緯を勘案するならば、同項所定の免許基準の解釈運用に関しては、明示的に定められた基準がすべて満たされた場合でも、裁量的判断を通して免許を拒否すべき場合が広く認められると解すべきなのである。

(c)　第3の理由——法4条1導入の背景と趣旨目的

　免許基準に関する現在の公有水面埋立法の規定は、工事施行区域内の公有水面に権利を有する者の権利利益保護の視点から定められた免許基準（4条3項）とそれ以外の視点から定められた免許基準（同条1項）とが、区別して定められているという特徴を有する。上述のように、このような規定態様がとられたのは、同法制定時（1921年）には漁業権者や水利権者等の権利者保護の視点からの免許基準が定められるにとどまっていたのに対し、1973年の同法改正時に、それ以外の視点からの免許基準が追加された、という経緯による。なお、以下で「権利者保護」という場合は、漁業権者や水利権者等の権利者の保護を意味している。

では、1973年の法改正において権利者保護以外の視点からの免許基準が導入されたのは、いかなる理由によるものであろうか。それは、権利者保護の視点からの免許基準のみでは、埋立事業に対する免許の許否判断の合理性や妥当性を確保しえないことが明らかであり、かかる許否判断の合理性や妥当性を確保するには、免許申請の対象事業が公益上の必要性を有し、当該埋立事業が、当該公有水面の地理的条件や自然条件およびその本来的用途等に照らして適正かつ合理的なものであり、中でも環境保全や災害防止にとって必要かつ十分な配慮を尽くしたものである等、権利者保護以外の視点から定められた基準を満たす必要があると考えられたことによる。こうした新たに追加された免許基準は、総じていえば、埋立事業の実施が国土開発や産業経済振興の面でもたらしうる事業的ないし産業経済的な諸利益とは異なった公共の諸利益の保護を念頭に付加された基準であり、当該埋立事業の実施により損なわれるおそれのある多様な諸利益（国土や地域の公有水面利用における適正・合理性、環境保全や災害防止、道路、鉄道、港湾施設等の基盤施設の賦存状況との関係での適正性、事業主体の資力や信用に照らしての妥当性等）の保護を目的としたものである。

　1973年改正前の公有水面埋立法に対しては、当時における埋立事業の大規模化、例えば大規模コンビナート立地のための埋立てのように、埋立完了後における民間事業者等への分譲を目的とした事業の増加、およびこれらの事象に伴う公害その他の環境問題の深刻化に対して、適切に対処しえていないという批判が投げかけられていた。1973年改正は、このような事態に対して適切に対処するための拠り所として、公有水面埋立法による規制の強化を目的として行われた。衆議院本会議において改正法案の提案理由およびその要旨説明のため登壇した金丸建設大臣（当時）も、「政府におきましては、近年における社会経済環境の変化にかんがみ、公有水面の適正かつ合理的な利用に資するため、その埋め立ての適正化につとめてまいったところでありますが、特に自然環境の保全、公害の防止、埋め立て地の権利移転または利用の適正化等の見地から、公有水面埋立法の規定が不十分である旨、関係各方面からの指摘もなされているところであります」と述べて、当該法改正による規制強化の正当性を強調し

5）　石井正弘（建設省河川局水政課）「公有水面埋立ての規制の強化」時の法令857号（1974年）9頁。

では、改正理由として重視された自然環境の保全や公害防止について、より具体的にはいかなる問題に対処することが意図されていたのであろうか。同法の所管庁である建設省（当時）の担当官による当該法改正に関する解説文によれば、埋立事業が環境保全に対して悪影響を及ぼす点として挙げられた問題点は、以下の3点に及ぶ。第1の問題は、「埋め立てること自体による環境問題」であり、埋立事業による海面の消滅、自然海岸線の変更、潮流の変化、および埋立工事により海水汚濁や漁族資源に支障が及ぶこと等である。第2の問題は、埋立地に立地することとなる工場等の「用途による公害の発生」であり、象徴的な例として四日市公害が特筆された。第3の問題は、「埋立てができ上がった後の規制の問題」であり、埋立地の分譲に対する規制が不十分であるため、「国民共有の資産である公有水面を安く払い下げた」という事態や、安易な「転々譲渡」や、当初の用途とは異なる用途への供用などの事態が生じがちであり、改善すべきであるとの指摘が「各方面より」出ていたとされる[6]。

1973年の法改正は、以上のような事態に適切に対処することを目的に掲げて行われたものである。そこで、以上のような改正目的を前提に、4条1項の規定の趣旨について検討することにしよう。上記の金丸建設大臣（当時）の提案理由によれば、当該規定案は、埋立免許の基準の要件の明確化を意図したものであるとされた（前掲・衆議院法制局・第71回国会制定法審議要録226頁）が、衆議院建設委員会における委員長報告においては、そのような免許基準の「明確化」の域にとどまらず、「埋立ての免許の基準を法定し、国土利用上適正かつ合理的であること、環境の保全または災害の防止に十分配慮されたものであること等の要件に適合しないときは、免許をなし得ないこととしております」と述べられていた（同上227頁）。4条1項の基準に適合しない限り「免許をなし得ない」という趣旨を明確化したものであり、その意味での規制強化の重要性が強調されている点が肝要である。また、上記の建設省（当時）の担当官による解説文においても、「免許の際には、この(1)号から(6)号までの基準をすべて満足していることが必要である」として、4条1項各号の基準をすべて満たす

---

6) 石井・前掲注5) 9頁。

ことが、埋立免許を受けるため満たすべき必要条件であることが強調されていたことにも注目すべきである。
[7)]

　以上のように、1973年改正による公有水面埋立法4条1項の規定の導入は、公有水面埋立てに対する従前の免許基準が不十分であり、公害発生や環境破壊に対する有効な抑止機能を果たしえなかったことへの反省を背景に、埋立ての公益上の必要性や自然環境への影響等、権利者保護目的とは異なった新たな免許基準に関する規定の導入を通して、公有水面埋立事業に対する規制強化を図ろうとするものであった。

　上述のように、公有水面埋立法4条1項は、免許という結論を導く可能性を明示的に制約する規定を置く一方、免許拒否という結論を導く可能性を明示的に制約する規定を一切定めていない。このような規定態様は、以上述べたような1973年改正における同項新設の背景と趣旨目的をストレートに反映したものにほかならない。したがって、同項所定の免許基準については、以上のような法改正および4条1項導入の背景および趣旨目的を十分に考慮した、法目的適合的な解釈運用が要請される。

(d)　小括──法律による片面的裁量権の付与

　(a)で述べたように、法4条1項の規定は、各号に明示された基準をすべて満たさなければ免許をなしえないと定めることによって、免許付与の結論を導く可能性を狭く限定する一方、免許拒否の結論を導く可能性を制約する規定を一切定めていない。他方、(b)で述べたように、公有水面の埋立てが国民共通の資産の利用を特別に認める性質のものであり、埋立ての免許とは、行政行為の分類上設権行為としての性格を有するものであることをも考慮するならば、一般に、行政庁の裁量的判断の可能性が広く認められてしかるべき性質のものである。そして、(c)で述べたように、以上のような理解の正当性は、1973年の法改正およびその中で4条1項の規定が新たに導入された背景と趣旨目的によっても裏付けられた。

　以上により、公有水面の埋立免許に関する行政裁量に関しては、埋立免許という結論を導く局面では、免許基準を満たさない事業計画には免許を与えては

---

7)　石井・前掲注5)11頁。

ならないという意味で厳格な解釈運用が要請される一方、免許拒否という結論を導く局面では、根拠規定その他の関連法規が定められた背景や趣旨目的を適切かつ十分に考慮した判断が要請される。その結果、明示的に定められた免許基準を満たす場合であっても、その制定の背景や趣旨目的等を適切に踏まえた解釈の結果として免許を拒否すべき場合がありうるのであり、そのような場合において、逆に形式的な判断に拘泥し免許を付与してしまうならば、法の趣旨目的に照らして当該免許は裁量権の行使を誤る違法な処分だということになる。以上により、公有水面埋立免許権限に関しては、特に免許拒否を導く方向への裁量的な判断の余地が比較的広く認められるという意味で、法律上、片面的な裁量権が認められていると解すべきなのである。

(3) 行政通達による裏付け

　以上に述べたことは、公有水面埋立規制行政を所管する行政庁（旧建設省）自身が、免許基準の運用について、数次にわたり発出してきた複数の通達の積み重ねを通して確立した行政指針によっても、裏付けることができる。

　すなわち、1973年の法改正直後で改正法施行前に、所管行政庁である港湾局長および河川局長が発出した通達（1973・9・27港管第2358号、建設省河政発第75号、港湾局長・河川局長から港湾管理者の長、都道府県知事あて「公有水面埋立法の一部を改正する法律の施行までの間における措置について」）において、埋立ての免許および承認について、「改正法の免許基準等の趣旨にのっとり、慎重に審査すること」等が指示されていた。当該指示は、1973年改正が、「近年における埋立てをとりまく社会経済環境の変化に即応し、自然環境の保全、公害の防止、埋立地の権利処分及び利用の適正化等の見地から所要の改正を行ったものであ」るとの改正理由を踏まえて発せられたものである。

　また、同改正法の施行および同法施行令および施行規則の施行を受けて、港湾局長および河川局長が発出した通達（1974・6・14港管第1580号、建設省河政発第57号、港湾局長・河川局長から港湾管理者の長、都道府県知事あて「公有水面埋立法の一部改正について」）は、改正法の趣旨を受けて「今後の埋立てについては、従来以上に環境保全等に留意しつつ公共の利益に寄与するよう慎重に処理することとされたい」とした上で、免許基準を含む埋立免許および承認のあり方に

関する具体的指針を詳細に指示するものであった。なかでも4条1項の免許基準に関して、同通達は、「埋立ての免許基準の性格について」という表題の下で、以下のように述べている。「法第4条1項各号の基準は、これらの基準に適合しないと免許することができない最小限度のものであり、これらの基準のすべてに適合している場合であっても免許の拒否はあり得るので、埋立ての必要性等他の要素も総合的に勘案して慎重に審査を行うこと」。

ここに引用した箇所では、第1に、4条1項の規定は必要最小限の免許基準を定めたものにとどまること、したがって第2に、同項所定の基準にすべて適合する場合でも免許拒否がありうること、また第3に、免許基準を満たすか否かの判断の中には埋立の必要性に関する判断も含まれることが、明確に示されていたことに注目しなければならない。

なお、これらの通達により示された解釈運用の指針は、行政手続法施行後において、同法5条に基づく審査基準の設定・公表の対象とされていることにも留意しなければならない（1994・9・30港管第2159号、建設省河政発第57号、港湾局管理課長・河川局水政課長から港湾管理者の長、部局長、都道府土木部長あて「行政手続法の施行に伴う公有水面埋立法における処分の審査基準等について」）。

さらに、以上のような数次にわたる通達を踏まえて、現在における埋立ての免許・承認の行政実務において留意すべき「チェックポイント」が定式化されており、その中では、形式審査と内容審査が区別された上で、内容審査に関するチェックポイントとして、①埋立の必要性、②免許禁止基準、③免許権者の免許拒否の裁量の基準、④利害関係人との調整、⑤既存の埋立権との関連、⑥その他という6項目に分けた内容面の審査を行うように指示されている。[8]

中でも、②により、4条1項所定の免許基準が「免許禁止基準」たる性格を有するとの趣旨の明確化が図られていること、③により、②の基準とは別に裁量的判断を通しての免許拒否の可能性が明確化されていることが、免許拒否の判断方向への片面的な裁量権の容認との関係で特に重要である。後者③の中では、「法第4条第1項各号の基準にすべて適合している場合であっても、公益上の観点から免許すべきでないと判断される特別な事由が存しないか」につい

8）「公有水面埋立免許願書の審査におけるチェックポイント」国土交通省港湾局埋立研究会編『公有水面埋立実務便覧　全訂第2版』（公益社団法人日本港湾協会、2002年）387頁以下。

て、重点的に審査する必要性が述べられているのである[9]。

4　個々の免許基準——その解釈運用の方向性

(1)　4条1項各号の位置付け

　法4条1項各号の規定は、埋立事業の実施によって実現される公的または私的な諸利益と対立しまたは調整の必要のある他の公的諸利益との関係で、当該事業が満たさなければならない免許基準を定めた規定である。上述（2(3)）のように、これらの規定はいずれも、漁業権者や水利権者の権利保護との関係においてではなく、専ら公益的な諸利益との適切な調整を図るための免許基準である。中でも辺野古崎埋立問題において特に争点化しているのは、1号と2号の各基準である。

　1号は、「国土利用上適正且合理的ナルコト」を要求する規定である。後述のように、ほぼ同様の判断基準を定めた法律規定例として、土地収用の事業認定の基準の1つとして定められた土地収用法20条3号の規定がある。第2号は、「其ノ埋立ガ環境保全及災害防止ニ付十分配慮セラレタルモノナルコト」を要求するものである。当該各基準の詳細な意味については、それぞれ1号基準、2号基準と呼び、後に検討することにする。

　他方、前項までの検討から明らかなように、公有水面埋立の免許は、4条1項各号の規定をすべて満たしたからといって、直ちに付与されるべき性質のものではない。1973年改正法施行時に港湾局長と河川局長名で発出された上掲通達（1974・6・14港管第1580号、建設省河政発第57号、港湾局長・河川局長から港湾管理者の長、都道府県知事あて「公有水面埋立法の一部改正について」）がまさに適切に指示していたごとく、「法第4条1項各号の基準は、これらの基準に適合しないと免許することができない最小限度のものであり、これらの基準のすべてに適合している場合であっても免許の拒否はあり得るので、埋立ての必要性等他の要素も総合的に勘案して慎重に審査を行うこと」が必要とされる規定なのである。以上の意味で、4条1項各号所定の基準は、埋立免許を受けるために満

---

9)　「公有水面埋立免許願書の審査におけるチェックポイント」前掲注8)400-407頁。

たさなければならない「最小限度」の要件である。したがって、免許付与をなしうるには、1号以下の基準をすべて満たした上で、「埋立ての必要性等他の要素も総合的に勘案して慎重に審査を行う」必要があり、その結果、同項1号以下に明示された基準以外の要件を満たさないことを理由に免許を拒否しなければならない、という場合もありうるわけである。同項1号以下の基準以外に満たさなければならない要件の中で最も重要なのは、上記通達も言及するように、当該埋立が「公益上の必要性」を有するか、という要件である。

さて、辺野古崎周辺海域における埋立事業が免許基準を満たすか、という問題との関係で特に争われるのは、4条1項の明示的規定の中では1号基準と2号基準であり、明示的に定められてはいないが当然の前提として満たすことが要求されるのは、「公益上の必要性」である。以下では、これら3つの免許基準に絞って、その各基準の意味と趣旨目的および各基準の解釈運用における裁量性について、順を追って検討することにしたい。

(2) 1号基準――「国土利用上適正且合理的ナルコト」

4条1項1号は、許可申請に係る埋立てが「国土利用上適正且合理的ナルコト」を要求する。ほぼ同様の判断基準を定めた規定例として、土地収用の事業認定の要件を定めた土地収用法20条3号がある。「事業計画が土地の適正且つ合理的な利用に寄与するものであること」とした当該規定は、1951年に土地収用法（昭和26年法律219号）が制定・公布された当時からの規定である。1973年の公有水面埋立法改正時に、土地収用法20条3号の規定は、既に20年以上にわたる運用実績を重ねていた。また、土地収用法も公有水面埋立法も、公共的施設の設置や公益性の高い開発事業の実施に必要な用地の取得を主たる目的とする点で、共通法分野に属する法律である。以上の点にかんがみれば、1号基準の創設に際して土地収用法の20条3号が参照されたと考えるのが自然である。

そこで、1号基準の意味を適切に把握するため参考にすべき先行立法例として、土地収用法20条3号の解釈運用を参照する必要がある。同規定の解釈運用のあり方については、以下の3点に留意しなければならない。

第1に、土地収用法20条3号要件では、適正かつ合理的な利用への寄与の対象物が「土地の」と規定されているのに対し、公有水面埋立法4条1号では、

適正かつ合理的な利用の対象物が「国土」と定められている。かかる用語の差違は、土地収用の対象物は土地または土地に関する権利や土地上にある立木、建物、その他の定着物等を意味するのに対し、公有水面埋立ての対象物は、「河、海、湖、沼其ノ他ノ公共ノ用ニ供スル水流又ハ水面ニシテ国ノ所有ニ属スルモノ」を意味する（公水法1条1項）ことから、「国土」の用語が選ばれたと解される。ちなみに、土地収用法1条の目的規定では、「もつて国土の適正且つ合理的な利用に寄与することを目的とする」と定められており、ここでいう「国土」の意味について、国土交通省元幹部職員が執筆した浩瀚な逐条解説書では、「抽象的な概念であり、広く、土地のみならず、河川敷地、海底、水、鉱物、温泉等を含む『国土空間』というほどの意味である」と説明されている。[10] つまり、1号基準が「国土」という用語を選択したのは、公有水面の埋立てが「公有水面」を対象とする事業であることによるものであると考えられ、その点で「土地」と「国土」が用語上区別され使い分けられていると考えられるが、同時に、「国土の」適正かつ合理的な利用に寄与することを究極の目的とする点で、公有水面埋立法と土地収用法との間に差違はないことも確認できるのである。

第2に、土地収用法20条3号に関する確立した学説・判例に従えば、収用事業における「土地の適正且つ合理的な利用に寄与するものである」か否かは、当該事業の実施によって生ずる公共的な諸利益とそれによって損なわれる私的または公共的な諸利益との比較衡量により判断されるべきであり、その結果前者が後者を上回るときに初めて、当該事業は「土地の適正且つ合理的な利用に寄与する」と認められることとなる。[11] そして、この考え方を公有水面埋立免許に関する1号基準に応用するならば、申請に係る埋立計画の実施によって実現される公共的な諸利益とそれによって損なわれる公共的または私的な諸利益とを比較対照し前者が後者を上回る時に初めて、当該埋立計画は1号基準を満たすと判断されることとなる。

第3に、以上のような公的または私的な諸利益間の利益衡量を行う際には、

---

10) 小澤道一『逐条解説土地収用法(上)〔改訂版〕』（ぎょうせい、1995年）38頁。
11) 小澤・前掲注10) 270-284頁、亙理格『公益と行政裁量——行政訴訟の日仏比較』（弘文堂、2002年）263頁以下、特に263-264頁。

いかなる次元のいかなる事項や利益を考慮すべきかが問題となる。この点について、1900年（明治33年）の旧土地収用法の規定に関する解釈運用が参考になる。旧土地収用法では現行法20条各号のような規定は存在せず、第1条で単に「公共ノ利益ト為ルヘキ事業」が収用手続の対象となりうる旨定められていたにとどまる。そこで、事業認定の判断に際しては、申請に係る事業が「公共ノ利益ト為ルヘキ」ものと認定しうるかが問題となるが、この点について美濃部達吉は、当該事業が収用手続の適用が可能な種類の事業に該当することのほか、以下2つの要件、すなわち、「第二に其の収用の目的が公益に適するや否や、第三に其の目的の為めに特定の起業地に於いて収用を許すことが公益上適当であるや否や」を、審査しなければならないと論じていた[12]。つまり、収用事業の目的が公益に適するものであり、また申請に係る当該土地を収用対象地とすることが公益に適するという条件を満たして初めて、当該事業は「公共ノ利益ト為ルヘキ」と認定することができるとされたのである。そこで、以上のような考え方を現行土地収用法20条3号の規定に応用するならば、申請に係る事業をもって「土地の適正且つ合理的な利用に寄与するものであること」という要件を充足すると認定するには、第1に、当該事業の目的が「土地の適正且つ合理的な利用に寄与するもの」であると認められること、また第2に、当該事業の目的を達成するために当該申請に係る土地を起業地として収用することが、「土地の適正且つ合理的な利用に寄与するもの」であると認められることが、必要不可欠であるということになる。

　このうち第1の認定の一例として、米軍等の航空施設建設のための土地収用の場合をかりに想定すると、そもそも当該航空施設建設という目的が「土地の適正且つ合理的な利用に寄与するものである」と評価できるかが、都道府県知事により審査されることとなる。他方、第2の判断の中には、当該土地を収用対象地とすることが国土全体の土地利用のあり方として「適正且つ合理的」といえるか、また、収用対象地とその周辺地域における土地利用のあり方として「適正且つ合理的」といえるかという判断が、要求される。後者の判断では、米軍等の航空施設建設のための収用事業により、かけがえのない自然、すなわ

---

12) 美濃部達吉『公用収用法原理』（有斐閣、1936年初版・1987年復刻版）150頁。

ち他の土地の自然によって代替できない性質の自然が失われる場合には、かかる非代替的な高度の自然的価値の喪失可能性があることを理由に、3号要件を満たさないと結論づけられる可能性が生まれるのである。

以上に述べたことと同様の審査は、公有水面埋立免許に関する1号基準充足性の判断、すなわち「国土利用上適正且合理的ナルコト」と評価しうるかの判断にあたっても行われるべきだ、と考えるのが自然である。

(3) 2号基準——「其ノ埋立ガ環境保全及災害防止ニ付十分配慮セラレタルモノナルコト」

4条1項2号は、「其ノ埋立ガ環境保全及災害防止ニ付十分配慮セラレタルモノナルコト」を要求する。

良好な自然その他の環境は、本来人為の及ばないところで永年かけて形成され、今日まで存続してきた存在である。したがって、一度それが失われまたは損なわれるならば、二度とそのままの状態で回復することができない性質のものであり、また他のものによっては代えることのできない唯一無二の存在である。その意味で高度の感受性を有しかつ非代替的な存在である環境を良好な状態で維持しようとするならば、他のものと比較不能なほど慎重かつ周到な保護と保全が要請される。

ところで、環境保全や災害防止の観点は、元来、適正かつ合理的な国土利用の一環をなし、またその重要な要素の1つであると考えられるので、1号基準の枠内でも十分勘案可能な要素である。しかし、自然その他の環境には上述のような高度の感受性と非代替的性格を認められることを重視した結果、環境保全は、2号基準において災害防止と並ぶ重要性を有するものとして、独立した規定をもって定められた。

上述（3(2)(c)）のように、1973年改正による4条1項の創設は、公有水面の埋立事業の濫用等を通してかかる非代替的な価値が損なわれることに対する深刻な危機感を背景として行われた。2号基準は、環境保全と災害防止を一個の明示的な法律規定として独立させることにより、以上のような改正の趣旨をストレートに反映させた。この点に、改正後の公有水面埋立法がいかに自然その他の環境的価値の重要性を重んじているかが、明快かつ象徴的に現れているの

である。したがって、当該基準の運用に際しては、以上のような立法の趣旨を重く受け止めた解釈適用が要請されるのであり、具体的にいえば、上述のように、免許を付与する方向に向かっては、2号基準の厳格な解釈適用が要請される一方、免許を拒否する方向に向かっては、当該事業の実施によって影響を受けることとなる多様な自然その他の環境的価値を慎重かつ総合的に勘案した柔軟な判断が要請されることとなるのであり、そのような意味で免許拒否方向への片面的な裁量権が認められるべきなのである。

以上を前提に、以下では、環境保全との関係で2号基準を満たすか否かの判断がいかなる方法で行われるべきか、について述べることにしよう。

この問題については、環境保全も元来、1号基準の一環としての性質を有することに鑑みれば、環境保全に関しても、申請に係る埋立事業の実施によって得られる公共的利益とそれによって損なわれる良好な自然その他の環境上の利益との間で比較衡量を行い、その結果前者が後者を上回るときに初めて、当該埋立事業は2号基準を満たすと判断されることとなると考えるべきであろう。ただその場合、上述のように、公有水面埋立法においては、環境保全に極めて高度の重要性を認めた立法者の意思を考慮する必要があるのであり、その結果、良好な自然その他の環境を損なうこととなる事業計画について2号基準を満たすためには、それだけ高度の公共の利益および必要性が認められなければならないこととなる。個々の事業計画について、それほど高度の公共的価値を有するか否かが、厳密かつ真摯に審査されなければならないのであり、それだけ、環境保全との関係で免許基準を満たすために超えなければならないハードルは、高く設定されるべきなのである。

(4) 公益上の必要性

上述のように、「公益上の必要性」は、4条1項の規定に明示的に定められた免許要件ではない。しかしながら、1号基準は、埋立事業の実施により実現される利益とそれによって損なわれる利益という対立する諸利益間の比較衡量を要求する趣旨の基準である。環境保全および災害防止との関係では、2号基準も同様である。そこで、1号および2号という明示的な免許基準の解釈運用の際に行われるべき利益衡量に際しては、埋立ての目的である施設設置等の事

業が公益上必要なものであるか否かが、その前提問題として判断されなければならない。なぜなら、そもそも公益上の必要性がまったくない場合やきわめて少ないという場合、そのような乏しい公益上の必要性と事業実施によって損なわれる公的または私的な諸利益との間で比較衡量を行う必要は、そもそも存在しないと考えられるからである。公益上の必要性があると認められて初めて、次に、当該埋立事業が、国土利用上および当該水域や地域における土地利用のあり方として「適正且合理的」といえるかが、問題となりうるのである。

　以上のことは、公有水面埋立法4条1項と土地収用法20条の規定の立法史的経緯を比較対照することによっても窺い知ることができる。というのは、1900年（明治33年）の旧土地収用法には、現行土地収用法20条各号のような規定は置かれていなかった。旧法は、1条で、「公共ノ利益ト為ルヘキ事業」という一般的抽象的な規定が置かれていたにとどまっており、そのような規定の下では、申請に係る事業計画の公益性が当該規定の下で一体的に把握されていた。これに対し1951年（昭和26年）制定された現行法は、収用手続の対象たりうる「公共の利益となる事業」の種類を3条各号に列挙する一方、20条各号において、各事業の公益性および実現可能性を実質的に審査検証するための要件を、改正前に比してはるかに明確かつ具体的な規定により定めた。その結果、「土地の適正且つ合理的な利用に寄与するものであること」を要求する第3号と、「公益上の必要があるものであること」を要求する第4号が、切り離される形で明確化されたわけである。[13]

　これに対し、公有水面埋立法は、1921年制定当時は、漁業権者や水利権者等の権利者保護のための免許要件が定められていたにとどまり、免許申請に係る各埋立事業の公益性や確実な実現可能性を担保するための要件は、当該権利者保護のための免許要件と関連する範囲で定められていたにとどまり、公益性や確実な実現可能性をそれ自体として担保するための基準や要件は皆無であった。1973年改正は、そのような欠落した部分を補塡するために現行の4条1項および2項の規定を新設したが、その際、「国土利用上適正且合理的ナルコト」を要求する明示的な規定および環境保全および災害防止に関する明示的な規定は置かれたが、「公益上の必要性」を要求する明示的な規定は定められなかった。

　では、「公益上の必要性」を要求する規定は、なぜ明示されなかったのだろ

うか。改正前の4条3号の規定（現行法の4条3項3号）により、「法令ニ依リ土地ヲ収用又ハ使用スルコトヲ得ル事業ノ為必要ナルトキ」が免許要件の1つとして明示されていたことを踏まえて考えると、埋立てが「公益上の必要性」を有するか否かの判断は、埋立後に実施される予定の事業が土地収用法20条3号の「公益上の必要」性要件を満たすか否かの判断の中に当然含まれている、と解されていたことが、その一因である可能性がある。以上のような見解は、推測の域を出ないものではある。しかし、上述（2(3)）のように、1973年改正前に所管官庁が発出した通達（1965・9・1港管第2021号、建河発第341号、港湾局長・河川局長から港湾管理者の長・都道府県知事あて「公有水面埋立ての適正化について」）では、「法令に基づき土地を収用し又は使用しうる事業のため必要な埋立て」であることが、埋立免許の際の判断要素の1つとして強調されていた。また、1973年改正以降数次にわたり発出された同様の通達では、4条1項各号に明示された基準をすべて満たした場合でも、そのほかの条件を総合的に勘案した結果免許拒否がなされる可能性があることが明確に述べられており、その際に勘案されるべき重要な考慮要素として「公益上の必要性」の判断が、一貫して挙示されてきたのである（上述3(3)）。

　以上のように、「公益上の必要性」という要件は、1973年改正前もその後も、行政実務上の基準として要求されてきた。上述（3(2)(b)）のように、そのよう

---

13) 本文で論じた土地収用法20条の規定導入の経緯については、亘理・前掲注11) 277-278頁の注12を参照されたい。また、「公益上の必要性」の要件が、「現行法（20条）の如き明文の規定のなかった旧法の下においても一般に認められていた」との指摘を行うものとして、柳瀬良幹『公用負担法〔新版〕』（有斐閣、1971年新版初版）208頁注16を参照されたい。

　なお、小澤・前掲注10) 284-285頁において、小澤道一氏は、行政実務および判例において、土地収用法20条4号の意味は、「申請に係る個々の事業が具体的な公益性の有無を判断するところにあるという解釈」が採用されているとした上で、「この意味であれば、それは三号の要件に含まれると考えられる」と指摘している。小澤氏によれば、4号は、「一号から三号までの要件の判断において考慮される事項以外の事項について、広く、①収用・使用という取得手続を取ることの必要性が認められるかどうか、②その必要性が公益目的に合致しているかどうか、の観点から判断を加えるべきことを意味していると解される」という理解を表明される。このような解釈は当然可能であり、また説得力を有するが、かかる立場に立った場合でも、個々の事業が具体的な公益上の必要性を有するか否かの判断は必要とされているのであって、ただそれが3号要件適合性判断の中で行われるという差があるにとどまる。3号要件と4号要件のどちらで判断するにせよ、個々の収用事業に公益上の必要性が認められるか否かの判断が、必要不可欠だとされる点が重要である。

な実務の運用は、公有水面埋立てという事柄および埋立免許という行為の性質に照らし至極妥当な法解釈によるものであると解される。したがって、埋立免許の基準が満たされるか否かの判断にあたって、「公益上の必要性」を満たすか否かの判断は不可欠である。当該要件を、1号基準および2号基準に内包された要件として読み込むことが可能であり、また、1号基準や2号基準とは切り離し、むしろ柱書に内包された黙示の基準として読み込むことも可能である。いずれにせよ、申請に係る埋立事業が公益上必要なものであることが、必須の要件として要求されると考えなければならない。

以上を前提に、次に「公益上の必要性」の意味を更に明確化する必要があるが、ここでも、土地収用の場合と共通の意味での「公益上の必要性」と解すべきであろう。その第1の意味は、免許申請に係る埋立事業の実施が、国民の共有資産である公有水面を埋め立てるに値する程度の公益上の必要性を有するものでなければならないというものである。また第2の意味は、他の土地の収用等による調達や他の地域の公有水面の埋立てによっては同等の目的を達成することができないという意味で、真に必要な埋立事業としての性質を有するものでなければならないというものである。埋立免許は、以上2つの意味での公益上の必要性を満たした上で、4条1項各号の基準にすべて該当したときに初めて、なしうるものなのである。

現行の公有水面埋立法は、以上のような「公益上の必要性」も含む4条1項の免許基準が満たされるか否かの判断権を、国の行政機関にではなく都道府県知事に与えた。それが何を意味するかについて、以下に検討することにしよう。

5 都道府県知事への免許権限付与の趣旨

(1) 公有水面埋立法の考え方

公有水面埋立法は、埋立ての免許および承認の権限を都道府県知事に与えている（以下では、承認も含めて免許という）。1921年（大正10年）制定当時、免許権者は「地方長官」と定められ、この規定は1973年改正まで維持された。つまり、公有水面埋立の免許権者は、明治憲法下では官選知事であり、日本国憲法下では、現行地方自治法の下で都道府県知事の公選制が採用された後も20数年間以

上にわたって、「地方長官」という規定の下で都道府県知事が免許権者として扱われ、1973年改正以降、名実ともに都道府県知事が免許権者となったのである。また、1999年の地方分権改革に伴う地方自治法改正前における都道府県知事の免許権限は、国の機関委任事務として行使されたのに対し、同改正以降の免許権限は第1号法定受託事務として行使される、という変遷がある。

以上のような立法的経緯を踏まえた上で、以下では、なぜ、都道府県知事という地方公共団体の長に免許権限が付与されたのか、その趣旨について考察を加える。

考察に際して真っ先に思い浮かぶのは、海、河川、湖等の公有水面の自然条件は、各地域の自然条件に即応した固有性を有するものであり、また各地域住民の日常生活や産業活動などの営みの中から長期間かけて形成されてきたものであるという点である。かかる公有水面の特徴にかんがみるならば、埋立てを含めた公有水面の適切な利用のあり方は、当該地域の実情を熟知した行政庁に権限を付与することを通してこそ、よりよく確保されると考えるべきであろう。かつては「地方長官」に、現在は「都道府県知事」に免許権限を付与する公有水面埋立法の制度設計は、以上の点を考慮した結果であると解される。

(2) 隣接法分野と比較して

以上のような公有水面埋立法の仕組みは、土地収用法の規定および都市計画事業に関する都市計画法の規定に比して、際だって特徴的である。なぜなら、土地収用法は、都道府県知事を事業認定の原則的な認定権限庁とする一方、国または都道府県が起業者となる事業や複数の都道府県に関わる事業等に関しては、国土交通大臣に認定権限を付与している（土地収用法17条1項・2項）。また、都市計画法も、都市計画事業認可権を原則としては都道府県知事に与えている（都市計画法59条1項・4項）が、都道府県が実施する都市計画事業については国土交通大臣の認可、国の機関が実施する都市計画事業については国土交通大臣の承認を受けなければならないと定めている（同条2項・3項）。この点で、埋立事業の規模の差違や広域性の有無などに関わりなく、地域の実情を熟知した都道府県知事に免許権限を付与している公有水面埋立法の定め方は、土地収用法および都市計画法の規定とは異なっている。

では、なぜ、公有水面埋立法は、これほど都道府県知事による免許権限行使に重きを置いてきたのであろうか。その趣旨は、上述のように、公有水面の自然その他の条件は地域的特性に深く関連付けられたものであり、各地域を熟知した都道府県知事こそ、免許権限を付与するに相応しいと考えられたからにほかならないと推測される。

(3) 1999年改正地方自治法との整合性

以上のような公有水面埋立法の制度設計は、1999年の地方自治法改正の趣旨目的に照らしても、きわめて妥当である。

1999年の地方自治法改正により、普通地方公共団体は、「地域における事務」を処理すべき団体としての地位を認められた（自治法2条2項）。事務の分類上法定受託事務に該当する事務であっても、当該普通地方公共団体の「地域」に関わりの深い事務である限り、当該普通地方公共団体がみずからの責任において遂行すべき事務であることに変わりはない。その点を認めたからこそ、1999年改正後の地方自治法は、1条の2第1項・2項で国と地方公共団体間の適切な役割分担を原則とする規定を置いた上で、2条11項で、地方公共団体に関する国の法令の規定について、「地方自治の本旨に基づき、かつ、国と地方公共団体との適切な役割分担を踏まえたもので」あることを要求し、また同条12項で、当該国の法令の規定の解釈・運用にあたっても、「地方自治の本旨に基づいて、かつ、国と地方公共団体との適切な役割分担を踏まえ」ることを要求している。11項と12項では、国の法令の規定内容およびその解釈運用の両面にわたって、自治事務と法定受託事務との区別に関わりなく地方公共団体の自立性を尊重すべきことが明確化されている点に留意すべきである。

以上のような1999年改正以降の地方自治法の関係規定の趣旨に照らしてみても、公有水面の埋立てについて、地域の実情を熟知した都道府県知事に免許権限を全面的に付与した公有水面埋立法の制度設計は至極正当なものであり、そのような立法者意思は最大限尊重されなければならない。

（わたり・ただす　中央大学法学部教授）

第8章

埋立承認の職権取消処分と裁量審査

榊原秀訓

はじめに

　沖縄県では、翁長知事が仲井眞前知事による埋立承認の職権取消しを行ったことから、国からの代執行訴訟提起などや「和解」によるそれらの取り下げを経て、国土交通大臣から承認取消の取消しを求める是正の指示が出され、沖縄県がそれを争っている。国は、この法的争いにおいて、主に前知事による承認に焦点を当て、承認には瑕疵がなく、「その判断に裁量権の範囲の逸脱又は濫用はない」ことを強調してきた。
　沖縄県も国も、裁量を問題にしていることについては異論がないことから、本章では、第1に、裁判所が裁量を審査する場合の裁量の審査密度が高くなっている状況や公有水面埋立法に関わる裁量を確認する。第2に、国と地方の役割分担に係る理由にも簡単に触れつつ、裁量審査に関わる承認取消しの理由と是正の指示が出された理由を確認する。第3に、裁判所による行政裁量の審査密度の状況も意識しつつ、承認の審査が不十分な場合の承認の取消しについてどのように考えるべきかを検討する。最後に、承認の取消しに関わって、是正の指示はどのように行われるべきか、是正の指示を審査する国地方係争処理委員会や裁判所はどのように審査すべきかについて説明する。
　これらの問題については、従来、あまり議論されてこなかったと考えられる

論点が少なくなく、また、公有水面埋立法における裁量や国地方係争処理委員会等のように、他の章で詳細に検討されるテーマもあり、他の章に関連する論点などについては、基本的な考え方を簡単に示すにとどめる。

1 裁量の審査密度

(1) 審査密度の一般的な傾向

本件においては、承認取消しを受けた相手方が取消訴訟を提起しているわけではないが、以下の議論との関係では、裁判所による行政裁量の審査密度の傾向を無視することはできないと考えられることから、審査密度についての一般的傾向を確認しておきたい。

裁判所による行政裁量の審査において、審査をどの程度厳格に行うかを表すために審査密度という表現が用いられるようになっている。裁判所の審査密度として、裁判所自らが仮に決定を行った場合の結論と対比して行政処分の違法性を判断する「判断代置審査」が最も厳格な審査方式である。しかし、この方式は、裁量を審査するというよりも、むしろ裁量を否定するものと考えられる。これとは対照的に、最も審査密度が低く、行政の判断を最大限尊重するものとして、「社会観念審査」という審査方式が存在する。これは、処分庁に広い裁量権を認め、社会観念（社会通念）上著しく妥当性を欠く場合に限って、行政処分を違法とするものである。この両者の間に中間的な審査方式が存在することになる。この中間的な審査方式を用いて、近年、裁判所は、審査密度を高めている。[1]

中間的な審査方式の中で比較的審査密度が高いものとして、「エホバの証人」剣道実技拒否事件・最判平成8・3・8民集50巻3号469頁、呉市公立学校施設使用不許可事件・最判平成18・2・7民集60巻2号401頁、小田急事件・最判平成18・11・2民集60巻9号3249頁などにみられるような、「判断過程審査」が存在する。つまり、処分庁が裁量処分を行う際に、考慮すべきでない事項を

---

[1] 榊原秀訓「行政裁量の『社会観念審査』の審査密度と透明性の向上」室井力先生追悼『行政法の原理と展開』（法律文化社、2012年）117-138頁、同「社会観念審査の審査密度の向上」法律時報85巻2号（2013年）4-9頁。

したり、考慮すべき事項を考慮しなかったり、あるいは、考慮すべき事項の考慮の比重が不適切であったりした場合には、判断過程に合理性を欠くとして、裁判所は、裁量権の逸脱・濫用を認めて、裁量処分を違法であるとしてきた。知事による承認取消しを検討する場合にも、このような裁判所の審査密度の向上も前提に考えていく必要がある。また、中間的な審査方式でも「判断過程審査」よりも審査密度が低いものもあり、例えば、伊方原発事件・最判平成4・10・29民集46巻7号1174頁にみられるような「判断過程合理性審査」が存在する。

　注意しておきたいのは、審査密度という用語法や上記の審査方式は、裁判所による裁量審査との関係で用いられていることである。もっとも、こういった用語法や審査方式は、裁判所のみならず、第三者機関による審査にも用いることが可能と思われるが、同一の処分庁（知事）が承認という原処分を見直して、それを職権で取り消す場合には、それとは異なる表現が必要と考えられる。例えば、同一の処分庁（知事）が、裁判所の「判断代置審査」と同様に、自ら審査をし直して、原処分を取り消すことができることは、同一の処分権限を有することから認められ、審査密度を語る必要はないからである。そこで、本章では、処分庁自らの審査に関わっては、審査密度ではなく、審査の厳格度といった表現を用いることにする。

(2)　埋立承認の審査密度

　公有水面埋立法42条1項は、「国ニ於テ埋立ヲ為サムトスルトキハ当該官庁都道府県知事ノ承認ヲ受クヘシ」として、埋立のためには、沖縄県知事の「承認」を必要としており、また、3項が、「第二条第二項及第三項、第三条乃至第十一条、第十三条ノ二（埋立地ノ用途又ハ設計ノ概要ノ変更ニ係ル部分ニ限ル）乃至第十五条、第三十一条、第三十七条並第四十四条ノ規定ハ第一項ノ埋立ニ関シ之ヲ準用ス……」という準用規定を置いていることから、埋立「免許」の要件を定める4条1項の解釈が争点とされることになる。

　辺野古新基地建設においては、特に4条1項1号と2号が問題となっており、それぞれ同1号は「国土利用上適正且合理的ナルコト」を、同2号は「其ノ埋立ガ環境保全及災害防止ニ付十分配慮セラレタルモノナルコト」を規定してい

る。このような規定を前提とすれば、公有水面埋立法における承認が裁量処分であることについて、沖縄県と国の見解が一致することは不思議なことではない。もちろん、準用規定を置いているからといって、「免許」と「承認」について、全く同様の裁量論で論じることができるかといった原理的な論点が存在するが、本章では、一応これを肯定した上で、検討を行っていく。

公有水面埋立法における裁量については、本書第7章で詳細に検討されるが、「和解」前から国が注目していると思われる高木論文について、ここで少しだけ触れておきたい。[2] 公有水面埋立免許（承認）に関する判決は多くはなく、最近のものとしては、鞆の浦事件・広島地判平成21・10・1判時2060号3頁があり、それは、公有水面埋立法4条1項1号の要件に関して、「これは羈束裁量行為といえるものである」としつつ、「本件埋立免許が上記要件に適合しているか否かの判断について、広島県知事に対し、政策的な判断からの裁量権を付与しているものと解される」と判断している。そこで、判決は、「羈束裁量行為」とすることから、「判断代置審査」を行うとしているかというと、高木教授も指摘するように、他方で、判決は、裁量権を認めており、「判断代置審査」ではないが、比較的審査密度の高い審査を行っていると考えられる。

そして、高木教授は、沖縄県も国も注目する、織田が浜差戻控訴審判決（高松高判平成6・6・24判タ851号80頁）の判断枠組みを参考にすべきとする。高松高判は、公有水面埋立法4条の「各号の免許基準の趣旨及び適用条件によっては、埋立免許権者の裁量の有無及びその範囲について多少異なるものがあり得るところである」として、同条1項1号の要件判断について、「諸般の事情を斟酌して、……合理的・合目的的に判断すべきものであり、そこには、政策的判断からする埋立免許権者の裁量の余地を許容しているが、その判断が埋立免許権者に与えられた右の如き羈束的な裁量の限界を超えた場合、本号に違反し、違法となるものと解するのが相当である」とする。高木教授は、「羈束的な裁量」という表現も用いられているが、ある程度「広い」裁量が想定されていると読むべきとする。結論として、高木教授自身は、鞆の浦事件の広島地判のような比較的審査密度の高い審査には批判的であって、1号要件については比較

2）　高木光「行政処分における考慮事項」法曹時報62巻8号（2010年）16-23頁。

的広い裁量を認め、審査密度を限定し、同2号・3号要件については、「中程度の審査」として、行政庁がどのような「考慮」をどのような基準・手順で行うべきかについてのルール「行為規範」に従ったかどうかに着目すべきとして、前掲伊方原発事件・最判平成4・10・29のような「判断過程合理性審査」を妥当とする。国が高木論文に注目する理由は、その論文によれば、公有水面埋立法の免許（承認）に関して、裁判所の審査密度が必ずしも高くなく、特に1号要件に関しては低く、処分庁の裁量との関係では、広い裁量を認め、審査基準を充足すれば、行政処分が適法になると考えられる点にあることを確認しておきたい。しかし、後から述べるように、このことは同一の処分庁による承認取消しについても妥当し、国の意図とは反対に機能するものであることもまた指摘しておかなければならない。

2　承認取消しの理由と是正の指示の理由

(1)　承認取消しの理由

次に、承認取消しの理由を簡単に確認する。知事による承認取消しに先立って、第三者委員会は、2015年7月16日の検証結果報告書において、検証項目として、「埋立ての必要性」の要件該当性、公有水面埋立法4条1項1号要件該当性、同2号要件該当性、同3号要件該当性の4つの項目を挙げて検討し、本件公有水面埋立出願は、「公有水面埋立法の要件を充たしておらず、これを承認した本件埋立承認手続には法律的瑕疵がある」とする。これを受けて、沖縄県知事は、事前手続において提出された事業者（国）の陳述書にも言及しつつ、2015年10月13日に承認の取消しを行っており、理由の結論的な部分について簡単に紹介する。

まず、公有水面埋立法4条1項1号について、「『国土利用上適正且合理的ナルコト』の要件を充足していないと認められる」とする。最初に、「埋立ての必要性」に関して、「埋立必要理由書において、普天間飛行場代替施設は沖縄県内に建設せねばならないこと及び県内では辺野古に建設せねばならないこと等が述べられている」が、その理由については「実質的な根拠が乏しく、『埋立ての必要性』を認めることができない」とする。また、「自然環境及び生活

環境等」に関して、「本件埋立対象地は、自然環境的観点から極めて貴重な価値を有する地域であって、いったん埋立てが実施されると現況の自然への回復がほぼ不可能である。また、今後本件埋立対象地に普天間飛行場代替施設が建設された場合、騒音被害の増大は住民の生活や健康に大きな被害を与える可能性がある」とする。そして第3に、「沖縄県における過重な基地負担や基地負担について格差の固定化」に関して、「本件埋立ては、全国の在日米軍専用施設の73.8パーセントを抱える沖縄県において米軍基地の固定化を招く契機となり、基地負担について格差や過重負担の固定化に繋がる」とする。

そして、「要件を充足すると判断するに足りる十分な資料を添付して承認申請を行い、知事はその資料を精査した上で、これらの要件を充足するとして本件承認をしたのであって、本件承認に何ら瑕疵はなく、その判断に裁量権の範囲の逸脱又は濫用はない」とする国の陳述書に対しては、公有水面埋立法4条1項1号に係る「考慮要素の選択や判断の過程は合理性を欠いていたものであり、事業者の意見には理由がない」としている。

次に、4条1項2号について、「環境保全措置は、問題の現況及び影響を的確に把握したとは言い難く、これに対する措置が適正に講じられているとも言い難い。さらに、その程度が十分とも認めがたいものであり、『其ノ埋立ガ環境保全及災害防止ニ付キ十分配慮セラレタルモノナルコト』の要件を充足していない」とする。そして、個別に、「辺野古周辺の生態系」、「ウミガメ類」、「サンゴ類」、「海草藻類」、「ジュゴン」、「埋立土砂による外来種の侵入」、「航空機騒音・低周波音」のそれぞれについて、説明し、1号要件と同様に、各々につき、「要件を充足するに足りる十分な資料を添付して承認申請を行い、知事はその資料を精査した上で、これらの要件を充足するとして本件承認をしたのであって、本件承認に何ら瑕疵はなく、その判断に裁量権の範囲の逸脱又は濫用はない」とする事業者（国）の陳述書について、審査基準（「航空機騒音・低周波音」に関しては1号要件の審査基準）に適合するとした判断は、「合理性を欠いているものと認められ、事業者の意見には理由がない」ことを説明している。

以上のような承認取消しの説明から、以下の3点を確認しておきたい。第1に、職権取消しの理由は、（相手方の不正な手段等による場合も含む）事実誤認や

法律の解釈の間違いによるものではなく、不十分な審査による事実の法令への当てはめ（認定・評価）の間違いと考えられることである。第2に、本来の十分な審査をすれば、承認要件を充足しないといった判断が示されていることである。また、それとともに、国の陳述書が、承認に瑕疵はなく、「その判断に裁量権の範囲の逸脱又は濫用はない」とするのに対し、審査基準に適合するとした判断は、「合理性を欠いている」と評価していることである。第3に、沖縄県は、違法だけではなく、不当をも含みうる法的瑕疵を認めていることである。

(2) 是正の指示の理由
(a) 是正の指示の根拠条文とその理由

　国土交通大臣が行った是正の指示の内容をみる前に、根拠条文を確認しておく。地方自治法245条の7第1項は、是正の指示について、「各大臣は、その所管する法律又はこれに基づく政令に係る都道府県の法定受託事務の処理が法令の規定に違反していると認めるとき、又は著しく適正を欠き、かつ、明らかに公益を害していると認めるときは、当該都道府県に対し、当該法定受託事務の処理について違反の是正又は改善のため講ずべき措置に関し、必要な指示をすることができる。」と規定しており、本件では、公有水面埋立法を所管する大臣である国土交通大臣が沖縄県知事による「承認取消し」に対して、是正の指示をしている。この規定に基づき、国土交通大臣は、「都道府県の法定受託事務の処理が法令の規定に違反していると認められるときに当た」るとして、「取消処分を取り消す」という内容の指示をしている。

　是正の指示をする理由として、大臣は、本件承認処分は、「要件に適合していることから、そもそも法的瑕疵がない。また、仮に、本件承認処分に何らかの瑕疵があるとしても、取消制限法理により、本件承認処分を適法に取り消すことはできない」とする。取消制限法理に関しては、本書第9章で検討されるので、前半部分に関わる点のみ少し詳しく確認しておく。

　「本件承認処分に瑕疵がないこと」として、まず、1号要件に「適合すると

---

3) 職権取消に関して、乙部哲郎『行政行為の取消と撤回』（晃洋書房、2007年）等参照。

の判断が適法であること」について、「免許（承認）権者である都道府県知事には裁量が認められる（高松高裁平成6年6月24日判決・判例タイムズ851号80ページ等）」として、前知事の承認に関して、「本件埋立事業が『国土利用上適正且合理的』なものであると認められることは明らかであり、かかる諸事情等を踏まえて、第1号要件に適合するものとした前知事の判断は合理的であって、裁量権の範囲を逸脱・濫用したものとは認められず、本件承認処分に違法の瑕疵はない」とする。

　また、大臣は、1号要件に関わって、防衛・外交に関して、「本件代替施設等を我が国のどこにどのように設置するかといった問題は、国の政策的、技術的な裁量に委ねられた事柄である（最高裁平成8年8月28日大法廷判決・民集50巻7号1952ページ参照）」として、その尊重を求めている。このような尊重を求める理由として考えられているのは、地方自治法1条の2における「国と地方公共団体の役割分担」に関する規定であり、さらに、公有水面埋立「法が、埋立承認を法定受託事務として都道府県知事の事務としたのは、当該地方の実情に詳しい都道府県知事にその判断を委ねるのが合理的と考えたからであり、その趣旨に徴すれば、法が、都道府県知事に、国防・外交上の観点からの埋立ての必要性といった当該都道府県を越えた広域的な比較検討を要する事項に係る審理判断の権限を与えるものではないことは明らかである」として、「仮に、都道府県知事が第1号要件適合性の判断に当たり、国防・外交上の観点からみた埋立ての必要性を考慮することができるとしても、都道府県知事は、その前提となる国の判断に合理性が認められる限り、国の政策判断を尊重すべきである。そして、……普天間飛行場の代替施設の辺野古沿岸域への設置には、合理的理由がある」とする。

　次に、2号要件に「適合するとの判断が適法であること」について、それ「に係る審査は、その文言及び審査の性質からして、環境保全に係る専門技術的判断を要する合理的裁量にゆだねられている」として、「事業者の講じた環境保全措置に不合理な点は見当たらないから、これを審査し、第2号要件及び環境保全に関する審査基準に適合するとした前知事の判断は合理的であって、裁量権の範囲の逸脱・濫用したものとは認められず、本件承認処分に違法の瑕疵はない。」として、前知事の判断の合理性を述べる。

(b) 「追加修正」を含む是正の指示の注目点

　この是正の指示について注目すべきは、「承認処分に違法の瑕疵はない」とは、「都道府県の法定受託事務の処理が法令の規定に違反していると認められるときに当た」るとしていることから、「違法性」のみを問題にしているように思われることである。ただし、この点に関連して、国地方係争処理委員会から３点の質問事項を受けてなされた2016年５月２日付けの沖縄県知事からの回答書を前提に、その内の２点の回答において示された主張に対する反論を求める５月２日付けの国地方係争処理委員会からの質問に対する、５月９日付けの国土交通大臣の回答書にも触れる必要がある。県知事の主張に対する反論の求めに対する回答という形で、国（国土交通大臣）は、「本件承認処分には違法の瑕疵がないことを前提に主張してきたが」、「本件承認処分は違法の場合のみならず、不当の場合にも取り消され得るものであるから、以下、これを前提に主張を整理する」として、「追加修正」を行っている。つまり、①「本件承認処分には何ら瑕疵がないこと」、②「本件承認処分の取消しが制限されること」、③「本件取消処分が裁量権の範囲の逸脱・濫用に該当することから、本件取消処分は『法令の規定に違反している』（地方自治法245条の７第１項前段）こと」に加えて、④「本件取消処分は『著しく適正を欠き、かつ、明らかに公益を害している』（同項後段）こと」と主張しており、短期間の審理という前提があるにもかかわらず、この段階で是正の指示に示された「違法の瑕疵」がないことから、①「瑕疵」がないことへと「不当」も含みうるものに拡大し[4]、④を追加していることなどの妥当性が問題になる。

　「不当」に関する論点を別にすると、承認について、「違法の瑕疵はない」と判断するのに、要件や審査基準に適合するとした判断は「合理的であって、裁量権の範囲の逸脱・濫用したものとは認められ」ないとしていることが注目される。説明の仕方からすると、前知事の判断を「判断過程審査」類似の審査によって違法の瑕疵はないとしているように思われる。

---

[4] 「是正の要求」におけるものであるが、「著しく適正を欠」くという要件について、「単なる不当状態ではなく限りなく違法に近い不当状態」という指摘を行うものとして、村上順・白藤博行・人見剛編『新基本法コンメンタール地方自治法』（日本評論社、2011年）382頁〔白藤博行執筆〕参照。

次に、上記③においては、「本件取消処分が裁量権の範囲の逸脱・濫用に該当する」として、それまでの「承認」だけではなく、「承認取消し」に焦点を当てる「追加修正」を行っていることも注目される。これは、「承認取消し」に対して一見したところでは「判断過程審査」類似の審査を行うものであるが、実質的には「判断代置」と評価できる審査を行っている。つまり、国は、「普天間飛行場の周辺住民等の危険性除去を考慮すべきであったにもかかわらず、考慮しなかったこと」、「我が国と米軍との信頼が維持されることによる日米両国の外交上・安全保障上の利益を考慮すべきであったにもかかわらず、考慮しなかったこと」、「普天間飛行場の跡地利用による宜野湾市等の経済発展の利益を考慮すべきであったにもかかわらず、考慮しなかったこと」、「自然環境や生活環境への影響等を過大に考慮していること」といった理由を挙げ、国の考えに沿わない防衛・外交部分について焦点を当てて考慮不足を述べ、環境への影響を過大に考慮しているとするものの、個別具体的な指摘はほとんどなく、国自らの考えに合わないから違法と述べていると同じと考えられるからである。

国地方係争処理委員会は、6月20日に、「国と沖縄県は、普天間飛行場の返還という共通の目標の実現に向けて真摯に協議し、双方がそれぞれ納得できる結果を導き出す努力をすることが、問題の解決に向けての最善の道であるとの見解に到達した。」、「本件是正の指示が地方自治法第245条の7第1項の規定に適合するか否かについては判断」しないとし、これらの点については、なんら判断を示さなかった。もっとも、今後、訴訟で同様の点が争われる可能性があり、これらの点については、後でまた検討する。

最後に、地方自治法における「国と地方公共団体の役割分担」の規定から防衛・外交の役割は専ら国に委ねられ、自治体は国の判断を尊重することが求められるとするような主張は妥当ではないことに一言触れておく。既に、地方自治法改正前から、いわゆる非核三原則を実質化するための「神戸方式」や、外務省からの証明書の提出を条例化しようとした高知県港湾条例に関わって自治体の首長の権限行使が問題となってきたことは否定できないが、自治体の首長に権限があり、その権限行使において防衛・外交に一定の影響を与えたとしても適法なものとして論じられてきた。地方自治法改正によって役割分担が明記されたとしても、従来適法な権限行使が、この地方自治法の規定のみによって

違法となるとは考え難い。公有水面埋立法の場合、特に法律改正もせず、承認権限を県知事に委ねており、その権限行使によって防衛・外交に一定の影響を与えても適法であると考えられる（また、最高裁判決として挙げられているものは、現在では廃止されている「機関委任事務」としての駐留軍用地特別措置法という「特別措置法」に基づく事務が問題となっている事件であり、本件において、同判決の論理が該当するとは考えられない[6]）。この点については、本書第7章において検討されているので、ここでは、これ以上の検討は行わない。

3 承認取消しの適法性──承認と承認取消しとの関係

(1) 違法な承認とその取消し
(a) 審査の厳格度の向上による違法な承認の取消し

県知事が、第三者委員会の検証を経て、前知事の承認に瑕疵があったとして、承認取消しをしていることから、第三者委員会の検証も参考にしつつ、承認と承認取消しとの関係をみておきたい。

まず、前知事による承認は、申請の審査のあり方からすると、一般概括的な形式的なものであって、審査の厳格度は低いものであり、審査が不十分で合理性がないものであったと考えられる。その意味では、裁判所の審査における「社会観念審査」的な審査であったということができる。

これに対して、第三者委員会の検討を経た上で、その承認を取り消した承認取消しは、同じ県知事が行う処分であって、自ら承認申請を審査して要件充足の実体判断を行う「判断代置」によることが可能である。第三者機関ではなく、知事自らの判断なので「代置」という用語法は不自然かもしれないが、原処分について、後に行う同様の実体的判断に照らして違法性を判断するという意味で、「判断代置」と表現している。そして、「判断代置」を行い、要件を充足し

5）　非核「神戸方式」に関しては、「非核都市宣言と平和行政」室井力編『講座　地方自治と住民』（新日本出版社、1988年）381-385頁、行方久生「非核『神戸方式』と日米安保」自治労連・地方自治問題研究機構編『脱日米同盟と自治体・住民』（大月書店、2010年）136-148頁、浜川清「非核港湾条例と地方自治体」法律時報71巻6号（1999年）1-3頁参照。

6）　徳田博人「日本の憲法構造の危機──辺野古新基地建設問題からみえるもの」法学セミナー733号（2016年）1-4頁参照。

ないとして、承認を取り消している。また、そのような判断に加えて、審査に合理性がなく、もし合理性ある審査が行われていれば異なる結論となる可能性があるとしているようにみえる「判断過程審査」的な審査もしているように考えられる。

さて、前者の「判断代置」により、承認の要件を充足しないとする実体的な法的瑕疵が認められており、その意味を考えてみる。承認から承認取消しへの判断の変更は、審査が一般概括的な形式的で緩いものから、第三者委員会の検証などを経た個別具体的な実質的で厳しいものへと変化したからと説明することができそうである。長期に渡って承認できないと考えていた申請を突如として承認した前知事の承認は、法の趣旨目的に違反したり、または不正な動機に基づいたりするものと考える余地もありうるが、第三者委員会の検証を経た知事による承認取消しの理由は、期待されるべき審査として、前知事の審査は不十分なものであり、審査の厳格度が低すぎ、審査を十分なものにするよう審査の厳格度を高める必要があり、審査の厳格度を高くした場合には、承認の要件を充足しないという判断であると考えられる。

既に述べたように、裁判所の審査密度が高くなっていることを前提とした場合、審査の結論が違法と判断されないようにするには、県知事による申請の審査は、一般概括的なものから、個別具体的なものへと審査の厳格度を高めるように変化することが必要である。したがって、仮に第三者が承認の取消訴訟を提起したとすると、裁判所の審査密度が高い場合、県知事の審査の厳格度が低い当初の「承認」は違法となる可能性が高いと考えられる。違法と判断されることを回避するためには、県知事は、審査の厳格度を高めることを求められることになる。図1は、裁判所の審査密度が高い場合に、県知事による審査の厳格度が低い「承認」は違法であり、他方で、審

図1　「承認」に対する裁判所の審査密度が高い場合

査の厳格度を高めた「承認取消し」が適法であることを示したものであり、県知事は、裁判所の審査密度の傾向に沿った判断の変更をしたと考えられる。

(b) 「判断過程審査」的な審査による違法

先にみたように、承認取消しの理由として、県知事は、申請は要件を充足しないとする判断とともに、事業者の意見について、その判断過程に合理性がないと評価しており、「判断過程審査」的な審査による瑕疵を認めている。職権取消しが事実誤認や法律の解釈の間違いによってなされる場合、実体的瑕疵が問題になる。しかし、本件においては、実体的瑕疵だけではなく、県知事に広い裁量が認められ、審査の厳格度が低かったことから、審査の厳格度を高くする必要性があり、審査の厳格度を高くすれば、異なる結論となる可能性があったことから、「判断過程審査」的な審査による瑕疵が認められることになったと考えられる。

そこで、要件を充たさないという実体的違法と、「判断過程審査」的な審査による違法という両者の関係について少し触れておきたい。例えば、第三者が承認の取消訴訟を提起して、実体的違法と手続的違法を争い、実体的違法により承認が取り消される場合には、再度申請の審査がやり直されることはないが、手続的違法により承認が取り消される場合には、申請の審査をやり直すことになる[7]。「判断過程審査」によって違法性が認められ、承認が取り消される場合、実際にはこれらと同様の二種類のものがあると思われる。まず、考慮事項の考慮が不十分で、適切な考慮が必要であり、それによって結論が異なりうるという「判断過程審査」の基本的な発想と思われるものがある。この場合は、手続的違法と同様に、申請の審査をやり直すことになる。また、考慮事項の考慮が不十分で、適切な考慮が必要であり、もし適切な考慮がなされれば同じ結論はとりえないという意味で、「判断過程審査」が語られる場合もあるように考えられる。同じ結論はとりえないことが明示されるのであれば、申請の審査をやり直す必要はないように思われる。

本件の場合は、第三者が承認の取消訴訟を提起する場合ではなく、県知事自らがその承認取消しを行っているが、この場合でも、「判断過程審査」的な審

---

7) 小早川光郎『行政法講義 下Ⅱ』(弘文堂、2005年) 228-229頁参照。

査による違法について、上記と同様の2つの状況を考えることができる。つまり、当初の承認に前者の「判断過程審査」的な審査によって違法性が認められる場合、その手続をやり直すことが必要になる。もっとも、いったん承認を取り消して審査をやり直すということではなく、相手方の利益を考慮し、適切な考慮によって実体的審査をやり直した上で、仮に承認できないことがわかれば、そのときに承認取消しをすることも考えられそうである。しかし、承認が継続することによって、工事が続行し、重大な損害が生じるような場合には、やはりいったん承認を取り消した上で、審査をやり直すべきように思われる。他方で、考慮事項の考慮が不十分で、適切な考慮が必要であり、もし適切な考慮がなされれば承認といった結論はとりえないという意味で、「判断過程審査」的な審査が語られる場合には、その手続をやり直す必要はないと考えられる。

本件の承認取消しにおける「判断過程審査」的な審査により認められる違法性は、一方で要件を充足しないことが述べられていることから、実体的違法と同じ意味で用いられているようにも思われるが、それとは別に「判断過程審査」的な審査を行っていることを重視すると、手続的違法と同様な「判断過程審査」的な審査による違法が認められ、承認が取り消された場合には、県知事は、申請に対して再度の審査を行い、結論を出すことを求められていることになる。

(2) 適法不当な承認とその取消し

(a) 不当の考え方

職権取消しの理由となった法的瑕疵として、承認の「違法性」だけではなく、「不当性」もありうるので、まず、「不当性」の考え方を確認する。近年公表された稲葉論文では、「要件裁量」に関わって以下のような説明がされており、本件でも有用と考える。

稲葉教授は、「裁量行為の場合には、例えその要件充足に関する認定・評価

---

8) 高木教授は、「『職権取消』の理由として、伝統的学説では、『原始的違法』のほかに『原始的不当』が挙げられており、現在でもこれに従うものが多数である。」、「『瑕疵』とは、伝統的には『違法』と『不当』を含む概念であった」ことを指摘している。高木光『行政法』(有斐閣、2015年) 136-137頁。

9) 稲葉馨「行政法上の『不当』概念に関する覚書き」行政法研究3号 (2013年) 26-27頁。

が誤りであったとしても、処分要件に係る裁量濫用までに至らない（一定の合理性・相当性がある）限り、違法とはならない（裁判所の適違法判断は、要件充足の有無に関する認定・評価までは及ばない）。しかし、当然認定・評価が誤りである以上、少なくとも『不当』となることは明らかであろう（誤った認定・評価より、正しい認定・評価の方がより公益適合的であることは自明といえよう）。従って、『不当』＝違法にまで至らない要件裁量判断の誤りとは、要件充足していないのに充足していると評価し、あるいは、要件充足しているのに充足していないとの判断が下される場合に見出すことができるといえるのではなかろうか。」とする。つまり、稲葉教授は、「一定の合理性・相当性がある」、「処分要件に係る裁量濫用までに至らない」、「要件充足に関する認定・評価」の「誤り」を不当としている。

　補足しておきたいのは、稲葉教授は、「要件充足」に焦点を当てており、上記で触れた実体的違法と同様に、実体的な不当を念頭に説明をしていると考えられることである。そして、稲葉教授は、どのような場合に「裁量権の範囲逸脱・濫用」（以下「裁量濫用」という）があるかを理論的に明確にしようとしているのではなく、実際に明確にしておらず、「裁量濫用」があれば違法となることから、不当は「裁量濫用」がない場合と考えていることである。そのため、裁量権を行使する行政庁にとって、「要件充足に関する認定・評価」の「誤り」があれば、法的瑕疵があるとして取消しをすることができるため、それが「裁量濫用」があり違法となるか、あるいは、「裁量濫用」がなく不当となるかについて判断を行う必要性はなく、「裁量濫用」の有無は、行政処分の適法性の審査を行う裁判所等にとってのみ区別の必要性があり、その判断は、裁判所等の判断に委ねることになる。

(b)　適法不当な承認の取消し

　以上の考え方を踏まえて、本件における承認が適法不当であるとして、その承認の取消しについて検討する。まず、上記の補足で説明したように、本件の場合も、承認段階で、「要件充足していないのに充足していると評価し」て承認をしたと県知事が判断しているわけであり、それが「裁量濫用」があり違法となるか、あるいは、「裁量濫用」がなく不当となるかについて判断が行われているわけではない。承認取消しにとって重要であるのは、「要件充足に関す

る認定・評価」の「誤り」である法的瑕疵があることだからである。

　次に、承認取消しにおける法的瑕疵に直接的な焦点を当てるのではなく、原処分である承認における法的瑕疵に焦点を当てた場合、県知事の裁量をどのように考えるかという論点がある。仮に第三者が取消訴訟を提起し、裁判所が県知事の審査の厳格度が低い原処分である承認を適法と判断する状況を想定すると、それは、裁判所が県知事に広い裁量を認め、裁判所の審査密度が低いから、適法という判断が可能であると考えられる。

　つまり、「一定の合理性・相当性がある」、処分要件に係る「裁量濫用」までに至らない要件充足に関する認定・評価の誤りが認められるのは、裁判所等の審査密度が低い場合に生じやすいと考えられる。要件充足していないのに充足していると評価する判断に「一定の合理性・相当性がある」と判断できるのは、審査密度が低い場合であり、審査密度が高い場合は、「一定の合理性・相当性がある」にしても、「一定の合理性・相当性」では処分を適法とするには十分ではなく、「裁量濫用」があり、違法と判断されやすいと考えられるからである。

　そして、当初の承認が適法であるとしても、後に県知事が当初の承認における審査の厳格度が低くて、不十分であると判断し、より厳格な審査を行い、承認を取り消した場合、外見的には、承認が適法であるものの、不当な法的瑕疵があるものとして取消しがなされたと考えることができる。「要件充足に関する認定・評価」の「誤り」という法的瑕疵に気がついた以上、承認を取り消すことは当然のことでもある。また、原処分である承認が不当にとどまり、適法であるとしても、県知事はその承認取消しを行うことになるが、裁判所の審査密度は県知事の審査の厳格度の下限を示すものであるから、県知事が審査の厳格度を高めても、それも県知事の裁量権の範

図2　「承認」に対する裁判所の審査密度が低い場合

｜違法　｜　適法
ーーーーーーーーーーーー
　　　　｜「承認」ーーーー→「承認取消し」
　　　　｜（不当）
審査の厳格度低　ーーーーーーーーーー→審査の厳格度高

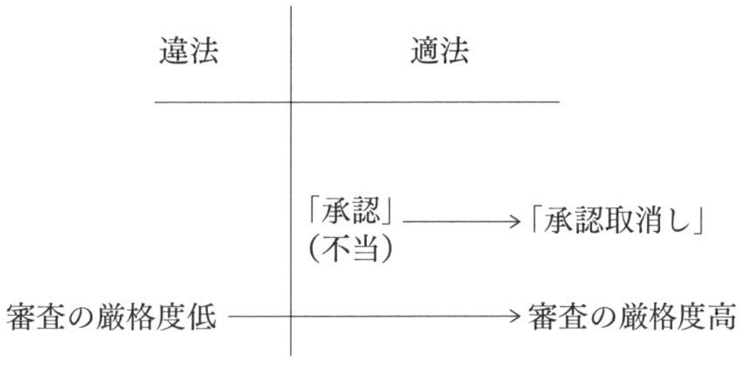

囲内に収まる限り、適法であると考えられる。特に審査密度が低い場合には、県知事に広い裁量を認めることから、承認取消しも適法と判断されることが通常と考えられる。そのことを示したのが、図2である。つまり、原処分である承認の適法性が認められても、その裏返しとして、承認の適法性によって承認取消しの違法性を導き出すことにはならないことに注意したい。

　以上のように、県知事は、当初行った審査が適切ではないと判断した場合、その審査の厳格度を変え、判断を変更することができる。厳しい審査を緩い審査に変更した場合も、裁量権の範囲内に収まるものであれば、適法になる可能性があるが、裁判所の審査密度の傾向を考えると、緩い審査を厳しい審査に変更した場合よりも、厳しい審査を緩い審査に変更した場合には、裁判所によって違法と判断される可能性が高いと予想される。また、裁量権に幅があるとしても、審査が厳格すぎ、裁量権の範囲内に収まらず、結論に瑕疵がある場合も一応論理的に考えることができる。審査の厳格度が高すぎて、比例原則に違反するとして、承認取消しが違法といった場合であるが、本件においては、国はこのような争い方をしていない。

　最後に確認しておきたいことは、違法の場合と同様に、実体的な不当だけではなく、「判断過程審査」による場合と同様に、判断過程の不合理性を理由とする不当も考えられることである。つまり、当初の判断が不合理で、「裁量濫用」までに至らないものの、「要件充足していない可能性があるのに充足していると評価し」ており、合理的に判断すれば、異なる結論がありうるという判断も考えられる。もっとも、実体的な不当に関して述べたことと同様に、知事が承認の判断過程に不合理があるとして取消しをする場合、「裁量濫用」があり違法としているのか、あるいは、「裁量濫用」がなく不当としているのかの判断は行われていない。承認取消しにとって重要であるのは、承認の判断過程に不合理があるか否かであり、「裁量濫用」があるのか否か、すなわち、違法であるか不当であるかは、重要な相違ではないからである。

4 是正の指示と国地方係争処理委員会・裁判所による審査

(1) 自治権の保護と是正の指示の限界
(a) 裁量権の範囲内の承認取消し

国地方係争処理委員会については、本書第6章において別途検討されることから、それに関わる以下の点については、簡単に触れるにとどめる。

先にみたように、是正の指示は、「都道府県の法定受託事務の処理が法令の規定に違反していると認めるとき、又は著しく適正を欠き、かつ、明らかに公益を害していると認めるとき」（自治法245条の7第1項）になされる（以下、便宜のため、単に、「違法等」と省略する）。そして、承認の適法性を論じることから承認取消しの違法性を導くことはできないことについては既に説明してきたので、承認取消しを対象にした是正の指示の違法等の判断について考えることにする（公有水面埋立法を所管する大臣である国土交通大臣が防衛・外交に関する権限行使に関連して是正の指示を出すことができるかといった論点もあるが、この点には触れない）。

検討してきたように、承認取消しは、承認に実体的瑕疵または「判断過程審査」類似の審査による瑕疵があるとしてなされたものである。原処分である承認が不十分な審査に基づくものとして、審査の厳格度を高めて十分な審査に基づき判断を行うことは、県知事に認められた裁量権の範囲内での判断の変更であり、瑕疵があると判断した承認を取り消すことを、違法等と判断することは難しいと思われる。

(b) 自治権の保護と是正の指示における「審査密度」

次に、大臣が是正の指示において、承認取消しの違法等を判断する際の「審査密度」（「審査密度」という表現は、他に適当なものがないことから、便宜のため用いている）を考えてみたい。地方自治法は、関与に関して、「普通地方公共団体の自主性及び自立性に配慮しなければならない。」（自治法245条の3第1項）と規定しており、個別の法律によって県知事に裁量処分である承認権限が与えられていることから、是正の指示においても、自治権が保護され、県知事による裁量権の行使が尊重されることが求められるはずである（後掲図3の①是正の指

示参照)。つまり、自治権を保護するために「関与の限界」があることになる。

このような判断は、裁量処分によって権利利益を侵害された「私人」が訴訟等で争う場合ではなく、県知事の裁量処分の違法性を是正しようとする国の関与であることに関係している。つまり、前者の場合、権限の適法性と裁量処分を受けた者の権利利益の保護が緊張関係にあり、権利利益の保護のためには、一般論として、裁判所等が審査密度の高い審査をすることが期待されていると思われる。しかし、本件の場合、国は取消訴訟を提起しているのではなく[11]、是正の指示という関与法制を利用しており、およそ「私人」の権利利益の保護は目的とならず、是正の指示においては、自治権の保護のために、県知事の裁量権の尊重が求められるものとなっている。仮に、大臣が裁判所の「判断代置審査」のような関与を行うことができるとすると、個別の法律によって裁量権を知事に与えたにもかかわらず、地方自治法の関与法制を通して、大臣が県知事の裁量権を剥奪することになってしまう。

本件の場合、国は、国地方係争処理委員会への回答段階で、一見したところでは「判断過程審査」類似の審査を行い、実質的には「判断代置」と評価できる審査をして、承認取消しは違法であるとしており、「関与の限界」を超える審査となっている。また、国は、承認に広い裁量を認め、後任の知事に裁量権の行使の結果である承認の尊重を求めているようであるが、同じ権限を有する後任の知事が承認の尊重を求められるとするのは妥当ではなく、他方で、知事が裁量権の行使の結果として行っている承認取消しについて、国はそれを尊重すべき立場にあることになる。さらに、国が、承認には広い裁量権を認めつつ、他方で、承認取消しには実質的には「判断代置」と評価できる審査を行い、裁量権をほぼ否定していることにも整合性はないと考えられる。

---

10) 白藤博行ほか『アクチュアル地方自治法』(法律文化社、2010年) 246頁〔白藤博行執筆〕は、「改正自治法の関与規定も、関与の公正性および透明性の確保だけではなく、地方公共団体の自治権の保護に資することをも目的とするものであると解釈できる。」とする。
11) 沖縄県は、承認取消処分の際に、不服申立てとは異なり、取消訴訟は可能と考えて、教示を行っている。これに対して、国は、取消訴訟を提起せず、不服申立てをしている(もっとも、取消訴訟を提起した場合でも、「私人」が権利保護を求めているとはいえない)。

(2) 国地方係争処理委員会と裁判所による審査

　国地方係争処理委員会や裁判所は、何を審査対象とするのかを簡単に確認しておきたい（ここでは、国地方係争処理委員会と裁判所との相違には触れず、両者に共通すると思われる基本的な考えを示す）。地方自治法250条の13第1項は、「国の関与のうち是正の要求、許可の拒否その他の処分その他公権力の行使に当たるもの（次に掲げるものを除く。）に不服があるときは、委員会に対し、……審査の申出をすることができる。」としており、同法250条の14第2項は、「委員会は、……国の関与が違法でないと認めるときは、……国の関与が違法であると認めるときは、……」と規定しており、審査の対象としているのは、直接的には、承認取消しの違法性ではなく、承認取消しの取消しを求める是正の指示であることがわかる。

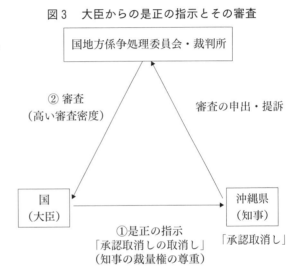

図3　大臣からの是正の指示とその審査

　両者は結果として同一のもののようにもみえるが、是正の指示の手続的違法のような固有の論点もあり、是正の指示の適法性を判断するためには、承認取消しの違法性が判断される必要があるが、承認が適法であれば、承認取消しが違法となる関係にはなく、また、是正の指示は、県知事の裁量権の行使を尊重することが求められることから、是正の指示には一定の限界があることに注意しなければならない[12]。

　そして、是正の指示が一定の限界に収まっているかについて、裁判所は厳格に審査する必要がある。これは、裁判所による行政裁量の審査密度が高くなっている傾向に沿って、同様の審査密度で審査を行うことを意味する（図3の②

審査参照。なお、沖縄県は、国地方係争処理員会の通知を受けて、国に「協議」を求めて、訴訟を提起せず、国から不作為の違法確認訴訟（自治法251条の7第1項）が提起されたことから、図3の提訴は実際とは異なるものとなっている）。

おわりに

　検討してきたように、本件においては、処分庁である県知事が、原処分である承認は審査の厳格度が低く、不十分な審査に基づくものであり、法的瑕疵があり、その審査の厳格度を本来期待される程度に高めた場合には承認取消しが必要と判断しているのであって、承認取消しは、県知事の裁量権の範囲内において行われていると考えられ、それが違法とはいい難い。

　そして、大臣による是正の指示は、自治権の保護のために、県知事の裁量権の行使を尊重することが必要であり、大臣が県知事の裁量的判断に自らの判断を代置させ、県知事の裁量権を無視したような是正の指示は、過度に厳しい関与として違法である。国地方係争処理委員会や裁判所は、大臣の是正の指示が自治権の保護のために、県知事の裁量権の行使である承認取消しを尊重した限定されたものになっているかについて、つまり、「関与の限界」について厳格に審査することが求められている。

　　　　　　　　　　（さかきばら・ひでのり　南山大学大学院法務研究科教授）

---

12)　小早川教授の「法定受託事務の処理に対する国の関与にあっては、一般に、一定の場合に関与として何らかの行為（例えば、指示）をすべきか、あるいはいかなる行為をすべきか（例えば、いかなる内容の指示をすべきか）について、国の行政機関にある程度の裁量の幅が認められることが多く、係争処理委員会としてもそのような国の行政機関の裁量を尊重すべき場合が少なくないであろう」という見解は、関与自体が適法である場合に、関与の選択に関する裁量という文脈での見解であると考えられる。小早川光郎「国地方関係の新たなルール――国の関与と係争処理」西尾勝編著『新地方自治法講座12　地方分権と地方自治』（ぎょうせい、1998年）135-136頁。

第 9 章

埋立承認の職権取消処分と
取消権制限の法理

岡田正則

はじめに——何が問われているのか

　2015年10月13日、沖縄県知事は、公有水面埋立法（以下、「公水法」）42条に基づく沖縄防衛局の辺野古沿岸域埋立て承認の申請について前知事が行った承認処分を職権で取り消した。前知事の処分を精査した結果、当該処分が同法の要件（42条3項により準用される4条1項1号・2号所定の要件）を充足していなかった、というのがその理由である。この職権取消処分（以下、適宜「本件取消処分」という）に対して、国土交通大臣（以下、「国交大臣」）は、同年11月17日、県知事を被告として本件取消処分の取消しを求める代執行訴訟を提起したが、前提手続の不備等が明らかとなり、結局、2016年3月4日に裁判所の和解勧告を受け入れた。これにより、国と県は訴訟・審査請求をそれぞれ取り下げ、国（沖縄防衛局）は埋立て工事を中止し、国交大臣は沖縄県知事に対して地方自治法245条の7第1項所定の「是正の指示」（代執行の前提手続）を行うこととなった。県知事が当該指示について国地方係争処理委員会に審査を申し出たところ、同委員会は、6月17日に「本件是正の指示が地方自治法245条の7第1項の規定に適合するか否かは判断しない」旨の決定を出した。

　本稿は、これらの争訟において国（国交大臣）が農地所有権確認等請求事件・最判昭和43・11・7民集22巻12号2421頁（以下「昭和43年最判」）を援用し、

違法な行政処分を取り消すことができるのは「当該行政処分を放置することが公共の福祉の要請に照らし著しく不当であると認められるときというきわめて例外的な場合」に限定されるので「この高いハードルを超えない限りは、授益的処分である行政処分は、法的瑕疵があったとしても取り消すことができない」と主張していることに鑑みて、取消権制限の法理を考察の対象とする。問題の焦点は、この法理に照らして、本件における県知事の取消権の行使が制限されるのか否か、である。とはいえ、国はこれまで、さまざまな行政分野でくり返し処分の職権取消しを行ってきたのであるから、上記のような職権取消権制限の主張と従前の職権取消し容認の主張とが果たして整合するのかが疑問とされよう。また、昭和43年最判を国の主張のように解することができるのかも、確かめてみなければならない。というのは、従前、国は、「同判決は自作農創設特別措置法に基づく農地の買収計画、売渡計画のごとき行政処分を前提として」いる、などと主張してきたからである。さらに、国側の主張には「国防・外交に関わる公益判断は国の専権的判断事項であるから、県知事は公水法上の公益判断を根拠として取消権を行使することはできない」という趣旨の主張もみられるので、公水法上の公益判断に関する県知事と国（国交大臣等）の権限を検討することも必要であろう。

　そこで以下では、まず、取消権制限の法理とはどのような法理論なのかを概観し、その中で昭和43年最判の位置を確かめる。また、ここであわせて、本件における県知事の権限の範囲を確かめておくことにしたい（後述1）。次に、県知事が取消権を行使できる場合に、これを制約する要因としてどのようなものがあり、また、どのような形でその制約がなされるのかを、国の主張と対比しながら検討する（後述2）。最後に、本稿の考察を要約し、結論を述べる（後述3）。

---

1) 国地方係争処理委員会宛提出の相手方・国土交通大臣「答弁書4（取消制限法理について）」（平成28年3月29日付）6頁。代執行訴訟での国土交通大臣「訴状」（平成27年11月17日付）18頁も参照。なお、本稿を作成するにあたり、上記代執行訴訟において福岡高裁那覇支部宛に提出された人見剛「行政処分の職権制限の法理に関する意見書」（2016年1月7日付）を参照した。人見教授にお礼を申し上げる。

2) 後掲注21) および注31) を参照。

1　取消権制限の法理からみた本件取消処分の位置

(1)　行政処分としての本件取消処分の性質

　検討の前提として、最初に、行政処分の性質という視点から本件取消処分の位置を確かめておく。

　第1に、「取消し」という行為の意味を明らかにしておく必要がある。法令上の「処分の取消し」は、理論的には、取消処分と撤回処分に区別される。前者は、処分成立時に瑕疵があることを理由として、原則としてその成立時に遡って当該処分の効力を失わせる処分である。後者は、処分成立時に瑕疵はなかったが、事後的な事情（違法状態の形成、公益上の必要性の発生など）に基づいて、一定時点以降に限って当該処分の効力を失わせる処分である。本件取消処分は、前知事の埋立承認処分に瑕疵があったことを理由とする処分であるから、前者である。

　第2に、職権取消しと争訟取消しの区別との関係も明らかにしておく必要がある。ある行政処分を取り消す権限は、担当行政庁だけではなく、審査請求における審査庁および訴訟における裁判所も有している。担当行政庁自身による取消しを職権取消しまたは自庁取消し、審査庁・裁判所による取消しを争訟取消しと呼ぶのが通例である。本件取消処分は前者である。国側の主張には、公定力や不可争力と呼ばれる行政処分の効力が担当行政庁の職権取消権を制約するかのような論述もみられるが、後述2(1)のとおり、公定力・不可争力といった効力は、審査庁や裁判所の争訟取消権を制約するものであるとしても、担当行政庁の職権取消権を制約するものではない。

　第3に、職権取消しの対象となる処分の性質との関係も明らかにしておく必要がある。取消しの対象となる処分が侵害的処分である場合には、取消権に制約がないのに対し、授益的処分である場合には、処分の相手方がいったん受けた利益を取消処分によって奪うことになるので、取消権の行使は一定の範囲で制約されると解されている。また、二重効果的処分の場合も、担当行政庁は当該処分によって利益を得た者の立場を考慮に入れて取消権を行使すべきことになるので、その範囲で取消権を制限されることになる。本件取消処分の対象と

された前知事の処分は、承認処分の相手方（沖縄防衛局）との関係では授益的処分であるが、周辺住民・漁民等との関係では侵害的処分とも解されるので、上記のうちの二重効果的処分に該当する。取消権制限の範囲に関して利益衡量に基づく判断を行う場合には、授益・侵害の両面を考慮に入れるべきこととなる。

　第4に、職権取消しの対象となる処分がいかなる権利利益を保護ないし付与しているのかにも留意する必要がある。当該権利利益が金銭給付等の財産的価値に関するものであれば、これを性急に剥奪する取消権の行使は制約され、取消しにより得られる利益と取消しにより失われる利益の衡量によって決することが合理的であるのに対し、当該利益が一定の資格等の地位である場合には、適法状態の回復──例えば違法免許に基づく事業活動の排除──という法治主義の要請が強く働くので、違法処分を取り消すことが担当行政庁の基本的な役割だと解する見解が有力である。本件取消処分の対象となっている権利利益は、埋め立て工事を実施するための資格であるので、法治主義の要請が重視されるべきことになる。

　以下では、本件取消処分が以上のような位置づけにあることを前提として検討を行う。

(2)　学説の状況

　古典的な学説の標準を示す美濃部達吉『日本行政法・上』は、授益的処分の取消しを覊束行為と解し、取消権の行使が制限されることを強調している[3]。

> 「許可又は特許の如き人民の義務を免除し又は権利を設定する行為に在つては、其の取消は常に人民の既得の権利又は利益を侵害することに帰し、随つて其の取消は自由裁量の行為ではあり得ない。……其の取消は覊束せられた取消であり、行政官庁は一方には其の法律的瑕疵の重大さの程度及び其の結果としてこれを取消すべきことの公益上の必要並にこれを取消さないことに依つて公の秩序に及ぼすべき影響を考察すると同時に、一方にはこれを取消すことに依つて当事者に及ぼすべき不利益を考察して、両者の間に公正な比例を保たしむることを要する。これを取消し得る為には、これを取消すことの公益上の必要が、当事者をして其

3）　美濃部達吉『日本行政法・上』（有斐閣、1936年）307頁。

の取消に依つて受くる不利益を忍ばしめねばならぬ程度に重大であることを要する」。

　第二次世界大戦後の通説とされる田中二郎の見解も、上記の美濃部説とほぼ同様である。後述の昭和43年最判の定式は、これらの見解に依拠していると考えられる。

　これらに対して、今日の学説の多くは、いったん行われた処分が違法であれば担当行政庁は原則としてこれを取り消すべきものと解している。例えば、藤田宙靖『行政法総論』は、法律による行政の原理を重視し、"原則としての取消しと例外としての取消制限、という理論的けじめ"を強調している。

　「違法な行政行為の取消制限ということが一般に認められるのは、あくまでも、『法律による行政』という要請と相手方及び関係者の法的安全の保護という要請との価値衡量の結果、後者に重きが置かれる場合が存する、ということが承認されるからであるが、理論的に見る限り、それはやはりさしあたって『法律による行政の原理』の例外（ないし限界）を成すものと言わざるを得ない」。「『法律による行政の原理』を、今日なお行政法解釈論の出発点として採用しようとする限りにおいては、違法な行政行為について、原則としての取消しと例外としての取消制限、という理論的なけじめを明確につけておくことが必要であると思われる」。

　また、塩野宏『行政法Ⅰ〔第6版〕行政法総論』は、保護対象の性質に着目して次のように述べる。

　「行政行為の取消しは、法律による行政の原理の回復であるので、行政庁としては、当然取消しをすべしということになる。しかし、現実の場合に取消しが行政主体と処分の相手方との間で問題になる典型例として、授益的行政行為の場合がある。……一般論としては、問題の焦点が、法律による行政の原理を否定するに足る相手方並びに利害関係者の保護の必要性が認められるかどうかにあることからすると、利益保護の対象は財産的価値（金銭又は物の給付）に関係するもので（逆にいえば、資格等の地位付与に関する場合は公益上必要な要件が欠けている以

4）　田中二郎『行政法総論』（有斐閣、1957年）356-357頁、同『新版行政法・上巻〔全訂第二版〕』（弘文堂、1974年）151-152頁。
5）　藤田宙靖『行政法総論』（青林書院、2013年）243頁。
6）　塩野宏『行政法Ⅰ〔第6版〕行政法総論』（有斐閣、2015年）189-190頁。

上、取消権の制限は及ばない)、取消権の行使の結果蒙る相手方の不利益の具体的状況、当初の行政行為の瑕疵をもたらした原因(相手方の責めに帰するものかどうか)等の利益の比較を当該受益的処分に係る法律の仕組みに即して判断することになろう」。

すなわち、財産的価値に関するものと地位付与に関するものとに行政処分を区分し、前者では利益衡量による解決、後者では法律による行政の原理の要請を重視する。これはドイツ行政手続法48条の考え方に近似する見解だと思われる。[7]

小早川光郎『行政法 上』は、授益的処分や二重効果的処分における信頼保護という側面に着目して、取消権の制限を論じている。[8]

「行政処分に瑕疵がある場合、そのような処分によって法律関係が規律されるというのは正常な事態ではなく、したがって、瑕疵ある処分は、本来、取り消されてしかるべきものである。ただ、……利益的処分が瑕疵ありとして取り消されるのは受益者にとっては不利益であるから、……関係者の信頼の保護が考慮される必要がある。そこで一般に、利益的処分に関し行政庁がその瑕疵を理由として取り消すことは、関係者に帰責事由のある場合か、そうでなければ、処分を取り消すべき公益上の必要性が……具体的にみて関係者の信頼を覆してもやむをえないほどのものである場合(農地買収に関する最判昭和33・9・9民集12巻13号1949頁、最判昭和43・11・7民集22巻12号2421頁等を見よ)にのみ認められると解される」。

以上のように、今日の学説の多くは、瑕疵ある授益的処分の職権取消しを原則として認める一方で、一定の場合にこの取消権に制限を課す、という理解で共通している。問題は、その制限の仕方と範囲であるが、学説と判例は、さしあたり、①法的安定説(瑕疵ある処分を取り消すには、公益上の必要がなければなら

---

7) ドイツ行政手続法48条(違法な行政処分の取消し)は、第1項において、「違法な行政行為は、それを争うことができなくなった後においても、その効力の全部または一部を、将来または過去に向かって取り消すことができる」と、取消しが原則であることを示した上で、授益的行政行為については「第2項から第4項までの制限の下でのみ取り消すことが許される」として、取消権の制限を定めている。第2項は金銭等の給付に関する行政行為について信頼保護の必要性がある場合の取消制限、第3項はその他の行政行為について信頼保護の必要性がある場合の財産的損害の補償、第4項は取消し時期の制限、である。

8) 小早川光郎『行政法 上』(弘文堂、1999年)300-301頁。

ないとする見解）、②利益衡量説（取消しにより生じる相手方の不利益と瑕疵ある処分を維持することによる公益上の不利益との比較衡量により決すべきだとする見解）、③信頼保護原則・信義則説（取消制限の根拠・基準を信頼保護原則に求める見解）に整理することが可能であろう。とはいえ、これらは互いに排斥する関係にあるわけではなく、むしろ、以下に紹介する中川丈久論文の分析を参考にすべきだと思われる。同論文は、取消権制限の問題は行政処分の実体的違法事由に関する一般的問題のひとつであって、「行政処分一般に共通するごく基本的な問題を、『取消し』と呼ばれる場面を素材に論じているだけ」であるという問題の位置づけを行った上で、職権取消しの実体的違法事由の構造を次のように提示する。

(a)職権取消事由（取消しの対象となった行政処分の原始的違法）の不存在、または、
(b)職権取消しを選択したこと、および取消内容の選択（遡及的か将来的か、全部取消しか一部取消しか、その他不利益緩和措置を伴わせるか）に、比例原則や平等原則があること、または、当該事案においてとくに重視すべき事情（相手方への不意打ち度、事実上の影響の甚大さなど）への周到な考慮を欠くなど、合理的な効果裁量が行使されたとはいえない事情があること、
(c)信頼保護や「行政権の濫用」の観点から、あえて当該取消しの行為を違法と評価すべき特段の事情があること

中川論文によれば、職権取消しの制限に関する議論は、(a)の充足を当然の前提とした上で、(b)の議論（「取り消すだけの公益上の必要性」の有無、効果裁量の合理性の有無）と、(c)の議論（上記(b)に問題がないとしても、信頼保護のような正義の要請に反する特段の例外的事情が存在しないか）を行っている。このような整理に照らしてみると、国側が論拠として挙げる昭和43年最判の定式は、(b)の議論に対応するものであって、(c)の議論に対応するものではないことが分かる。すなわち、この定式は職権取消処分における裁量権行使の合理性を担保するために比較衡量という方法を指示したものであって、瑕疵ある農地買収処分に対する利害関係者の信頼保護を指示してはいないのであり、それゆえ、米軍や埋立事

9）　乙部哲郎『行政行為の取消と撤回』（晃洋書房、2007年）370-372頁、378-380頁。
10）　中川丈久「『職権取消しと撤回』の再考」水野武夫先生古稀記念論文集刊行委員会編『行政と国民の権利』（法律文化社、2011年）366頁。

業関係者等の第三者の信頼保護、あるいは外交上の諸外国の信頼保護に結びつくような定式ではないのである（次に述べる1(3)および2(4)を参照）。

　なお、信頼保護を含む衡量要素を緻密に提示しているのが、芝池義一『行政法総論講義』である[11]。同書によれば、「授益的行政行為の職権取消においては、一方において、相手方の利益ないし信頼の保護の要請から職権取消の抑制のベクトルが働くが、他方において、法治主義の形式的要請に基づき当該行為の取消を求めるベクトルが働く」。衡量要素として、まず、①職権取消しが相手方に対して与える打撃ないし不利益の程度がある。その際の視点として重要なのが、取消しの行われる時期（当該行政行為の時点から長い年月が経過してからの取消しの場合には打撃が大きい）や、取消しによる打撃の緩和措置（事前の告知、取消しの遡及効の制限など）・代償措置（補償など）の有無である。相手方に対する打撃が大きい場合や打撃の緩和措置・代償措置がとられていない場合には前者（職権取消しの抑制）に、打撃が小さい場合や打撃の緩和措置・代償措置がとられている場合には後者（職権取消しの容認）に傾くことになる。次に、②違法性の程度や内容を考慮する必要がある。違法の程度が軽微であれば前者（職権取消しの抑制）に、違法の程度が大きい場合や違法の内容が重大である場合には後者（職権取消しの容認）に傾くことになる。さらに、③第三者の利益や公共の利益も衡量要素となりうる。「公益上当該行為の存続が要請される」場合（行政事件訴訟法31条が定める事情判決の法理が類推されるような場合）には前者（職権取消しの抑制）に、第三者の利益や公共の利益からみて公益上当該行為の存続を否定すべき場合には後者（職権取消しの容認）に傾くことになる。以上のような衡量要素の配置は、(c)の信頼保護が問題となりうる例外的な事案を取り込んだ上で、(b)の枠組みで処理するアプローチだと考えられる。このような判断枠組みを本件取消処分にあてはめるとどうなるかについては、後述2(4)で示すことにしたい。

---

11)　芝池義一『行政法総論講義〔第4版補訂版〕』（有斐閣、2006年）168-171頁。信頼保護事件におけるこの判断枠組の活用例として、岡田正則「社会保障領域での授益的行政行為の取消しと行政手続の課題——社会保険（年金）分野を中心に」行財政研究31号（1997年）12頁も参照。

(3) 判例の状況と昭和43年最判の意味

　授益的処分に関する取消権制限の法理について包括的な研究を行った乙部哲郎『行政行為の取消と撤回』によれば、この法理に関する判例は、戦後初期には法的安定説によっていたとされる。すなわち、「申請者側に詐欺等の不正行為があったことが顕著でない限り、処分をした行政庁もその処分に拘束されて処分後にはさきの処分は取消しできないことにしなければ、農調法九条三項所定の法律行為について特に賃貸借当事者の意思の自主性を制限して、その効力を行政庁の許可にかからしめた法的秩序には客観的な安定性がないことになって、それでは却て耕作者の地位の安定を計る農調法の目的に副わないことになることは明らかである」という最判昭和28・9・4の判断がこれを示すものである。

　この後、判例では利益衡量説が支配的傾向となっていった。違法行政処分取消請求事件・最判昭和31・3・2、牧野買収売渡計画取消議決等無効確認請求事件・最判昭和34・1・22、そして前述の最判昭和43・11・7（昭和43年最判）などである。最判昭和34・1・22は最判昭和31・3・2を「行政処分を放置することによる公益上の不利益が、処分の取消により関係人に及ぼす不利益に比してはるかに重大であるような場合には、たとえ、その行政処分が争訟の提起期間の徒過等により確定しても、処分庁においてこれを取消し得るものと解するを相当とする（昭和三一年三月二日第二小法廷判決、民事判例集一〇巻三号一四七頁以下参照）」と引用している。後述のとおり、昭和43年最判も最判昭和31・3・2を引用しているが、利益衡量を指示するという趣旨は同じだといえる。

　本件において国側はおおむね上記諸判決を主張の根拠として挙げている。これらの判決は、いずれも自作農創設特別措置法（以下、「自創法」）下のものであるが、それらの趣旨をここで簡単に確かめておこう。まず、最判昭和28・9・4は、行政処分の職権取消しを制限する根拠を当該処分の根拠法令の制度趣旨に求めており、国側の主張を裏づける判決とはいえない。次に、最判昭和31・

---

12) 以下の判例の変遷については、乙部・前掲注9) 376-381頁参照。
13) 土地賃貸借解約許可取消指令取消請求事件・最判昭和28・9・4民集7巻9号868頁。
14) 違法行政処分取消請求事件・最判昭和31・3・2民集10巻3号147頁、牧野買収売渡計画取消議決等無効確認請求事件・最判昭和34・1・22判時175号12頁。

3・2と昭和43年最判は、いずれも、自創法違反を理由に処分の職権取消しを適法と判断しており、国側の主張とは正反対の結論に至った判決である。最判昭和33・9・9は、買収農地の売渡しを受けるべき小作人の利益を重くみて農地買収処分の職権取消を制限した判決であり、授益的処分の名宛人の信頼保護を理由とした職権取消制限を認めた判決とはいえない。以上、要するに、本件において国側が挙げる判例は、いずれも、県知事は本件取消処分をなしえないとする国側の主張を裏付けるものとはいえないのである。

　なお、乙部・前掲書は、信頼保護原則・信義則説を示す下級審裁判例が──少数ではあるが──主として恩給や年金支給等の事件においてみられることを指摘している。恩給不当利得返還請求事件・最判平成6・2・8[15]がその一例である。同最判は、相当期間の経過が信義則適用の根拠とされ、自庁取消しの主張が信義則により制限されると判断した。信頼保護ないし信義則の成立については、酒屋青色申告承認申請懈怠事件・最判昭和62・10・30がよく知られている。同最判によれば、(「租税法律主義の原則が貫かれるべき租税法律関係においては」という限定が付されているが)「租税法規の適用における納税者間の平等、公平という要請を犠牲にしてもなお当該課税処分に係る課税を免れしめて納税者の信頼を保護しなければ正義に反するといえるような特別の事情が存する場合」に信義則の法理が適用されるとし、少なくとも、①税務官庁が納税者に対し信頼の対象となる公的見解を表示したことにより、②納税者がその表示を信頼しその信頼に基づいて行動したところ、③のちに右表示に反する課税処分が行われ、④そのために納税者が経済的不利益を受けることになったものであるかどうか，また、⑤納税者が税務官庁の右表示を信頼しその信頼に基づいて行動したことについて納税者の責めに帰すべき事由がないかどうかという点の考慮が不可欠だとされている。[16]埋立事業者としての国(沖縄防衛局)が沖縄県を

---

15) 恩給不当利得返還請求事件・最判平成6・2・8民集48巻2号123頁。「恩給受給者甲が国民金融公庫(乙)からの借入金の担保に供した恩給につき国が乙にその払渡しをした後に、甲に対する恩給裁定が取り消されたとしても、乙は甲に対して恩給を担保に貸付けをすることを法律上義務付けられており、しかも恩給裁定の有効性については乙自ら審査することはできず、これを有効なものと信頼して扱わざるを得ないものであることなど、判示事情の下において、国が恩給裁定の取消しの効果が乙に及ぶとして、右払渡しに係る金員の返還を求めることは許されない」とした例である。

被告として本件取消処分の適否を争う事件であれば、この法理を適用する余地もあろうが、本件は国交大臣が適法状態の維持・回復を県知事に求める事件であるので、この点を論じる実益はないと思われる（なお、後述の2(4)末尾を参照）。

さて、ここで、取消権制限の主要な論拠として国側がくり返し援用する昭和43年最判を詳細に検討してみよう。同最判が出されて以降、裁判所は同最判を取消制限の判例として用いてはこなかったし、また国自身も、取消権制限の事件において同最判を援用してこなかった。これはなぜなのであろうか。この点もあわせて考えることにしたい。

この事件は、自創法に基づく農地買収計画・売渡計画によりＸらに農地の売渡しが行われ、所有権取得登記がなされたところ、当該農地が不在地主の土地ではなかったことが判明したため、農業委員会が上記計画の取消しをＸらに通知したことについて、Ｘらが、上記計画の取消しが無効であることを前提として、Ｙ₁（耕地整理組合、被告・被上告人）に対して所有権確認と移転登記を、Ｙ₂（土地の耕作・占有者、被告・被上告人）に対して土地の明渡しを求めた事案である。[17]

　「自作農創設特別措置法の規定に基づく農地の買収計画、売渡計画のごとき行政処分は、それが一定の争訟手続に従い、なかんずく当事者を手続に関与せしめて紛争の終局的解決が図られ確定するに至つた場合は、当事者がこれを争うことができなくなることはもとより、行政庁も、特別の規定のない限り、それを取り消しまたは変更し得ない拘束を受けるに至るものであることは、当裁判所の判例とするところであるが……、本件においてはそのような争訟手続による終局的解決がなされておらず、……従つて、前記取消処分の客体となつた本件買収計画および売渡計画は、前記のような特別の規定のない限り行政庁が自らそれを取り消しまたは変更し得ない拘束を受けるに至つた場合に該当する行政処分でないことが明らかである。

---

16) 酒屋青色申告承認申請懈怠事件・最判昭和62・10・30判時1262号91頁。判例における信頼保護・信義則の法理については、文献を含めて、乙部哲郎『行政法と信義則』（2000年、信山社）363頁以下（同最判など租税法分野については68頁以下）、最近の動向については、橋詰均「行政庁の行為と信義誠実の原則」藤山雅行・村田斉行編『新・裁判実務体系第25巻・行政争訟〔改訂版〕』（青林書院、2012年）64頁など参照。
17) 本判決については、文献を含めて、牛嶋仁「判批」宇賀克也・交告尚史・山本隆司編『行政判例百選Ⅰ〔第6版〕』（有斐閣、2012年）186頁参照。

しかして、このような場合においては、買収計画、売渡計画のごとき行政処分が違法または不当であれば、それが、たとえ、当然無効と認められず、また、すでに法定の不服申立期間の徒過により争訟手続によつてその効力を争い得なくなつたものであつても、処分をした行政庁その他正当な権限を有する行政庁においては、自らその違法または不当を認めて、処分の取消によつて生ずる不利益と、取消をしないことによつてかかる処分に基づきすでに生じた効果をそのまま維持することの不利益とを比較考量し、しかも該処分を放置することが公共の福祉の要請に照らし著しく不当であると認められるときに限り、これを取り消すことができると解するのが相当である（昭和二八年(オ)第三七五号、同三一年三月二日第二小法廷判決、民集一〇巻三号一四七頁参照）。しかも、自作農創設特別措置法の規定に基づく農地買収……処分が、本件におけるごとく、法定の要件に違反して行なわれ、買収すべからざる者より農地を買収したような場合には、他に特段の事情の認められない以上、その処分を取り消して該農地を旧所有者に復帰させることが、公共の福祉の要請に沿う所以である。……前記諸般の事情を勘案すれば、違法な買収処分によつて本件各農地の旧所有者たる前記訴外Aや同人からこれを買い受けた被上告人Y₂の蒙つた不利益は、違法な売渡処分に基づき本件各農地の所有者となつた上告人らが右処分の取消によつて蒙る不利益に比し著しく大であるというべきである。

　それ故、これらの処分を取り消して本件各農地を旧所有者またはその買受人に復帰させることが、公共の福祉の要請に反するものと認めるべき特段の事情の存しない本件にあつては、玉川地区農業委員会が都知事の確認を得て本件各農地の買収計画および売渡計画を取消したことは、是認することができ、原判決には所論の違法は認められない」。

　この最判は、次の構成要素から成り立つている。すなわち、①本件の農地買収処分・売渡処分は争訟手続を経ていないので、不可変更力（担当行政庁を含む関係者による取消しを否定する効力）が働かず、したがって、自庁取消しが可能な事案であること、②取消処分の適否は「処分の取消によつて生ずる不利益」と「取消をしないことによつてかかる処分に基づきすでに生じた効果をそのまま維持することの不利益」との利益衡量という方法を用いるべきであること、③利益衡量に際しての「該処分を放置することが公共の福祉の要請に照らし著しく不当であると認められるとき」という要素は、農地買収処分に違法があれば、これを取り消すことが公共の福祉に沿うと解され、「自創法に基づく農地

買収処分の法定の要件に違反して行われ、買収すべからざる者より農地を買収したような場合」には「他に特段の事情の認められない」限り、「公共の福祉の要請に照らし著しく不当であると認められるとき」に該当すること、④本件では、違法な買収処分によって旧所有者が受けた不利益は、当該処分を取り消すことによって新所有者が蒙る不利益に比して大きいので職権取消処分は適法こと、である。

以上のとおり、昭和43年最判は比較衡量によるべきことを示した判例であって、ここには信頼保護の要素は含まれていない。この点は、前述の、最判昭和34・1・22による最判昭和31・3・2の引用趣旨から明らかであり、また、同事件に関する調査官解説を見ても明らかであり[18]、さらに、最判昭和47・12・8が行政処分の撤回に関する事件において、昭和43年最判を、「処分を撤回または変更することが公益に適合するかどうかを判断するにあたつては、たんにこれを必要とする行政上の都合ばかりでなく、当該処分の性質、内容やその撤回または変更によつて相手方の被る不利益の程度等をも総合的に考慮して、これを決しなければならない（最高裁昭和三九年（行ツ）第九七号同四三年一一月七日第一小法廷判決・民集二二巻一二号二四二一頁参照）」と引用していることからも明らかである[19]。

以上で検討してきた昭和43年最判は、本件取消処分にとってどのような意味をもちうるのであろうか。次の3点を確認できると考えられる。

第1に、上述のとおり、昭和43年最判は処分取消しの可否について比較衡量によるべきことを示した判例であり、信頼保護を衡量要素として含む判例ではない点である。本件において国側は、昭和43年最判の中で米国等の信頼保護を

---

[18] 可部恒雄「判解」法曹時報21巻7号（1969年）73-74頁。「本判決も、処分の取消しによって生ずる不利益と、処分を放置し既成の効果をそのまま維持することの不利益とを比較衡量し、これを放置することが公益上いちじるしく不当と認められるときにかぎり、行政庁みずからする処分の取消しが許されるとする点で、従前の判例と趣旨を同じくする」。「一般に、買収処分に取り消し原因たる瑕疵があり、その有効を前提として売渡処分がなされ、売渡しの相手方のため所有権取得登記を経由したうえ、当該農地につき、さらに第三取得者が現れたような場合に、法定の争訟提起期間経過後、処分庁が買収・売渡処分の取消しをなしうるかは、買収処分の瑕疵がいかに重大であるとしても、きわめて疑わしいというべきであろう。しかし、本件は、……Xらからさらに権利を譲り受けた第三者なるものは現れていないのであって、［上記］設例のような場合については、本判決はなんら示唆するところはない」。

[19] 仮換地変更指定処分無効確認等請求事件・最判昭和47・12・8集民107号319頁。

あてはめようとしているが、これは同最判の誤用だといわざるをえない。前掲の中川論文による整理に即していえば、昭和43年最判の事案も本件の事案も、(c)の信頼保護事件のような「特段の事情」が存在する事案ではなく、(b)の諸要素で考察すべき事案なのである。

　第2に、昭和43年最判の判示は、古典的定式に基づく判断であって、今日の学説では採られていないし、最高裁もわずかに前述の最判昭和47・12・8が引用する程度に位置づけているものと考えられる。今日の裁判例をみれば、例えば、東京高判平成16・9・7が判示しているように、「一般に、行政処分は適法かつ妥当なものでなければならないから、いったんされた行政処分も、後にそれが違法又は不当なものであることが明らかになった場合には、法律による行政の原理又は法治主義の要請に基づき、行政行為の適法性や合目的性を回復するため、法律上特別の根拠なくして、処分をした行政庁が自ら職権によりこれを取り消すことができるというべきであるが、ただ、取り消されるべき行政処分の性質、相手方その他の利害関係人の既得の権利利益の保護、当該行政処分を基礎として形成された新たな法律関係の安定の要請などの見地から、条理上その取消しをすることが許されず、又は、制限される場合があるというべきである」と、学説と同様に、いったん行われた処分が違法であれば担当行政庁は原則としてこれを取り消すべきものと解している。国自身も、昭和43年最判を自創法に基づく特殊な処分にのみ通用する限定的な判例であることを強調してきた。例えば、「同判決〔昭和43年最判〕は自作農創設特別措置法に基づく農地の買収計画、売渡計画のごとき行政処分を前提としており、このような事案では、農地解放に伴う所有の農地の権利関係を早期に確定するという要請があり、又、当該処分自体の所有権の帰結に直接かかわる性質のものであるから、継続的に年金を給付することを内容とする本件〔障害年金裁定処分事件、上記の東京高判平成16・9・7〕とは事案が異なる」といった評価である。以上から明らかなとおり、学説からみても、判例からみても、あるいは従前の国の見解からみても、昭和43年最判は、せいぜいのところ「職権取消しにあたっては利益

---

20)　障害年金再裁定処分取消等請求事件・東京高判平成16・9・7判時1905号68頁、訟務月報51巻9号2288頁。

21)　友利英昭「判解（東京高判平成16・9・7）」訟務月報51巻9号（2005年）23頁。

衡量をせよ」という程度の判例にすぎないのである。

　第3に、昭和43年最判の対象が財産的価値に関する事件であるのに対し、公水法の埋立承認が問題となっている本件は、一定の資格等の地位に関する事件だという点にも注意すべきである。今日の有力な見解によれば、後者の場合には、適法状態の回復という法治主義の要請が強く働くので、違法処分を取り消すことが担当行政庁の基本的な職責だと解されることになる[22]。この面では、昭和43年最判の判例としての射程が本件には及ばないのである。

(4) 国防・外交上の公益と公水法における知事の公益判断との関係

　国側は、国防・外交上の公益判断は国交大臣も都道府県知事もできないことを理由として、沖縄県知事が公水法上の公益判断に基づいて前知事の承認処分を取り消すことはできない旨を主張している[23]。

> 「〔公有水面埋立〕法は国土交通省が所管するところ、我が国の国防や外交に係る事項の適否を判断することは、もとより同省の所掌事務には含まれていないのであるから、法に基づく法定受託事務の範囲で公有水面埋立に係る権限を付与されているにとどまる沖縄県知事に、米軍施設及び区域を辺野古沿岸域とすることの国防上の適否について、審査判断する権限が与えられていると解する余地はない」。「沖縄県知事が同法に基づき埋立承認の要件該当性を判断するに当たって、米軍に提供する普天間飛行場代替施設の配置場所を辺野古沿岸域とすることの国防上の適否について、これを審査判断する権限があると解する余地はな」い。「都道府県知事は、国の本来果たすべき役割に関する重要な政策的判断を尊重すべきであって、都道府県知事が、「県外・国外の他の場所でなくてはならない必要性」を独自に審査することは許されない」。

　この国側の主張には、前提に誤りがある。第1に、国交大臣が埋立地の利用について公水法上の公益判断をなしえないとすれば、同大臣は代執行や是正の指示の根拠事項を判断できないのであるから、代執行も是正の指示もできないことになる。国土交通省の所掌事務には含まれていない事項について、都道府県知事に対して権限行使ができないということは、常識に属する事柄であろう。

---

　22) 例えば、塩野・前掲注6) 参照。
　23) 国土交通大臣「訴状」・前掲注1) 13頁。同70-73頁も参照。

第2に、上記第1の誤解の半面ともいえるが、沖縄県知事の判断事項を誤解している。公水法に基づいて県知事が判断するのは、「米軍に提供する普天間飛行場代替施設の配置場所を辺野古沿岸域とすることの国防上の適否」ではなく、辺野古沿岸域を米軍施設にすることの適否である。すなわち、どこに国防施設を造るかは国の判断事項であるとしても、ある特定の地域に国防施設を造ることについて県土利用の観点から支障が生じるか否かの判断は、都道府県知事が当然に行うことのできる事項なのである。

　第3に、国の主張は、都道府県知事は「国の本来果たすべき役割に関する重要な政策的判断」に無条件に従えという主張であるが、これは、法定受託事務制度の趣旨を没却する主張である。この第3の点について、以下で敷衍することにする。

　公水法42条の「埋立承認」とはいかなる制度であろうか。それは、本質的には国のある機関（例えば国交大臣）が他の機関（例えば防衛大臣）に対して行う組織内部の「承認」を、法定受託事務として外部化したものであろう。免許手続と承認手続が近似している理由は、埋め立てに関する都道府県の利益を慎重に担保する趣旨であって、国が強権的に埋立工事を進めることを抑制するためだと解される。埋立ての承認・免許という行政処分が都道府県知事の法定受託事務とされた理由は、国交大臣よりも都道府県知事の方が、「国土利用上適正且合理的ナルコト」、「其ノ埋立ガ環境保全及災害防止ニ付十分配慮セラレタルモノナルコト」という同法4条の要件判断をよりよく行えるからである。この点を、国土利用法制・海岸管理法制等に即してみてみよう。第1に、国土利用については、都道府県の土地利用基本計画との整合性が求められる。国レベルでは、「国土の利用に関する基本的な事項について全国計画を定める」にとどまる（国土利用計画法5条）。これに対して、国土利用の中心的判断となる土地利用基本計画は、都道府県が定める（同法9条）。県レベルの土地利用の判断が優先されるからである。第2に、海岸保全基本計画との整合性も求められる。国レベルでは、「海岸保全区域等に係る海岸の保全に関する基本的な方針を定める」にとどまる（海岸法2条の2第1項）。これに対して、海岸保全の中心的判断となる海岸保全基本計画は、都道府県が定める（同法2条の3）。県レベルの海岸保全の判断が優先されるからである。また第3に、環境基本法に基づいて、

各県に属する水域については都道府県知事が環境基準を定める（環境基本法16条2項2号ロ）。第4に、漁業法や農業法といった産業法では規制や監督が都道府県知事に委ねられているので、埋立事業とこれらの産業との整合性も求められる。例えば、海岸域の埋立ては、漁業にきわめて大きな影響を与えるが、埋立てと漁業の調整は都道府県のレベルで行われるのであって、国のレベルで行うことはできないのである。

以上のように、土地利用や海岸管理等の点から、都道府県知事が総合調整の役割を担うので、埋め立て免許や承認の判断権が知事に委ねられている。仮に、問答無用で国の公益判断を優越させる必要がある事業であるとすれば、そのためには、例えば海岸法6条のような主務大臣の直轄工事に関する規定がなければならない。公有水面埋立事業については、防衛大臣の直轄事業の規定はないので、都道府県知事の公益判断に対して防衛大臣・外務大臣等の公益判断を優越させることはできない。一方、事業者としての沖縄防衛局が国土利用上の合理性の判断や海岸の保全・防災等の判断を行いえないことも明らかである。これらに関する事項は、都道府県知事の総合的な判断に従うべきことになるのである。

(5) 小　括

本節での考察から明らかになったことをまとめておこう。第1に、今日の学説・判例に照らしてみれば、違法な行政処分は原則として取り消されるべきである。特に本件のような地位付与の事案においては法治主義の要請が強く働くので、取消しが強く求められる。また、本件は信頼保護が求められる事案には該当しないので、本件取消処分について合理的な裁量権行使が行われたのか否かが職権取消権の制限に関する検討点となる。第2に、昭和43年最判は、職権取消権の制限に関する判例としては、「処分の取消によって生ずる不利益」と「取消をしないことによつてかかる処分に基づきすでに生じた効果をそのまま維持することの不利益」の衡量を指示するものという意義を有するにとどまる。第3に、公水法の埋立承認における県知事の裁量権行使は、県土利用の総合的判断の下で行うべきものである。本件取消処分の適否は、この観点からの比較衡量に基づいて判断されるべきである。

次節では、上記の点を踏まえて、代執行訴訟での国土交通大臣「訴状」（平成27年11月17日付）および国地方係争処理委員会宛提出の相手方・国土交通大臣「答弁書4（取消制限法理について）」（平成28年3月29日付）などにおける国側の主張を、国側主張の論点ごとにまとめ、その検討を行うことにする。[24]

2　国（国交大臣）の取消権制限論の検討

(1)　「行政処分の特質とその効力」

　国側は、行政処分の効力が法的安定性を図るものであることを理由として、法的安定性を害する取消処分は制限される、と主張している。すなわち、「行政処分の安定性・信頼性の確保という基本理念に基づいて……、行政処分にはいわゆる『公定力』という行政処分特有の効力が付与されている」、不可争力や事情判決制度は「違法な処分であっても、その取消しを大幅に制限することによって、行政処分に対する国民の信頼を保護し、行政処分の安定性・信頼性を確保しようとしている」、「行政処分の無効に関する判例法理は、行政処分の安定性・信頼保護という基本理念に基づくものである」、等である。

　検討してみよう。取消訴訟の排他的管轄（公定力）、出訴期間の制限（不可争力）といった訴訟法上の規定は、裁判所に向けられたものであって、本質的には、裁判所の取消権を制限する規定である。公定力の制度的根拠とされる「取消訴訟の排他的管轄」は、取消訴訟を管轄できない裁判所は処分取消権を行使できないということであり、「出訴期間の制限」は、出訴期限経過後の事件について裁判所は処分取消権を行使できないということである。つまり、公定力・不可争力が処分行政庁の取消権を制限する概念ではないことは、明白である。また、行政処分の公定力や不可争力といった効力が向けられているのは、当該処分の相手方や利害関係者に対してであって、担当行政庁の取消権を制限することに向けられてはいない。例えば、前述の東京高判平成16・9・7の事案において、国は、約25年前の行政処分について「瑕疵があった」との理由でこれを取り消している。こうした国の実務から明らかなように、「公定力・不

---

24)　前掲注1）参照。

可争力によって担当行政庁の取消権は制限される」などという認識を国自身はまったく有していないのである（同事件については後述2(3)も参照）。

　行政処分の効力のうち、担当行政庁の取消権を制限することに向けられているのは、「不可変更力」と呼ばれる効力である。これは、前述の昭和43年最判が触れていたとおり、争訟手続を経た処分に限って認められる効力であるが、前知事による埋立承認処分はこのような争訟手続を経た処分ではないので、取消権制限の根拠として「不可変更力」を援用することはできない。

(2)　「授益的処分の取消しは侵害処分になること」

　国側は、授益的処分の取消しは「自由裁量の行為ではあり得ない」（美濃部）、「利益的処分に関し行政庁がその瑕疵を理由として職権で取り消すことは、関係者に帰責事由のある場合か、そうでなければ、処分を取り消すべき公益上の必要性が……具体的にみて関係者の信頼を覆してもやむをえないほどのものである場合……にのみ認められると解される」（小早川）といった学説を援用し、[25]「このように、学説上、授益的処分の取消しについては、法律上の瑕疵があるからといって直ちに取消しが許されるものではなく、関係者に帰責事由のある場合か、当該処分を取り消すことの公益上の必要が、その取消しによって受ける関係者の不利益を受忍させなければならないほど重大な場合や、関係者の信頼を覆してもやむを得ない場合でなければならないと解される」と主張している。

　検討してみよう。まず、公水法上の承認や免許は二重効果的行政処分であって、単純に「授益的」とはいえないので、美濃部説のいうように「覊束せられた取消」ということはできないし、また、国側も県知事の取消処分に裁量の余地を認めているので、美濃部説の援用は無意味である。小早川説の上記部分は、信頼保護の必要性から取消権制限を説いているが、争っている国交大臣自身は信頼保護の当事者ではなく、また次に述べる(3)のとおり、米国や諸外国は信頼保護法理の対象とはなりえないので、上記部分を援用する意味を見出すことはできない。

---

25)　援用部分については、前掲注3）および注8）を参照。

今日の学説と判例の状況は、前述1(2)および1(3)のとおり、瑕疵ある行政処分については、これを取り消すことが原則であって、職権取消権が制限されるのは例外だと解されている。国側の上記主張は、今日の学説・判例に反するものであり、また、従前の国の主張（後述(3)を参照）とも矛盾するものである。地方自治法154条の2をみても、違法処分を取り消すことが原則であることを確認できよう。

なお、国「答弁書4」は、公水法32条等が行政庁による取消し・撤回を限定していることを根拠として、「仮に承認処分に瑕疵があったとしても、〔公有水面埋立〕法は、これを容易に取り消すことを許容していないというべきである」と述べている[26]。しかし、これらの規定は、工事竣功前であれば知事の取消権を広く認め、竣功後は33条の更正や施設設置命令等に委ねる（場合によっては原状回復も命じうる）趣旨であるので、工事竣功前である本件においては、国側の主張する取消権制限の根拠とはなりえない規定である。

(3) 「行政処分の安定性・信頼性の確保という基本理念を犠牲にしてまで行政庁が自庁取消しを適法に行うための要件」

上記表題の下で、国側は、次の主張を行っている[27]。

「最高裁昭和43年判決は、……『処分の取消によつて生ずる不利益と、取消をしないことによつてかかる処分に基づきすでに生じた効果をそのまま維持することの不利益とを比較考量し、しかも該処分を放置することが公共の福祉の要請に照らし著しく不当であると認められるときに限り、これを取り消すことができると解するのが相当である。』として、違法な行政処分を取り消すことができる場面を、当該行政処分を放置することが公共の福祉の要請に照らし著しく不当であると認められるときというきわめて例外的な場合に限定し、この高いハードルを超えない限りは、授益的処分である行政処分は、法的瑕疵があったとしても取り消すことができないとしたのである」。

上記主張を検討しようとすると、本稿の冒頭で指摘したように、上記主張が従前の国の主張とはあまりにかけ離れているので、"ご都合主義も甚だしい"

---

26) 国交大臣「答弁書4」・前掲注1) 30-31頁。
27) 同上6頁。

という感想を抱かざるをえない。これまで国はくり返し、処分の職権取消しを行ってきたし、訴訟事件の中でも取消権の制限は限定的である旨を主張してきたのであるから、にわかに上記のような主張をすることは信じがたい事態である。以下、職権取消しに関わる訴訟事件において国が従前どのような主張をしてきたのかを簡単に確かめておこう。

例えば、扶助料返還請求控訴事件において国は次のように主張した。[28]

「従来、瑕疵ある行政行為の職権による取り消しについては、その行政行為を基礎として形成された法律秩序の維持尊重、人民の既得の権利・利益の保護という見地から、その行政行為が申請者の詐欺等の不正行為に基づくことが顕著な場合でない限り、その取り消しを必要とするだけの公益上の理由がなければこれをなしえないとか、あるいは、相当の期間を経過した後においてはこれを取り消すことができないとかいつた見解が判例学説によつて支持されてきたが、このような見解によるならば、瑕疵ある行政行為の取り消しは、その取り消しによつて生ずる関係人の不利益とこれを取り消すことなく瑕疵ある行政行為の効果をそのまま維持することによる公益上の不利益とを比較考量し、それを放置することが公共の福祉の要請に照らして著しく不当であると認められるときに限つて許されるということにならざるをえないであろう」。「しかして、瑕疵ある行政行為の取り消しの制限に関する右のような判例学説の立場は、主として農地法（もしくは自創法）上の各種の処分、許可などの取り消しの可否の問題をめぐつて形成されてきた超法規的な条理上の取消権の制限にほかならないが、かような制限を前提としてもなおかつ、本件扶助料の支給裁定の取り消しは適法有効といわなければならないのである」。

前半の比較衡量の定式が昭和43年最判の定式であるが、国の上記主張によれば、この定式は「超法規的な条理上の取消権の制限にほかならない」とされている。そうすると、昭和43年最判の定式を根拠とする本件における沖縄県知事の取消権制限に関する国側の主張は「超法規的な」主張ということになる。

前述の東京高判平成16・9・7での国の主張も取り上げてみよう。この事件は、被告社会保険庁長官が従前の障害年金支給裁定を取り消し、減額させる旨の再裁定処分を行ったことにつき、原告が、行政行為の職権取消しが許されず、

---

28) 扶助料返還請求事件・高松高判昭和45・4・24高民集23巻2号194頁、判時607号37頁記載の被控訴人・国の主張。

また、信義則に違反する行為であるとの理由で、取消処分及び再裁定処分の取消しを求めた事案であるが、国側は次のように主張した[29]。

　「一般に、行政処分は、適法かつ妥当なものでなければならないから、いったんされた行政処分も、後にそれが違法又は不当であることが明らかになったときは、処分庁自らこれを職権で取り消し、遡及的に処分がされなかったのと同一の状態に復せしめることができるのが本来であるが、取り消されるべき行政処分の性質、相手方その他利害関係人の既得の権利の保護、当該行政処分を基礎として形成された新たな法律関係の要請などの見地から、条理上取り消すことが許されず、又は制限されることがあることは否定し得ない」。「これを本件についてみると、……本来、法律上受給し得ない年金の支給を受けていたとして、これを取り消すことこそが限られた財源の下において公的年金事業を運営する被告社会保険庁長官の責務といわざるを得ず、これを取り消さなければ、適正に被保険者期間を申告して年金の支給を受けている他の受給者との公平を害することも明らかである」。「したがって、本件において被告社会保険庁長官が前裁定を取り消すことには何ら制約もないというべきであり、本件処分に違法な点はない」。

　これらの従前の主張にみられるように、国自身は自らに「高いハードル」[30]を課してはこなかった。また、国は、昭和43年最判を自創法に基づく特殊な処分にのみ通用する限定的な判例であることを強調してきたのである[31]。本件において、国は、県知事の本件取消処分を否定しようとするあまり、学説・判例の到達点を無視して伝統的な理論にすがろうとしているだけでなく、従前の国の主張とも矛盾する"ご都合主義"の主張を述べているといわざるをえないであろう。

(4) 「最高裁昭和43年判決の法理の本件へのあてはめ」

　上記表題の下で、国側は、昭和43年最判が示した比較衡量を行うことによって、自らの主張を論証しようとしている。第1に、「本件取消処分によって生じる不利益がきわめて大きいこと」である。すなわち、まず、(1)国内的視点か

---

29) 障害年金再裁定処分取消等請求事件・東京地判平成16・4・13訟務月報51巻9号2304頁（前掲注20）の東京高判平成16・9・7の原審）における被告・国の主張。
30) 前掲注1) および注27) を参照。
31) 友利「判解」・前掲注21)、東京地判平成16・4・13・前掲注29) および平成16・9・7・前掲注20) における被告・国の主張を参照。

らの不利益が大きいことであって、その不利益の内容は、⑴普天間飛行場の早期移設が実現できないことによる不利益（⒜普天間飛行場の周辺住民等の生命・身体に対する危険除去ができなくなること、⒝普天間飛行場返還後の跡地利用による宜野湾市の経済的利益が得られなくなること、⒞沖縄の負担軽減が進められなくなること）、②本件埋立事業のために積み上げてきた膨大な経費等が無駄になり、個別の契約関係者に与える不利益が大きいこと、である。次に、⑵国際的視点からの不利益が大きいことであって、この点の不利益の内容は、①米国との信頼関係に亀裂が生じる、②国際社会からの我が国に対する信頼が低下する、ということである。第2に、「取消しをしないことによって本件承認処分に基づき既に生じた効果をそのまま維持することの不利益がないか、極めて小さいこと」の論証、すなわち、辺野古周辺住民の騒音被害については配慮がなされていること、本件埋立対象区域の環境保全に配慮がなされていること、沖縄の負担の軽減に資すること、である。

　このような国側の主張に特徴的なのは、本件取消処分の対象とされた前知事の承認処分によって初めて生じた利益といわゆる国益とをまったく区別していない点である。いうまでもなく、昭和43年最判の定式が比較衡量の要素として指示しているのは「処分の取消によつて生ずる不利益」と「取消をしないことによつてかかる処分に基づきすでに生じた効果をそのまま維持することの不利益」とであるから、前者の不利益は「埋立承認処分が付与した利益を取消処分が否定したことによって生じた不利益」であり、後者の不利益は「埋立承認処分が付与した利益を（取消処分を行わずに）存続させることによって生じた不利益」である。比較の対象は、あくまでも埋立承認処分によって形成された利益を否定してよいか、それとも当該利益を存続させるか、ということであって、埋立承認処分が行われる以前の利益・不利益（普天間飛行場の周辺住民等の生命・身体に対する危険、承認処分以前の埋立事業の経費、米国との信頼関係、国際社会からの我が国に対する信頼など）は、ここでの比較衡量の要素にはなりえないものである[32]。

　では、国の主張するような、昭和43年最判の定式にしたがった利益衡量を本件において行うとどうなるであろうか。国側が信頼保護の主張をしていることも考慮して、前述の芝池『行政法総論講義』の判断枠組みを用いてこれを行っ

てみよう。①職権取消しが相手方に対して与える打撃ないし不利益の程度については、埋立事業が行えなくなるという不利益であるが、第三者である米国等には具体的な不利益は生じていない。他方、職権取消しをしないことによって生じる不利益は、県土利用上の利益が埋立事業によって失われること、辺野古沿岸域の自然環境が破壊されること、などである。本件取消処分の遡及効を制限し、取消しの行われる時期を本件取消処分時点以降とする打撃の緩和措置や相手方への補償等の代償措置を県側がとるならば、職権取消しの容認に傾くことになろう。②違法性の程度や内容について、国側は、前知事の埋立承認処分の瑕疵は存在しないかまたは存在するとしても軽微だと主張しているのに対して、県側は、前知事の埋立承認処分の瑕疵は重大であり違法の程度も大きいと主張している。ところで、ここにいう「国側」とは国交大臣のことである。その職責は、公水法の適切な執行を確保することにある。適法状態を確保ないし回復することが、代執行訴訟や県知事に対して是正の指示を行う際の国交大臣の職責なのである。そうすると、「違法な処分でも存続させよ」と主張することは、そもそも国交大臣の職責に反することになる。「違法な処分でも存続させよ」との主張を国側がなしえないこと、および、処分是正の必要性に関する第一次的な判断権（処分取消権）が県知事にあり、その県知事が違法の重大性を示していることに鑑みれば、職権取消しの容認に傾くことになろう。③第三者の利益や公共の利益という衡量要素については、本件においてはまだ埋立工事そのものが行われていない段階であるので、「行政事件訴訟法31条が定める事情判決の法理が類推されるような場合」には該当せず、また前知事の承認処分によって形成された第三者の利益や公共の利益は、せいぜいのところ埋立関係事業者と取引に関するものに限られるであろう。したがって、この衡量要素に関しても、職権取消しの容認に傾くことになるといえる。

　昭和43年最判の法理をあてはめた結果は上述のとおりであるが、仮に事業主

---

32) 国の主張によれば、日米間の信頼は、「平成8年の橋本・モンデール合意及びSACO最終報告を出発点とした普天間飛行場代替施設を建設することが決まり……、平成18年に〔辺野古沿岸域の〕埋立工法での現行案が合意されたといった経過」によって形成された信頼であり（国交大臣「訴状」・前掲注1）44頁)、「国際社会からの信頼」（同上「訴状」51-58頁、国交大臣「答弁書4」・前掲注1）16-25頁）も承認処分によって形成された信頼ではない。

33) 芝池・前掲注11）参照。

体としての国（沖縄防衛局）が沖縄県を被告として本件取消処分によって生じた損害の賠償請求訴訟を提起した場合にはどうなるであろうか。参考となるのは、宜野座村工場誘致政策変更事件・最判昭和56・1・27民集35巻1号35頁である。この事件で問われたのは、選挙結果等による方針の変更と信頼保護との関係であるが、この点を本件にあてはめて考えてみると、前知事の埋立承認処分から本件取消処分までの間に国（沖縄防衛局）が民間事業者等との間で締結した契約に係る損害や機材の購入費用については、沖縄県に賠償責任が生じうるとも解されるが、果たして国が国民と同じ立場で「信頼保護」に基づく請求ができるのかは、なお疑問とされよう。

(5) 小 括

以上の検討から明らかなように、本件取消処分が違法だとする国の主張、すなわち、(1)行政処分には公定力等の効力があるので違法な処分であっても担当行政庁は原則としてこれを取り消すことはできない、(2)授益的処分の取消しは侵害処分となるので担当行政庁は裁量処分としてこれを取り消すことはできない、(3)昭和43年最判という判例に基づけば違法な処分であっても担当行政庁は原則としてこれを取り消すことはできない、(4)「米国との信頼関係、国際社会からの我が国に対する信頼など」の保護利益が大きいので違法な処分であっても担当行政庁は原則としてこれを取り消すことはできない、といった国の主張は、いずれも成り立たない。

3 結 論

本稿の検討結果によれば、職権取消権制限の法理に照らしてみても、本件取消処分は適法である。これに対して、「本件埋立承認が違法な処分であっても沖縄県知事はこれを取り消すことができない」とする国の主張には、理論的根拠および事実の裏づけを見出すことができない。

沖縄県知事に対する国交大臣の指示は、「判例法理違反があるので、法令違反（公水法違反）の状態にせよ」という内容を含んでいるが、ここには「法令違反の状態にしなければ『法令の規定に違反している』（地方自治法245条の7第

1項)」という背理がある。本件においては、法令遵守を図るための制度である地方自治法の代執行訴訟や大臣の是正の指示が、法令遵守を例外的に制約する法理である職権取消権制限の法理に基づいて行われた。このことが、上記の背理を生じさせた原因だといえよう。

　また、「米国との信頼関係や国際社会からの信頼が失われる」といった根拠に基づく国側の主張は、職権取消権制限論ではなく、そもそも県知事には公水法上の公益判断権がないという主張だと思われる。なぜなら、このような主張によれば、埋立承認申請に対して沖縄県知事が拒否処分を行った場合でも「米国との信頼関係や国際社会からの信頼が失われる」事態になるし、国側は「国防・外交という公益があるのだから拒否処分はできない」という主張をすることになると考えられるからである。本件のような事案において職権取消権制限の法理が機能するのは、国(沖縄防衛局)が第三者との関係で被った損害の賠償を求めて沖縄県を提訴するような事案であろう。いずれにしても、職権取消権制限の法理は、代執行訴訟や是正の指示の事案で用いられるべき法理ではない。

（おかだ・まさのり　早稲田大学大学院法務研究科教授）

第Ⅲ部

資　料

[資料1] 公有水面埋立承認取消通知書

沖縄県達土第233号
沖縄県達農第3189号

公有水面埋立承認取消通知書

　　　　　　　　　　　　　　　　　沖縄県中頭郡嘉手納町字嘉手納290番地9
　　　　　　　　　　　　　　　　　沖縄防衛局
　　　　　　　　　　　　　　　　　　（局長　井上一徳）

　公有水面埋立法（大正10年法律第57号。以下「法」という。）第42条第3項により準用される法第4条第1項の規定に基づき、次のとおり法第42条第1項による承認を取り消します。

　　　平成27年10月13日

　　　　　　　　　　　　　　　　　　　　　　　　　　　沖縄県知事　翁長雄志

1　処分の内容
　貴殿が受けた普天間飛行場代替施設建設事業に係る公有水面埋立承認（平成25年12月27日付け沖縄県指令土第1321号・同農1721号）は、これを取り消す。

2　取消処分の理由
　別紙のとおり

（教示）
　この決定があったことを知った日の翌日から起算して6箇月以内に、沖縄県を被告として（訴訟において沖縄県を代表する者は、沖縄県知事となります。）、処分の取消しの訴えを提起することができます（この決定があったことを知った日の翌日から起算して6箇月以内であっても、この決定の日の翌日から起算して1年を経過すると処分の取消しの訴えを提起することができなくなります。）。

――――――――――――――――――

　　　　　　　　　　　　　　　　　　　　　　　　　　　　　　　　　　（別紙）

取消処分の理由

第1　公有水面埋立法第4条第1項第1号
1　公有水面埋立法（以下、「法」という。）の第4条第1項第1号については、次のことなどから、「国土利用上適性且合理的ナルコト」の要件を充足していないと認められる。
　⑴　「埋立ての必要性」
　　　埋立必要理由書において、普天間飛行場代替施設は沖縄県内に建設せねばならないこと及び県内では辺野古に建設せねばならないこと等が述べられているが、その理由については下記のとおり実質的に根拠が乏しく、「埋立ての必要性」を認めることができない。
　（ア）　普天間飛行場が、国内の他の都道府県に移転したとしても、依然4軍（陸軍・海軍・空軍・

海兵隊）の基地があり、さらに陸上・海上・航空自衛隊の基地があることから、抑止力・軍事的なプレゼンスが許容できない程度にまで低下することはないこと。
(イ)　県内移設の理由として、「地理的に優位であること」「一体的運用の必要性」等が挙げられているが、時間・距離その他の根拠等が何ら示されておらず、具体的・実証的説明がなされていないこと。

(2)　自然環境及び生活環境等
　　　本件埋立対象地は、自然環境的観点から極めて貴重な価値を有する地域であって、いったん埋立てが実施されると現況の自然への回復がほぼ不可能である。また、今後本件埋立対象地に普天間飛行場代替施設が建設された場合、騒音被害の増大は住民の生活や健康に大きな被害を与える可能性がある。

(3)　沖縄県における過重な基地負担や基地負担についての格差の固定化
　　　本件埋立ては、全国在日米軍専用施設の73.8パーセントを抱える沖縄県において米軍基地の固定化を招く契機となり、基地負担について格差や過重負担の固定化に繋がる。

2　これに対し、事業者は、陳述書（平成27年9月29日付け沖防第4342号）において、「要件を充足すると判断するに足りる十分な資料を添付して承認申請を行い、知事はその資料を精査した上で、これらの要件を充足するとして本件承認をしたのであって、本件承認に何ら瑕疵はなく、その判断に裁量権の範囲の逸脱又は濫用はない」と意見を述べている。
　　しかし、以下のとおり、公有水面埋立法第4条第1項第1号に係る考慮要素の選択や判断の過程は合理性を欠いていたものであり、事業者の意見には理由がない。
(1)　「埋立ての必要性」
　　　「埋立ての必要性」（審査基準においては「埋立ての必要性」及び法第4条第1項第1号の「周辺の土地利用の現況からみて不釣り合いな土地利用となっていないか」「埋立ての規模及び位置が適切か」）について具体的・実質的な審査を行った形跡が認められないこと、抑止力論等についての沖縄県と防衛省との間の2次にわたる質疑応答についても「埋立ての必要性」についての本件審査の対象としていないことなど、審査の実態は「埋立必要理由書」の記載の形式的な確認にとどまっておりその内容の合理性・妥当性等について検討を行っていないものと判断される。
　　　「埋立ての必要性」の審査については、①本件審査結果において、「普天間飛行場移設の必要性」から直ちに本件埋立対象地（辺野古地区）での「埋立ての必要性」（審査基準においては、「埋立ての必要性」、「周辺の土地利用の現況からみて不釣り合いな土地利用となっていないか」、「埋立ての規模及び位置が適切か」）があるとした点に論理の飛躍（審査の欠落）があること、②「本件埋立必要理由書」で説明している本件埋立対象地についての「埋立ての必要性」については、重大な疑義があり「埋立ての必要性」が存在すると認定することは困難であること、③その審査の実態においても具体的審査がなされていないことなどの点から、判断は合理性を欠いているものと認められ、事業者の意見には理由がない。

(2)　自然環境及び生活環境等
　　　法第4条第1項第2号に関して後述するとおり、環境影響評価手続における免許権者等で示された問題点に対応できていないこと、定量評価をしておらず、明らかに誤った記載があり、その他記載に丁寧さ、慎重さを欠くといった問題点があることから、環境保全措置が問題の現況及び影響を的確に把握し、これに対する措置が適正に講じられているとは言い難く、かつその程度も十分とは認めがたいこと、といった問題点がある。また、環境影響評価手続での問題や、環境保全措置については事後的に、「必要に応じて専門家の指導・助言を得て必要な措置を講じる。」との意見表明だけで、当該環境保全措置の全てが適正かつ十分と認められないこと等種々の問題がある。

自然環境及び生活環境等に悪影響が生じることについては、平成24年3月27日付け「普天間飛行場代替施設建設事業に係る環境影響評価書に対する意見」（土海第1317号、農港第1581号）（以下、「知事意見」という。）において「名護市辺野古沿岸全域を事業実施区域とする当該事業は、環境の保全上重大な問題があると考える。また、埋立て承認の約1か月前に提出された平成25年11月29日付け「公有水面埋立承認申請書に関する意見について（回答）」（環政第1033号）（以下、「環境生活部長意見」という。）においては「当該事業の承認申請書に示された環境保全措置等では不明な点があり、事業実施区域周辺域の生活環境及び自然環境の保全についての懸念が払拭できない」とされていたことを考えると、上記の問題点が適切に考慮されるべきことは明らかであり、考慮要素の選択及び判断の過程は合理性を欠いているものである。

以下のとおり、自然環境等及び生活環境等（審査基準においては法第4条第1項第1号の「埋立てにより地域社会にとって生活環境等の保全の観点からみて現に重大な意味をもっている干潟、浅海、海浜等が失われることにならないか」及び「埋立地の用途から考えられる大気、水、生物等の環境への影響の程度が当該埋立てに係る周辺区域の環境基準に照らして許容できる範囲にとどまっているか」）について、審査基準に適合するとの判断は合理性を欠いたものと認められ、事業者の意見には理由がない。

(3) 沖縄県における過重な基地負担や基地負担についての格差の固定化

陳述書には、内容についての具体的な反論が示されていないうえ、事業者が聴聞主宰者に提出した「普天間飛行場代替施設建設事業に係る公有水面埋立承認の取消しについて」（平成27年9月29日付け沖防第4343号）において、陳述書を「陳述する以上に、聴聞手続において申し述べる考えはありません」、「証拠書類等の提出予定はありません」、聴聞手続については、この文書をもって終結していただいて差し支えありません」とし、聴聞期日にも出頭をしなかったため、沖縄県における過重な基地負担や基地負担についての格差の固定化に対する具体的な反論内容は必ずしも定かではない。

しかし、沖縄県における過重な基地負担や基地負担についての格差、すなわち、戦後70年余にわたって沖縄県に広大な米軍基地が維持された結果、全国の在日米軍専用施設の73.8パーセントが沖縄県に集中して他の地域との著しい基地負担の格差が生じていること、米軍基地には排他的管理権等のため自治権が及ばないことにより広大な米軍基地の存在が沖縄県の地域振興の著しい阻害要因となっていること、米軍基地に起因する様々な負担・被害が生じていること、沖縄県民が過重な基地負担・格差の是正を求めていることは、何人も知っている公知の事実である。そして、新たに米海兵隊航空基地を建設することは、この沖縄県における過重な基地負担や基地負担についての格差を固定化するものであり、その不利益は顕著なものと認められる。

次に述べるとおり、沖縄県における過重な基地負担や基地負担についての格差の固定化という不利益は、「国土利用上適性且合理的ナルコト」の総合判断の重要な判断要素であると考えられるにもかかわらず、適切に考慮されていないものであり、考慮要素の選択及び判断の過程は合理性を欠いているものである。

(4) 「国土利用上適性且合理的ナルコト」

「国土利用上適性且合理的ナルコト」という要件はいわゆる規範的要件であり、その評価を根拠づける事実（埋立てにより得られる利益）とその評価を障害する事実（埋立てにより失われる利益（生ずる不利益））を総合的に判断して行うべきものであり、このような考え方は、裁判例（高松高等裁判所平成6年6月24日判決等）においても示されているものである。

先に検討したとおり、埋立てによって得られる利益、すなわち、「埋立ての必要性」については、「埋立必要理由書」記載の理由に実証的根拠が認められないのに対し、他方で、埋立てによって失われる利益（生ずる不利益）は、自然環境及び生活環境等に重大な悪影響を与え、沖縄県における過重な基地負担や基地負担についての格差を固定化するものであるから、その不利益の程度は重いものであり、両者を衡量すると、不利益が利益を上回るものである。

審査の過程において、このような衡量がなされたものとは認められず、法第4条第1項第2号の判断において、考慮要素の選択及び判断の過程は合理性を欠いていたものであり、事業者の意見には理由がない。

第2　法第4条第1項第2号については、次のことなどから、環境保全措置は、問題の現況及び影響を的確に把握したとは言い難く、これに対する措置が適正に講じられているとも言い難い。さらに、その程度が十分とも認めがたいものであり、「其ノ埋立ガ環境保全及災害防止ニ付十分配慮セラレタルモノナルコト」の要件を充足していない。
1　辺野古周辺の生態系について
　(1)　環境保全施策との整合性について
　　　当該事業実施区域及びその周辺域は、「自然環境の保全に関する指針（沖縄島編）」において、海域については「自然環境の厳正な保護を図る区域」であるランクⅠと、埋立土砂発生区域の大部分の区域については「自然環境の保護・保全を図る区域」であるランクⅡと評価されているが、事業者は、「実行可能な範囲で最大限の環境保全措置を講じることとしていることからも、県の環境保全施策との整合性については適切に評価しているものと考えています。」と述べるのみである。
　　　また、埋立面積などの事業規模の最小化についても、事業者は、ただ最小化していると述べるのみであって、最小化と評価できるのかどうかについて何ら示していない。

　(2)　辺野古海域と大浦湾の価値、特徴の評価について
　　　辺野古海域と大浦湾の価値、特徴について他の海域との比較を行って適切に分析することについて、事業者は、調査結果等により十分解析されているものと認識していると述べているが、単に現地調査結果を列挙したに過ぎず、他の海域と比較した固有の生態系の価値、特徴は評価されていない。

　(3)　事業者の生態系等の評価の問題点
　ア　定量的評価をしていないこと
　　　事業者は、辺野古海域等の生態系について、食物連鎖を示したり、生態系機能をまとめるなどしているが、これらの評価はいずれも定性的であって定量的ではない。定性的評価にとどまり定量的評価をしていない結果、抽象的な調査・解析にとどまり、具体的に解析につながっていない。
　イ　生態系と生態系のつながりについての評価の問題点
　　　全体としてシステムがどの程度変化するかを評価することが機能評価であり、機能が変化しないという予想には根拠がない。また、変化しないとするのであれば、定量的評価をすべきである。
　　　生態系の機能と構造についての解析が不十分である。上位種、典型種などに変化があるかどうかだけでなく、その行動、繁殖が生態系全体の構造や機能に対する影響を解析すべきである。
　　　海域生態系と陸域生態系との関係について、十分に文献調査を行い、その意味について解析し、複合した大きな生態系の存在が意味するもの、複数の生態系が近隣に存在して相互に関わりを持っている内容と意味などについて詳細に検討すべきであるが、十分とは言えない。
　ウ　対象区域の表現等の問題点
　　　対象域を陸域と海域の二つのみで分けているが、陸域は、狭義の陸域と河川域に分かれる。環境影響評価指針でも、陸、河川、海に分けるよう指示されているが、これに従って分類がなされておらず、問題である。上記のような分類の誤りがある結果、その記述にも形式的な誤りが生じる結果となっている。
　エ　多様な生物相への影響の予測
　　　本件は埋立事業であるから海域こそ重要であるにもかかわらず、海域の海草やサンゴについて移動先が具体的に示されていない。また陸域生物では機能が項目立てられているが、海域生物で

は機能が変化したとするのみである。インベントリー調査により海洋生態系について多種多様な生物相があることが示されていることについて、事業実施がどのような影響を及ぼすのか予測が示されていない。

(4) これらに対し、事業者は、陳述書（平成27年9月29日付け沖防第4342号）において、「要件を充足するに足りる十分な資料を添付して承認申請を行い、知事はその資料を精査した上で、これらの要件を充足するとして本件承認をしたのであって、本件承認に何らの瑕疵はなく、その判断に裁量の逸脱又は濫用はない。」と意見を述べている。

しかし、事業者は、環境保全施策との整合性、事業規模の最小化、辺野古海域と大浦湾の価値・特徴の評価について、いずれも「適切に評価している」、「十分に解析している」旨の結論を示すのみである。これは事業者の意見表明にすぎず、当該結論に至った理由、具体的な考慮事情等何ら明らかではない。生態系の評価については、定量的評価を行っていないこと、生態系と生態系とのつながりについて解析不十分な点や評価に不適切な点があること、対象区域について表現の誤りがあること等の点について、何ら具体的な回答がない。

事業者の申請内容は、辺野古・大浦湾周辺の生態系について重要性の評価や事業による影響の予測につい何ら明らかにされておらず、問題の現況及び影響を的確に把握したとは言い難い。

かかる事情の下、審査基準（2号要件の審査基準(1)ないし(4)）に適合するとした判断は、事業実施区域の生態系の価値との比較において、当該事業を実施することの必要性、許容性について何も検討がなされていないなどの点から合理性を欠いているものと認められ、事業者の意見には理由がない。

2 ウミガメ類について
(1) キャンプ・シュワブ沿岸の産卵場所の評価
　なぜキャンプ・シュワブ沿岸で産卵がなされているのか、その重要性はどうなのかという点についての評価を全く行わないまま、他に産卵可能な場所に回避するだろうとの希望的な観測をしたにとどまっており、科学的な予測・評価がなされていないと言わざるを得ない。

(2) ウミガメの産卵場所の創出
　事業者によるウミガメの上陸、産卵場所の創出のための砂浜整備案について、その内容も実効性も明らかにされていない。

(3) その他
　工事中の作業船の航行に対する環境保全措置の効果の程度が不明である。
　また、事業者は施設共用時のナトリウムランプ等の使用について、米軍に対してマニュアル等を作成して示すことにより周知するとしているが、その実効性は不明である。

(4) これらに対し、事業者は、陳述書（平成27年9月29日付け沖防第4342号）において、「要件を充足するに足りる十分な資料を添付して承認申請を行い、知事はその資料を精査した上で、これらの要件を充足するとして本件承認をしたのであって、本件承認に何らの瑕疵はなく、その判断に裁量の逸脱又は濫用はない。」と意見を述べている。

しかし、事業者の申請内容では、キャンプ・シュワブ沿岸で現にウミガメが産卵している理由、その重要性について何らの評価を行わないまま、何らの科学的根拠もなく、他の産卵可能な場所に回避するだろうとの希望的観測を表明するにとどまっていること、ウミガメの上陸・産卵場所の消失に伴う代償措置となる砂浜整備案について、その内容及び実効性が全く明らかにされていないこと、その他の工事中の作業船の航行や施設供用時のナトリウムランプ等の使用に対する保全措置について実効性が不明であること等の問題点がみられ、知事意見等においても指摘されていた。

事業者の申請内容は、問題の現況及び影響を的確に把握したとは言い難く、環境保全措置が適切に講じられているともましてやその程度が十分とも言えない。

このような問題点があるにもかかわらず、別添資料で触れられているのは、①船舶の航行方法、②工事区域内で産卵が確認された場合の運行計画書調整などの保全措置、③供用時のナトリウムランプの使用と海面への照射回避のマニュアル作成、④事後調査の記載のみであり、知事意見等が指摘する問題点は何ら解消されていない。かかる事情の下における、審査基準（１号要件の審査基準(7)及び２号要件の審査基準(1)ないし(4)に適合するとの判断は、合理性を欠いているものと認められ、事業者の意見には理由がない。

3 サンゴ類について
(1) 辺野古地域のサンゴ礁の価値の判断
　　事業者が白化現象によってサンゴが減少したことを認識しているのであるから、当該地域は本来サンゴに適した生育域であるというポテンシャルを評価しているはずである。それにもかかわらずサンゴの生育域の減少は小さいとする評価はそのポテンシャル評価が適切でない。

(2) サンゴの移植について
ア　サンゴ移植技術
　　サンゴ類の移植技術は確立されたものではなく予測の不確実性が大きいことから、移植が失敗した場合、工事進行後には再度の移植が困難となることについての考慮が不明であるが、事業者は、沖縄県のサンゴ移植マニュアル等の既往資料の情報を踏まえ、移植の具体的方法、事後調査の方法は、専門家の指導・助言を得て検討を行い、「いずれにせよ、適切に対応する」「最も適切と考えられる手法による移植を行う。」等というにとどまり、事業者は、移植技術が確立していないことのリスクについてまったく検討していない。
イ　移植先案について
　　消失するサンゴ類の移植先として２箇所が示されているが、豊原地先は塊状ハマサンゴ属群生があり、大浦湾口部はハマサンゴ科群生が存在するので、これらに影響を与える恐れがあるが、事業者は、事前に踏査して、生息環境の適否や移植先での影響等を検討して具体的な移植箇所を決定するとしている。これでは、調査内容と各調査項目の結果を移植にどのように利用するか明らかでなく、具体的な保全措置が検討されたと言うことはできない。
ウ　移植の事後調査期間
　　移植の事後調査期間を概ね３ヶ月後としているが、その妥当性が示されておらず、生育不良があった場合の原因を特定することが困難で、必要な対策がとれなくなる懸念に対し、事業者は環境調査で通常行われている季節ごとのものとした上で、「いずれにせよ、（中略）専門家の指導・助言を得て今後決定する」というのみであって、科学性について検討されていない。

(3) 水象の変化によるサンゴ類への影響
　　水象の変化によるサンゴ類への影響については、サンゴ類の成長には適度な流速が必要であり、絶対値による評価が妥当との回答をするのみであり、変化率による評価をしないことの正当性について十分説明がなされていない。

(4) これらに対し、事業者は、陳述書（平成27年９月29日付け沖防第4342号）において、「要件を充足するに足りる十分な資料を添付して承認申請を行い、知事はその資料を精査した上で、これらの要件を充足するとして本件承認をしたのであって、本件承認に何らの瑕疵はなく、その判断に裁量の逸脱又は濫用はない。」と意見を述べている。
　　しかし、事業者の申請内容では、事業対象地域におけるサンゴの生息域に関するポテンシャル評価が適切でないこと、サンゴは移植技術が確立していないからこそ移植が失敗した場合の対処等のリスク管理が必要になってくるところ、全く検討がなされていないこと、移植先案について

は2箇所が示されているものの、移植先に存するサンゴ群生に対する影響等が検討されていないこと、移植の事後調査期間の設定が不適切であること、水象の変化によるサンゴへの影響について変化率による評価をしないことの正当性について十分な説明がされていないこと等の問題点がみられ、知事意見や生活環境部長意見においても指摘されていた。

事業者の申請内容は、問題の現況及び影響を的確に把握したとは言い難く、環境保全措置が適切に講じられているとも、ましてやその程度が十分とも言えない。

このような問題点があるにもかかわらず、審査過程においては、上記の問題点について検討された形跡がない。かかる事情の下における、審査基準（2号要件の審査基準(1)ないし(4)）に適合するとの判断は、合理性を欠いているものと認められ、事業者の意見には理由がない。

4 海草藻類について
(1) 消失する海草藻場について
 ア 予測評価について
　埋立によって消失する海草藻場について、事業者は、その重要性について考慮した予測・評価をしたとしているが、その重要性に照らした回避・低減策について検討されていない。また消失面積についての調査も、海草全体で行っているため種ごとの状況が明らかになっていない。さらに、ジュゴンやウミガメ以外の魚類や甲殻類などに海草帯がどのように利用されているかも踏まえて海草帯の機能を把握すべきであるが、それがなされていない。
 イ 事業者の明らかに誤った考え方が示された箇所
　事業者の海草藻場に関する、「代替施設本体の存在によって海草藻場の一部が消失しても、周辺海域における海域生物の群集や共存の状況に大きな変化は生じないと予測されます。」との記述は、事業実施区域部分の消失は問題ない、とするものであって、明らかな誤りであり看過できない。このような誤った記述があるということは、事業者の環境保全に対する姿勢に疑問を生じさせる。

(2) 海草藻場の消失に対する代償措置
　消失する海草藻場の代償措置として、事業者は、移植や生育基盤の改善を図るとしており、その内容を具体的に記載したとするが、その内容からは依然その効果は不明である。

(3) 地形変化による周辺海域の海草藻場への影響について
　埋立てによる地形変化による局所的な塩分低下の予測について、海草への影響についての定量的評価がなされておらず、海藻類のうちホンダワラ科の種については予測・評価したとしながら、海草類については周辺で生息する種に関する知見がないため定性的に予測しているというのみであり、具体的な予測はまったくなされていない。

(4) 工事による影響
　大浦湾奥部及び西部のリュウキュウスガモなどについては、工事による水の濁り及び堆積による生育環境の変化を予測しながら、稚仔魚等の移動を変化させないためとして汚濁防止膜を展張しないとしたことについて、事業者は、汚濁防止膜設置位置は総合的判断で位置を決定した、工事開始後に海草藻場の生育分布状況が明らかに低下した場合には、専門家等の指導・助言を得て適切に対応する、としか述べておらず、水の濁り等への環境保全措置が示されていない。

(5) これらに対し、事業者は、陳述書（平成27年9月29日付け沖防第4342号）において、「要件を充足するに足りる十分な資料を添付して承認申請を行い、知事はその資料を精査した上で、これらの要件を充足するとして本件承認をしたのであって、本件承認に何らの瑕疵はなく、その判断に裁量の逸脱又は濫用はない。」と意見を述べている。

しかし、事業対象区域については広大な面積での海草藻場が消失することが明白であるにもか

かわらず、事業者の申請内容では、消失する海草藻場の機能の把握がなされていないうえ、海草藻場の一部が消失しても、周辺海域における海域生物の群集や共存の状況に大きな影響は生じないと予測されるといった明らかな誤りがみられる。一応示された環境保全措置についての具体性や実効性も不明なままである。

事業者の申請内容は、問題の現況及び影響を的確に把握したとは言い難く、消失する海草藻場に対する環境保全措置が適切に講じられているともましてやその程度が十分とも言えない。

審査結果別添資料をみても、上記問題点については何ら触れられていないことから、知事意見や環境生活部長意見が指摘する問題点は何ら解消されていない。かかる事情の下における、審査基準（２号要件の審査基準(1)ないし(4)）に適合するとの判断は、合理性を欠いているものと認められ、事業者の意見には理由がない。

5　ジュゴンについて
(1)　工事（埋立土砂の調達・運搬のための航行）による影響について

埋立土砂の調達・運搬のための航行による影響の回避・低減のための対応として事業者が挙げた、ジュゴンの行動範囲である岸から10キロメートル以内を回避すること等の実効性について、事業者はオーストラリアの事例を参考にしたとするが、沖縄のジュゴンの生息域が明らかではないのに、オーストラリアでの行動追跡結果のみを根拠にしてジュゴンの行動範囲を推測するにとどまり、ジュゴン個体群への影響について検討されていない。

また、ジュゴン監視・警戒システム等の実効性について、事業者は、専門家等の指導・助言を受けるとしたが、ジュゴン監視・警戒システムについては、実施するというのみであって、科学的に実効性のあるものとなっていない。

(2)　施設の存在による影響について

ジュゴンが辺野古前面の藻場を利用していないと判断した理由について、事業者は、「現在の行動範囲や餌場の利用状況」から「可能性は小さい」、嘉陽地区で確認された食み跡の確認本数との比較で非常に少ないということを理由とするのみで、これでは、辺野古地先における餌場の喪失についての予測、評価は不可能である。また、ジュゴン食み跡の形態、数、種などについての解析が不足している。

また、代償措置等について、事業者は、事後調査をして必要な措置を講じる、海草藻場の生育範囲を拡大する措置をとるとするが、影響は不明だが事業後に事業者として採りうる措置をとるというに過ぎず、環境保全への配慮がなされている事業と判断できる根拠を示していないといわざるを得ない。また、海草藻場の生息範囲の拡大についても、科学的根拠や実効性が示されていない。

(3)　施設の供用による影響について

施設供用についての影響への対策について、事業者は、米軍と「十分調整」する、「機会あるごとに米軍に要請を行う」というのみで、実効性が担保されていない。

さらに、事業者は、運用主体となる米軍によるジュゴン保護対策については承知していないとし、米軍による対策の実施が必要となった際にも、申入れなどを行うというにとどまり、その対策の内容や実効性が示されていない。

(4)　これらに対し、事業者は、陳述書（平成27年９月29日付け沖防第4342号）において、「要件を充足するに足りる十分な資料を添付して承認申請を行い、知事はその資料を精査した上で、これらの要件を充足するとして本件承認をしたのであって、本件承認に何らの瑕疵はなく、その判断に裁量の逸脱又は濫用はない。」と意見を述べている。

しかし、事業者の申請内容では、そもそも環境影響評価のために実施された調査の期間が不十分であり、予測・評価の手法、結果が科学的根拠を欠くこと、施設による影響については、

PVA分析の前提となる数値の設定が不適切であることにより、ジュゴン個体群の存続可能性、埋立対象地の重要性についての分析が不十分な結果となっていること、ジュゴンの主要な餌となる海草藻場の移植や生育基盤の改善についてその方法や具体的効果や影響とその根拠が示されていないこと、工事による影響については、ジュゴン個体群への影響について検討されていないうえ、ジュゴン監視・警戒システムについて何ら科学的根拠が明らかにされていないこと、事後調査については、事後調査目的や方法、内容等についてする触れられていない空疎なものであること等といった非常に多くの問題点があり、知事意見等においても指摘されていた。

　事業者の申請内容は、問題の現況及び影響を的確に把握したとは言い難く、環境保全措置が適切に講じられているともましてやその程度が十分とも言えない。

　ジュゴンは、絶滅危惧種として、特に慎重な判断が要請されるべきであるにもかかわらず、審査過程においては、上記の問題点について検討された形跡がない。かかる事情の下における審査基準（1号要件の審査基準(7)及び2号要件の審査基準(1)ないし(4)）に適合するとの判断は、合理性を欠いているものと認められ、事業者の意見には理由がない。

6　埋立土砂による外来種の侵入について
(1)　外来種付着・混入対策について
　事業者は、供給元での現地調査等や土砂導入、造成後の現地のモニタリングなどを行うというのみで、土砂調達場所未定のため具体的に示せないとして具体的な対応を明らかにしていない。

　事業者は、調達場所が未定であることを前提に、供給業者等との契約において生態系に影響を及ぼさない措置を講じる旨規定するとし、調査の実施者は供給業者等であり、モニタリング調査の方法等、外来種の侵入が確認された場合の対策については専門家の指導等を得て適切に実施する等として、いずれについても専門家の指導・助言を得る、というような回答をするにとどまっている。

(2)　これに対し、事業者は、陳述書（平成27年9月29日付け沖防第4342号）において、「要件を充足するに足りる十分な資料を添付して承認申請を行い、知事はその資料を精査した上で、これらの要件を充足するとして本件承認をしたのであって、本件承認に何ら瑕疵はなく、その判断に裁量の逸脱又は濫用はない。」と意見を述べている。

　しかし、事業者は、沖縄県の有する貴重な生物多様性をふまえて、確実に外来種の侵入を防止し、万が一、外来種の侵入があった際には、予め綿密な防除策を構築しておく必要があったにもかかわらず、「埋立てに用いる購入土砂等の供給元などの詳細を決定する段階で、生態系に対する影響を及ぼさない材料を選定し、外来種混入のおそれが生じた場合には、外来生物法や既往のマニュアル等に準じて適切に対応し、環境保全に配慮することとする。なお、埋立土砂の種類ごとに注意すべき生態系への影響の検討は、専門家の助言を得ながら行うこととする。」として、沖縄県の4度にも渡る指摘に対しても、何ら具体的な防除策も明らかにしていない。この点について、事業者は、「対象地域の特定が出来ないことから具体的な防除策は明らかにできない。」との見解を示しているが、そもそも、本件事業の規模や使用される土砂の性質を鑑みれば、事業者は予め対象地域を具体的に特定すべきであり、その見解自体、何ら具体的な防除策を明らかにしない理由にならないばかりか、本件願書添付図書－10「埋立に用いる土砂等の採取場所及び採取量を記載した図書」に明らかなとおり、土砂採取地域は具体的に特定されている以上、なおのこととその見解は理由ないものである。

　したがって、事業者の申請内容は、問題の現況及び影響を的確に把握したとは言い難く、環境保全措置が適切に講じられているともましてやその程度が十分とも言えない。

　このような問題点があるにもかかわらず、沖縄県が上記事業者見解を引用して2号要件の審査基準(1)ないし(4)に適合するとの判断は、合理性を欠いているものと認められ、事業者の意見には理由がない。

7 　航空機騒音・低周波音について
 (1) 　使用を予定する航空機の種類の記載
　　　環境影響評価の手続の最終段階である評価書において、飛行場の使用を予定する航空機の種類としてオスプレイ（及び飛行経路の変更）が初めて追記され、その運航に伴う環境影響評価の結果が追記されたが、オスプレイの配備計画については、本件事業の計画前から存したのであるか、仮に配備が確定していなくとも、本来、方法書及び準備書段階で記載すべきものであり、評価の対象とすべきものである。

 (2) 　米軍による航空機運用への規制措置
　　　供用後の航空機騒音について、「米軍への周知」という環境保全措置の効果は不確実性が大きいが、事業者は、適切な対策として「騒音の測定を実施し生活環境整備法による対策等を実施する」とするのみであり、米軍に対しては、「事実関係の照会や改善の申し入れ」、「配慮を強く働きかける」とするのみであって、普天間飛行場等において締結された協定が破られてきた経緯からも、米軍の航空機運用に対して、何ら実効性ある環境保全措置が明らかにされていない。

 (3) 　飛行経路の予測
 　ア　飛行経路
　　　位置通報点は、その上空を米軍の航空機が頻繁に通過すると見込まれるがm事業者は、現時点では位置通報点は示されていないと回答しており、位置通報点が考慮されていない飛行経路を前提とした予測結果は不確実性が高く、その評価も不十分である。
 　イ　場周経路の設定
　　　有視界飛行での場周経路はA滑走路のみを使用する条件を設定し、B滑走路を利用した場周経路が示されておらず、各滑走路での標準飛行回数が不明であることについて、事業者は、「周辺地域上空を回避することという地元要請を受けて滑走路の形状変更及び運用形態の設定を行ったものであり、それを否定する運用方針及びそれに基づく予測を行うことは適切ではなく、当該標準飛行回数の妥当性に問題はないと考えています。」としている。しかし、「運用上の所要」を理由に騒音規制措置の日米合意に違反する飛行形態が恒常化しているのは、普天間飛行場の例で明らかである。従って、事業者は、飛行場の運用についての規制が普天間飛行場の場合と異なり実効性を有することを示すか、さもなくば、米軍が想定外の飛行経路を運用した場合の予測・評価をも示すべきである。
 　ウ　施設間移動
　　　施設間移動に係る航空機騒音の予測・評価について、「参考としてMV-22がコンター作成範囲内においては飛行経路にしたがって飛行し、その後施設間移動のため1,000ftの高度、飛行回数21.24回により直上を飛行する」との条件設定は、現実性に乏しいといわねばならない。

 (4) 　運用回数の予測
　　　大型固定翼機の飛行回数を軽輸送機であるC-12が飛行するものと想定した予測がされて、主要航空機であるCH-53やオスプレイの飛行回数に振り分けてられてないが、米軍による航空機の運用は、規制措置合意のとおりになされないこと、これに対する日本政府の規制権限が及ばないとされていることからすれば、適切ではない。環境影響評価は、あるべき状態から出発するのではなく、起こり得る状態からなされなければならないはずである。

 (5) 　MV-22オスプレイの基礎データ
　　　MV-22オスプレイの飛行時における騒音基礎データが図のみで示され、具体的な騒音測定値が示されていないなど、予測の妥当性が検証できないことは不適切である。

 (6) 　騒音影響の評価基準

WHO 騒音評価ガイドラインは、航空機騒音の総曝露量の日平均での指標では睡眠妨害へ対処できないことから LAmax を採用していること、そして、当該地域が静穏な地域でありそこに新たな飛行場を建設するという特殊性を有していることに照らして、LAmax について評価していないことは妥当ではない。

(7) 低周波音の影響評価の問題

低周波音に関する心理的影響、生理的影響、物理的影響については、恣意的な評価が行われている。すわなち、事業者は、オスプレイの低周波音の物的影響の評価にあたっては、閾値（参照値）として、環境省の「低周波音問題対応の手引書」（平成16年6月）記載の閾値を使用しているが、低周波音の心理的影響の評価については、同手引書の閾値（参照値）よりも10デシベル以上も高い（緩い）独自の閾値を設定して恣意的な評価を行っている。

(8) これらに対し、事業者は、陳述書（平成27年9月29日付け沖防第4342号）において、「要件を充足するに足りる十分な資料を添付して承認申請を行い、知事はその資料を精査した上で、これらの要件を充足するとして本件承認をしたのであって、本件承認に何ら瑕疵はなく、その判断に裁量の逸脱又は濫用はない、と意見を述べている。

しかし、事業者の申請内容は、米軍機が周辺地域上空を基本的に回避することや、環境保全措置が必要である場合には米軍に措置を理解して運用するよう要請するという米軍側の運用に期待するに過ぎないものである。平成8年協定が司法の場においてすら形骸化しているとまで断じられ、平成24年協定も締結直後から多数の違反飛行が確認されているという現状において、普天間飛行場とは異なり実行性を有する措置であることを示す必要があるにもかかわらず、位置通報点の設定、有視界飛行における B 滑走路の場周経路の設定、施設間移動の具体的なシミュレーション等、周辺地域上空を米軍機が回避して航行し得るのかについて何ら検討されておらず、また、米軍機の航行に関して実効性ある協定等の締結をしていない。

また、事業者は、近隣集落においては環境基準を超過する騒音は発生しないとの予測結果を示しているが、前期位置通報点の設定等に加えて、風向きによる音の伝播可能性等、騒音被害の発生において極めて重要な意義を有する事情が加味されておらず、また、機体の特殊性や音響的特性を有する MV-22 オスプレイについては、事前の環境影響評価手続における不備が影響し、予測の妥当性の検証に必要な数値等が環境影響評価書に記載されていないなどその予測は極めて不適切であり、そのことは名護市の調査においてピーク騒音レベルが事業者の調査結果と大きなかい離を示していることからも裏付けられる。

これらに加えて、そもそも、軍事基地としての特徴や対象地域の静謐な環境特性を踏まえれば、WECPNL のみならず、LAmax を併用して騒音被害を把握すべきであったにもかかわらずこれを採用していない点も極めて不適切である。

低周波音についても、同様に国の環境保全措置は何ら実効性を有するものでないのみならず、心理的・生理的影響について、より新しい研究結果を反映した環境省の手引に基づく閾値を採用することなく、具体的根拠もないままに自ら有利な報告に基づく閾値を採用したばかりか、MV-22 オスプレイについては、事前の手続の不適切さを受けて評価書段階において始めた評価の対象となった結果、物理的影響に関しては全ての測定地点において、環境省の手引きとの比較において有利な閾値が設定されている心理的影響についても一部地点において環境基準を超過するという不整合がそのままにされている。

したがって、事業者の申請内容は、問題の現況及び影響を的確に把握したとは言い難く、環境保全措置が適切に講じられているともましてやその程度が十分とも言えない。

このような問題点があるにもかかわらず、沖縄県が1号要件の審査基準(7)に適合するとの判断は、合理性を欠いているものと認められ、事業者の意見には理由がない。

[資料２］行政法研究者有志の声明

声明
辺野古埋立承認問題における政府の行政不服審査制度の濫用を憂う

2015年10月23日
行政法研究者有志一同

　周知のように、翁長雄志沖縄県知事は去る10月13日に、仲井眞弘多前知事が行った辺野古沿岸部への米軍新基地建設のための公有水面埋立承認を取り消した。これに対し、沖縄防衛局は、10月14日に、一般私人と同様の立場において行政不服審査法に基づき国土交通大臣に対し審査請求をするとともに、執行停止措置の申立てをした。この申立てについて、国土交通大臣が近日中に埋立承認取消処分の執行停止を命じることが確実視されている。
　しかし、この審査請求は、沖縄防衛局が基地の建設という目的のために申請した埋立承認を取り消したことについて行われたものである。行政処分につき固有の資格において相手方となった場合には、行政主体・行政機関が当該行政処分の審査請求をすることを現行の行政不服審査法は予定しておらず（参照、行審１条１項）、かつ、来年に施行される新法は当該処分を明示的に適用除外としている（新行審７条２項）。したがって、この審査請求は不適法であり、執行停止の申立てもまた不適法なものである。
　また、沖縄防衛局は、すでに説明したように「一般私人と同様の立場」で審査請求人・執行停止申立人になり、他方では、国土交通大臣が審査庁として執行停止も行おうとしている。これは、一方で国の行政機関である沖縄防衛局が「私人」になりすまし、他方で同じく国の行政機関である国土交通大臣が、この「私人」としての沖縄防衛局の審査請求を受け、恣意的に執行停止・裁決を行おうというものである。
　このような政府がとっている手法は、国民の権利救済制度である行政不服審査制度を濫用するものであって、じつに不公正であり、法治国家に悖るものといわざるを得ない。
　法治国家の理念を実現するために日々教育・研究に従事している私たち行政法研究者にとって、このような事態は極めて憂慮の念に堪えないものである。国土交通大臣においては、今回の沖縄防衛局による執行停止の申立てをただちに却下するとともに、審査請求も却下することを求める。

呼びかけ人（50音順）
　岡田正則（早稲田大学教授）　紙野健二（名古屋大学教授）　木佐茂男（九州大学教授）
　白藤博行（専修大学教授）　本多滝夫（龍谷大学教授）　山下竜一（北海道大学教授）
　亘理　格（中央大学教授）

賛同者96名（2015年11月26日時点）

[資料３] 埋立承認取消しの執行停止決定書

国水政第45号

決　定　書

申立人
沖縄県中頭郡嘉手納町字嘉手納290－9
沖縄防衛局
　　局長　井上一徳

　平成27年10月13日付けで申立人がした執行停止の申立て（以下「本件申立て」という。）について、行政不服審査法（昭和37年法律第160号。以下「審査法」という。）第34条第3項及び第4項の規定の基づき、次のとおり決定する。

主　文

　沖縄県知事（以下「処分庁」という。）が平成27年10月13日付けで申立人に対してした公有水面の埋立ての承認の取消し（平成27年10月13日付け沖縄県達土第233号・沖縄県達農第3189号。以下「本件承認取消し」という。）は、審査請求に対する裁決があるまでの間、その効力を停止する。

事　実

1　平成25年12月27日付け沖縄県指令土第1321号・沖縄県指令農第1721号により、処分庁は、固有水面埋立法（大正10年法律第57号。以下「法」という。）第42条第1項に基づき、申立人に対して、埋立ての承認（以下「本件承認」という。）をした。
2　平成27年10月13日付け沖縄県達土第233号・沖縄県達農第3189号により、処分庁は、本件承認取消しをした。
3　申立人は、平成27年10月13日付けで、国土交通大臣に対して、本件承認取消しを不服として、審査請求をするとともに、本件申立てをした。

本件申立ての要旨

　申立人の主張の要旨は以下のとおりである。
1　本件承認について、前知事による法第4条第1項第1号及び第2号の要件妥当性の判断に不合理な点はないから、裁量権の逸脱・濫用は認められない。
2　本件承認取消しは、適法な本件承認を取り消したものとして違法であり、直ちに取り消されるべきものである。
3　本件承認取消しにより、普天間飛行場のキャンプ・シュワブの辺野古崎地区及びこれに隣接する水域への移設事業（以下「本件事業」という。）の工程の大幅な遅延及び一時中止を余儀なくされ、普天間飛行場周辺における航空機による事故等に対する危険性及び騒音等の被害の除去の遅れや、外交・防衛上重大な不利益など、重大な損害が生じ、かつ、これらを避けるため緊急の必要が明らかに認められてる。
4　以上に主張したこと等から、本件承認取消しについて、速やかな執行停止を申し立てるものである。

理　由

1　本件申立ての適法性について
（1）　まず、審査法第4条第1項は、行政庁の処分に不服がある者は審査請求をすることができると規定していることから、本件承認取消しが「処分」に該当するか否かを検討する。
　　一般に、「処分」とは、「公権力の主体たる国または公共団体が行う行為のうち、その行為によって、直接国民の権利義務を形成しまたはその範囲を確定することが法律上認められているもの」（最高裁判所昭和39年10月29日判決）であるとされている。
　　法上、適法に埋立てを行うためには、国は都道府県知事の承認を受けなければならなず（法第42条第1項）、これが取り消された場合、もはや国は埋立てを継続できない。
　　この点に鑑みると、本件承認取消しは申立人の法的地位に直接的な影響を及ぼすものというべきであるから、審査法第4条第1項にいう「処分」に該当すると解するのが相当である。
（2）　次に、国の機関である申立人に不服申立人適格が認められるか否かを検討する。
　　審査法第1条第1項は、同法の目的について「国民に対して広く行政庁に対する不服申立てのみちを開く」ものであると規定しており、一般に、国の機関又は地方公共団体その他の公共団体若しくはその機関に対する処分については、当該機関又は団体がその「固有の資格」において処分の相手方となる場合には、不服申立てをすることはできないが、一般私人と同様の立場において処分の相手方となる場合には、不服申立てをすることができると解されている。
　　そして、当該機関又は団体がその「固有の資格」において処分の相手方となっているか否かは、当該処分を定める法令の規定に基づき判断されるべきものであって、当該機関又は団体が処分を受けるに至った目的や経緯といった個別の事情に基づき判断されるべきものではない。
　　そこで、法規定をみると、法上、埋立てを行おうとする者は、私人又は地方公共団体においては都道府県知事の「免許」（法第2条第1項）を、国においては都道府県知事の「承認」（法第42条第1項）を受けなければならない。ここでいう「免許」及び「承認」は、その文言は異なるものの、いずれもそれを受けなければ適法に埋立てを行えないこと、また、同じ審査基準（法第4条第1項等）によって都道府県知事の審査を受けることに鑑みると、申立人が国の「固有の資格」において本件承認を受けたものと解することはできない。
　　したがって、申立人は一般私人と同様の立場において処分の相手方となるものであるから、審査法に基づく不服申立てをすることができると解するのが相当である。
（3）　以上より、本件申立ては適法である。

2　執行停止の要件該当性について
（1）　審査法第34条第4項は、「処分、処分の執行又は手続の続行により生ずる重大な損害を避けるため緊急の必要があると認めるときは、審査庁は、執行停止をしなければならない。」と規定している。ただし、これについて、同項ただし書は、「公共の福祉に重大な影響を及ぼすおそれがあるとき」、「処分の執行若しくは手続の続行ができなくなるおそれがあるとき」又は「本案について理由がないとみえるとき」のいずれかに該当する場合には、「この限りでない」ことを定めている。
　　以下、申立人及び処分庁の主張から、審査法第34条第4項から第6項までの規定に照らし、本件申立てが同条第4項の規定に基づいて執行停止をしなければならない場合に該当するか否かを検討する。
（2）　本件承認取消しによって、申立人が行う本件事業の継続が不可能となるため、普天間飛行場周辺に居住する住民等が被る航空機による事故等に対する危険性及び騒音等の被害の継続や、米国との信頼関係や日米同盟に悪影響を及ぼす可能性があるという外交・防衛上の不利益が生じ、これらの重大な損害を避ける緊急の必要性があるとする申立人の主張は相当であると認められる。
　　したがって、審査法34条第4項の「処分、処分の執行又は手続の続行により生ずる重大な損害を避けるため緊急の必要があると認めるとき」に該当するものであって、本件承認取消しの効力を停止しなければならない場合に該当する。

また、本件承認取消しの性質上、処分の効力の停止以外の措置によっては当該損害を避けるという目的を達することができない。
（３）　他方、処分庁は、本件事業実施区域の環境が回復不可能な被害を被るとして、「公共の福祉に重大な影響を及ぼすおそれがあるとき」という要件に該当する旨、主張する。しかしながら、本要件は、申立人が処分によって被る損害と比較衡量して、なお公共の福祉を保護する必要があるかという見地から判断されるところ、申立人の前記（２）の損害が人の生命・身体に危険を及ぼすものを含むこと等を踏まえると、これと比べて処分庁の主張する環境への影響の防止が優先するものとは認められないことから、本要件に該当しない。
　　また、本件承認取消しについては、承認という行政処分そのものを消滅させるのみであって、そもそも処分の執行若しくは手続の続行ができなくなるおそれがあるとき」という要件には該当しない。
　　さらに、現段階で本案について理由がないとまでは認められない。
（４）　以上より、本件承認取消しの効力を停止する必要はあると認められる。

よって、主文のとおり決定する。

　　　　平成27年10月27日

　　　　　　　　　　　　　　　　　　　　　　　　　　　　国土交通大臣　　石井啓一

［資料４］代執行に関する閣議口頭了解

普天間飛行場代替施設建設事業に係る公有水面埋立法に基づく埋立承認の取消しについて

［平成27年10月27日　閣議口頭了解］

　政府としては、沖縄県宜野湾市の中央部に所在し、住宅や学校などに密接して位置している普天間飛行場の固定化は絶対に避けなければならないと考えており、同飛行場を辺野古へ移設する現在の計画が、同飛行場の継続的な使用を回避するための唯一の解決策であるという考えに変わりはない。
　そもそも19年前の平成８年４月に日米間で普天間飛行場の全面返還が合意され、その３年後の11年12月には、当時の沖縄県知事、名護市長及び宜野座村長から同意を得て、辺野古への移設が決まり、閣議決定がなされた。
　これらを受け、政府としては、キャンプ・シュワブ沿岸水域の埋立てを行うため、一昨年12月に公有水面埋立法に基づく埋立承認を得、爾来、当該埋立てに向けた作業を行ってきたところである。
　しかしながら、現在の沖縄県知事は、辺野古における基地建設に反対する旨の意向を表明しており、政府としては、本年４月に内閣総理大臣及び内閣官房長官が、５月に防衛大臣が、それぞれ沖縄県知事と会談し、さらに、８月には一箇月間の沖縄県との協議期間を設け、集中的に協議するなど、精力的に話合いを行ってきたが、理解は得られず、10月13日、沖縄県知事は、本件承認に瑕疵があるとして、これを取り消す処分を行ったところである。
　しかし、本件承認には何ら瑕疵はなく、これを取り消す処分は違法である上、本件承認の取消しにより、日米間で合意された普天間飛行場の辺野古への移設ができなくなることで、同飛行場が抱える危険性の継続、米国との信頼関係に悪影響を及ぼすことによる外交・防衛上の重大な損害などが生じることから、本件承認の取消しは、著しく公益を害することが明らかである。
　このため、法定受託事務である本件承認の取消処分について、その法令違反の是正を図る必要があるので、公有水面埋立法の所管大臣である国土交通大臣において、地方自治法に基づく代執行等の手続に着手することとする。

＜参考＞
○地方自治法（昭和二十二年法律第六十七号）（抄）
〔省略〕

［資料５］審査申出書（平成27年11月２日）

審査申出書

　　　　　　　　　　　　　　　　　　　　　審査申出人
　　　　　　　　　　　　　　　　　　　　　　沖縄県知事　翁長雄志
　　　　　　　　　　　　　　　　　　　　　審査申出人代理人
　　　　　　　　　　　　　　　　　　　　　　代理人目録に記載のとおり
　　　　　　　　　　　　　　　　　　　　　相手方
　　　　　　　　　　　　　　　　　　　　　　国土交通大臣　石井啓一
　　　　　　　　　　　　　　　　　　　　　平成27年11月２日

国地方係争処理委員会　御中

　　　　　　　　　　　　　　審査申出人　沖縄県知事　　翁長　雄志
　　　　　　　　　　　　　　審査申出人代理人弁護士　　竹下　勇夫
　　　　　　　　　　　　　　同　　　　　　　　　　　　松永　和宏
　　　　　　　　　　　　　　同　　　　　　　　　　　　久保　以明
　　　　　　　　　　　　　　同　　　　　　　　　　　　秀浦由紀子
　　　　　　　　　　　　　　同　　　　　　　　　　　　亀山　聡

第１　審査申出に係る国の関与

　沖縄防衛局長（以下「執行停止申立人」という。）が平成27年10月13日付け執行停止申立書（沖防第4515号）により申し立てた執行停止申立て（以下「本件執行停止申立て」という。）につき、平成27年10月27日付けで国土交通大臣が沖縄県知事に対して行った執行停止決定（以下「本件関与」という。）。

第２　審査申出の趣旨

　本件関与は、憲法上内閣の構成員すべてが一体となって統一的な行動をとることが要請されている中（憲法第66条第３項）、普天間飛行場代替施設の名護市辺野古への移設という内閣の一致した方針に従い、内閣の構成員たる防衛大臣の指揮命令に服する執行停止申立人が、自らを一事業者であると主張して、同じく内閣の構成員たる国土交通大臣に対して行った審査請求手続における「執行停止申立て」について、国土交通大臣が、沖縄県知事による公有水面埋立ての承認取消の効力を妨げることにより上記内閣の方針を実現するとの目的の下、執行停止申立人と一体となって、「執行停止決定」という形式を用いて行った違法な決定であるから、当該行為を是正するために適切な措置を講ずるべきである
との勧告を求める。

第３　審査申出の理由
１　本件関与の違法性
　（１）はじめに

　執行停止申立人は国の機関であり、一般公益のために公有水面埋立承認出願をしたものであって、私人ではないから、行政不服審査法（以下「行審法」という。）による審査請求等の適格を欠いており、審査請求等は不適法であるから、却下されなければならない。

しかるに、相手方国土交通大臣は、本件執行停止申立てを却下せず、執行停止申立人は適格を欠いているにもかかわらず執行停止決定をしたものであるから本件関与は違法である。

(2) 本件執行停止申立てが不適法であること
ア 本来国には審査請求・執行停止の申立適格は認められないこと
(ア) 行政不服審査制度は、私人の個別的な権利利益の簡易迅速な救済を制度趣旨とするものである。「加害者は、国家・公共団体なのであるから、被害者たる私人の簡易迅速な救済手続を設けておく必要性」が高いことから、行政作用により侵害された私人の個別的な権利利益を、厳格な司法手続によらないで簡易迅速に救済する手続として設けられたものである。

この制度趣旨より、本来国には国には請求等適格が認められないものと言うべきであり、例外的に、私人とまったく同様の立場で個別の権利義務が侵害された場合、すなわち「固有の資格」（一般私人の立ちえない立場）に基づかない場合にのみ、審査請求等の適格が認められるものと言うべきである。

(イ) 法定受託事務に対する審査請求等を認めることに対してはそもそも強い批判が存するものであり、その範囲は私人の簡易迅速な救済の必要性という趣旨を逸脱することのないように画されるべきものである。

また、とりわけ国が審査請求をする場合には、判断の中立性・公正性ということから、国が私人と同一の立場であるか否かということについて、厳格なうえにも厳格に判断されなければならない。すなわち、国の特定の機関が不服申立てをした場合に、その判断を国が行うことは、国という同一の行政主体が、審査請求等をしてこれに対する判断をすることになり、国の意図した目的にあわせた結論ありきの偏頗な判断がなされるおそれがあることになる。

イ 本件埋立承認出願は「固有の資格」に基づくものであること
(ア) 公有水面埋立「承認」出願は国のみが行えること
 a 公有水面埋立法は、国と私人は明確に区別して規定しており、私人が事業者である場合と国が事業者である場合を区別して規定している。

すなわち、私人が埋立事業主体となる場合には同法2条により都道府県知事の「免許」が必要であると定めているのに対し、国が埋立事業主体となる場合には同法42条1項により都道府県知事の「承認」が必要であると定めており、私人は、埋立の承認出願を行うことはできない。

埋立承認出願人の地位に私人が立つことはできず、国のみがなし得るものであるから、「固有の資格」に基づくとは明らかである。
 b もっとも、「免許」と「承認」は、いずれも埋立権を設定するものであり、許可・承認の効力がその後消滅したときは、特定の公有水面を埋め立てて土地を造成して埋立地の所有権を取得する権利を喪失し、既に行われた埋立ては法的根拠を失って違法となり、その結果、原状回復義務を負うものと解すべきという点においては、両者には共通している部分もある。

しかし、公有水面埋立法は、私人が事業主体となる場合（免許）と国が事業主体となる場合（承認）について、規律を異にしているものである。例えば、同法22条1項は私人が事業主体となる場合は竣工認可手続が必要であるとするのに対し、国が埋立事業主体となる場合は、同法42条2項で国の竣工認可手続は免除され国は通知をすれば足りるとされている。また、私人が事業主体となる場合は、同法13条で「埋立ノ免許ヲ受ケタル者ハ埋立ニ関スル工事ノ著手及工事ノ竣功ヲ都道府県知事ノ指定スル期間内ニ為スヘシ」と定めているが、この規定は国が事業主体となる場合には準用されていない。そのほか、免許料の徴収にかかる規定や罰則の規定も国が事業主体となる場合には準用されていないなど、公有水面埋立法において、私人が事業主体となる場合と国が事業主体となる場合とで異なる扱いをし、国については一般私人が立ちえないような立場を定めているのであるから、申立人（審査請求者）が「固有の資格」に基づいて、公有水面埋立「承認」出願を行ったものであることは明らかである。
(イ) 実質的にも「固有の資格」に基づくことは明らかであること

a　本件埋立ては条約に基づく義務履行のために行うものであること
　　本件埋立承認出願は、基地提供という外交・防衛にかかる条約上の義務の履行という目的をもってなされているものであり、まさに国家としての立場においてなされる一連の行為にほかならない。
　　埋立てによる利益は外交・防衛上の一般公益であって行政不服審査制度が救済の対象とする私人の個別的な権利利益でないことより、「固有の資格」（一般私人が立ちえないような立場にある状態）においてなされていることは明らかである。
　b　現政権の立場
(a)　平成22年5月28日閣議決定
　　沖縄防衛局長は防衛大臣の指揮命令に服し、防衛大臣と国土交通大臣はともに内閣の構成員としての一体性を有し、閣議決定に基づく方向性を同じくしている。平成19年5月9日の衆議院外務委員会における法制局長官答弁においても、以下のとおり、内閣の一体性の保持が憲法上の要請であるとの政府の見解が明確に示されているところである。

（前原委員）
　（前略）憲法66条は全会一致の閣議決定、これは別に慣習で来ただけであって、憲法上の要請ではないんだということなのか、その点は、法制局長官、いかがなんですか、内閣の見解としては。
（宮崎政府特別補佐人（内閣法制局長官））
　憲法第66条3項は、「内閣は、行政権の行使について、国会に対し連帯して責任を負ふ。」というふうに規定しておりまして、この意味につきましてこれまでどのように言われていたかと申しますれば、このような規定が特に明文で置かれていることから考えますと、内閣の構成員すべてが、一体となって統一的な行動をとることが要請されているんだろうということが一つ、まず中心的にございます。

　普天間飛行場の移設問題について政府は、「平成22年5月28日に日米安全保障協議委員会において承認された事項に関する当面の政府の取組について」と題する閣議決定において、「日米両国政府は、普天間飛行場を早期に移設・返還するために、代替の施設をキャンプシュワブ辺野古崎地区及びこれに隣接する水域に設置することとし、必要な作業を進めていく」ことを決定し、現政権はこれを承継している。
　内閣の構成員すべてが一体となって統一的な行動をとることが憲法上要請されているとの政府解釈を前提とする限り、国土交通大臣が上記閣議決定と抵触する判断を行うことは期待できない。実際、後述するとおり国土交通大臣は「政府の一致した見解により、地方自治法に基づく代執行等の手続に着手しているのである。
　このように、辺野古移設を「唯一の解決策」として一体的方針を共有している内閣の内部において、「一般私人たる沖縄防衛局長」による審査請求及び執行停止申立てについて、「公正・中立な審査庁たる国土交通大臣」が中立・公正な判断をなしうるというのは余りにも無理がある。
　以上のとおりであるから、本件に係る審査請求手続においては、判断権者の公正・中立という行政不服審査制度の前提が欠落しているものと言わざるを得ない。
(b)　平成27年10月27日閣議口頭了解
　さらに、本件関与がなされた日である、平成27年10月27日の閣議において、改めて辺野古への移設を「唯一の解決策」と位置づけた上で、「本件承認には何ら瑕疵はなく、これを取り消す処分は違法である上、本件承認の取消しにより、日米間で合意された普天間飛行場の辺野古への移設ができなくなることで、同飛行場が抱える危険性の継続、米国との信頼関係に悪影響を及ぼすことによる外交・防衛上の重大な損害等が生じることから、本件承認の取消しは、著しく公益を害することが明らかである。このため、法定受託事務である本件承認の取消処分に

ついて、その法令違反の是正を図る必要があるので、公有水面埋立法の所管大臣である国土交通大臣において、地方自治法に基づく代執行等の手続に着手することになる」との閣議了解をした。

(c) 国土交通大臣の対応

上記閣議了解に基づき、国土交通大臣は、本件承認は違法であるとの立場で、代執行を行うものとし、その翌日である平成27年10月28日、地方自治法第258条の8第1項に基づき、本件埋立承認取消しを取り消せとの勧告を行った。

国土交通大臣は、自ら内閣の構成員として、本件埋立承認取消しは違法であるとの立場に立つことを閣議了解において明らかにしており、凡そ公平・中立な判断者の立場に立ちえない。

また、国土交通大臣が、代執行に着手をしたということは、本件埋立承認取消しを違法であると判断したということであるが、違法であるとの認識に達したのであれば、裁決はできるということである。したがって、裁決をすれば足りることであり、執行停止をしなければ「緊急の必要性」は認められないことになる。それにもかかわらず、国土交通大臣が自ら代執行をして、本件埋立承認取消しを取り消そうとすることは、裁決をする意思はないといっているに等しい。

そうすると、執行停止決定は、裁決とは関係なしに、代執行手続が進められている間も埋立工事を行うための方便として使われているものにほかならないということになる。また、国土交通大臣が、本件埋立承認取消しが違法であるとの認識に立ちながら、裁決をせず、閣議了解に基づく代執行を行うということは、内閣の一員であることを優先し、閣議了解に基づく代執行を優先させるという目的で、行政不服審査手続を、棚上げ・塩漬けするものにほかならず、行政不服審査手続の判断者としての、公平性・中立性が微塵も存しないことは明らかである。

なお、上記閣議後の国土交通大臣の記者会見の内容は、以下のとおりであった。

記

(国土交通大臣)

まず閣議の関連で、辺野古沖の公有水面埋立承認の取消しに関する執行停止の決定及び閣議口頭了解についてであります。沖縄県知事の辺野古沖の公有水面埋立承認の取消しについては、去る10月14日に沖縄防衛局長より審査請求及び執行停止の申立でがございました。このうち執行停止の申立について、沖縄防衛局長及び沖縄県知事の双方から提出された書面を審査した結果、承認取消しの効力を停止することとし、本日、沖縄防衛局及び沖縄県・に執行停止の決定書を郵送いたしましたのでご報告いたします（中略）また本日の閣議において普天間飛行場代替施設建設事業に係る公有水面埋立法に基づく埋立承認の取消しについてが、閣議口頭了解されました。この閣議口頭了解においては翁長知事による承認取消しは、なんら瑕疵の無い埋立承認を取り消す違法な処分である上、本件承認取消しにより、普天間飛行場が抱える危険性の継続、米国との信頼関係に悪影響を及ぼすことによる外交、防衛上の重大な損害など、著しく公益を害することが確認される軸とともに、その法令違反の是正を図るため、公有水面埋立法を所管する国土交通大臣において、代執行等の手続に着手することが、政府の一致した方針として了解されました（略）。

(記者)

普天間基地。執行停止をすれば工事は再開できる。あえて代執行の手続をした理由は。

(国土交通大臣)

先ほど申し上げましたとおり10月14日に沖縄防衛局長からなされた審査請求と執行停止の申立てに対し、これまで審査庁として法令の規定に基づく審査をし、本日、普天間飛行場が抱える危険性の継続などの重大な侵害を避けるため必要性があると認め、執行停止の決定をしたところでございます。国交省としては、審査請求の審査の過程で今回の翁長知事による取消処分は、公有水面埋立法に照らし違法であると判断するに至りました。すなわち仲井真前知事が行った埋立承認は適法になされたにも関わらず、これを取り消した翁長知事の処分は違法である

と判断したものであります。一方、本日開催された閣議におきまして、翁長知事による違法な承認取消処分が、著しく公益を害することが確認されるとともに、その法令違反の是正を図るため、国土交通大臣において代執行等の手続に着手することが、政府の一致した方針として口頭了解されております。このため公有水面埋立法を所管する国土交通大臣といたしまして、翁長知事の行った取消処分について、法令違反の是正を図るべく、地方自治法に基づく代執行の手続に着手するとしたものでございます。
（記者）
　行政不服審査法の審査の中で違反であると判断したのであれば、その法律に基づいて審査結果を出せばいいのではないか。
（国土交通大臣）
　審査請求の裁決を行うべきかというご質問でしょうか。
（記者）
　そうです。
（国土交通大臣）
　本日の閣議で国土交通大臣として代執行の手続に着手するということが、政府の一致した方針として口頭了解をされたわけでございます。公有水面埋立法を所管する国土交通大臣として、まずは代執行の手続を優先して行うということにいたしたいと考えております。
　　　　　　　　　　　　　　　　　（中略）
（記者）
　今後、この行政不服審査法と地方自治法の２本の法律でこの問題について取り組んでいくということなのか。行政不服審査法で裁決を出した後も代執行は進めていくということか。
（国土交通夫臣）
　まずは本日閣議口頭了解で、公有水面埋立法を所管する国土交通大臣に対して、地方自治法に基づく代執各の手続を行うことが確認されましたので、地方自治法に基づく代執行の手続をまずは優先して行いたいと思います。その後状況を見て審査請求のほうの手続についてどうするかということを考えていく。同時並行というよりは、代執行の手続を優先してまず行うということです。

(d)　執行停止申立書及び執行停止決定書の内容
　更に、執行停止申立書及び執行停止決定書においても国土交通大臣が、内閣の見解に基づいて、本件関与を「埋立工事を行わせしめるための単なる方便」として利用していることは明らかである。
　すなわち、平成27年10月13日付け執行停止申立書において、沖縄防衛局長は執行停止要件である「重大な損害を避けるため緊急の必要があること」について、「普天間飛行場周辺における航空機による事故等に対する危険性及び騒音等の被害の除去が困難となり、万一、事故等が生起すれば、同飛行場周辺に居住する住民等の生命、身体及び財産に甚大な被害を及ぼすことになり、当該住民等の生命、身体及び財産に係る安全を確保し、生活環境を保全することが出来なくなる。」と述べ（執行停止申立書58頁）、また、「米国との信頼関係はもとより、日米安保体制を基盤として、日米両国がその基本的価値及び利益を共にする国として、安全保障面をはじめ、政治及び経済の各分野で緊密に協調・協力していく日米同盟に悪影響を及ぼす可能性があり、外交・防衛上重大な不利益が生じることになる。」（同申立書60頁）と、まさに政府見解たる「普天間飛行場の危険性」と「米国との信頼関係への悪影響」を主張している。
　本来、審査請求に伴う執行停止は私人たる審査請求人の権利保全を目的とする制度であって、自らを「私人」とうそぶく沖縄防衛局長が執行停止における被保全権利として「普天間飛行場の危険性」と「米国との信頼関係への悪影響」を主張すること自体が背理であるにもかかわらず、国土交通大臣は、平成27年10月27日、沖縄防衛局長の申立てを受けて、「普天間飛行場の危険性」と「米国との信頼関係への悪影響」との主張を漫然と容れ、私人たる沖縄防衛局長の

権利救済の必要性を認めている（執行停止決定書15頁ないし16頁）。
　このように、自らを「私人」とする沖縄防衛局長が国家的利益を代弁し、これに対して国土交通大臣が、内閣の構成員としての一致した見解に基づいて、本来審査請求人の被保全利益になり得ない利益を根拠として執行停止決定を行っているという事実に鑑みても、本件関与の実態は、執行停止決定の形態を模しているものの、地自法245条柱書及び同法250条の13第1項柱書に定める、沖縄県が固有の資格において処分の名宛人となる公権力の行使たる関与行為そのものである。
　c　日米合同委員会合意等は私人がなしえないこと
　　日米両政府は平成26年6月20日の日米合同委員会で、米軍普天間飛行場移設先となる名護市辺野古沖で、普天間飛行場の代替施設の工事完了の日まで常時立ち入り禁止となる臨時制限区域を設定するとともに、日米地位協定に基づき代替施設建設のため日本政府が同区域を共同使用することを合意した。
　　そして、同年7月1日の閣議において、「『日本国とアメリカ合衆国との間の相互協力及び安全保障条約第六条に基づく地位に関する協定』第2条に基づく施設及び区域の共同使用、使用条件変更及び追加提供について」を閣議決定し、同月2日に防衛大臣が告示（防衛省告示第123号）した。
　　これは、まさに私人は絶対に行うことのでさない埋立事業であることを示しているものにほかならない。

(3) 本件関与が違法であること
　以上のとおり、行政不服審査制度は、私人の個別的な権利利益の救済を目的とするものであり、国は私人と同一の立場に立つ場合（「固有の資格」に基づかない場合）でなければ、審査請求等の適格を有しないものである。
　しかるに、公有水面埋立法は、私人が事業主体となる「免許」と国が事業主体となる「承認」を明確に区別して規律しているのであるから、私人が「承認」申請をすることは不可能であり、本件公有水面埋立承認出願が「固有の資格」に基づくことは客観的・形式的にも明らかである。
　また、実質的に検討しても、本件埋立承認出願は、外交・防衛上という一般公益のため、条約上の義務の履行のための一連の手続としてなされたものであり、この目的は閣議決定をされているものである。また、本件埋立など基地建設事業を実施するために、日米合同委員会合意、閣議決定、防衛大臣告示によって臨時制限区域の設定がなされているが、これは一般私人が行うことができず国にのみがなしうるものであり、沖縄防衛局長による本件埋立承認出願が「固有の資格」に基づくことは明らかというべきである。
　以上のとおり・沖縄防衛局長による埋立承認岀願は、「固有の資格」に基づくこと、ゆえに審査請求等を行い得ないことも一見して明らかであるから、そもそも沖縄防衛局長において審査請求等を行う等ということは予想だにしない。仮に、沖縄防衛局長が単独で、真に自らを「私人」と信じて本件執行停止申立てをしてきたとしても、行政不眼審査制度が法の趣旨に照らして適切に運用されるのであれば、審査庁は、やはり、沖縄防衛局長による埋立承認出願が、「固有の資格」に基づいて行われているととを理由に、不適法却下という判断を行うはずである。
　しかるに、沖縄防衛局長は、自らを「私人」と称して審査請求及び本件執行停止申立てを行い、これに対し、国土交通大臣においても、「申立人は一般私人と同様の立場において処分の相手方となるものであるから」として、執行停止決定を行った。
　国土交通大臣は、当該機関又は団体がその「固有の資格」において処分の相手方となっているか否かは、「当該処分を定める法令の規定に基づき判断されるべきものであって、当該機関又は団体が処分を受けるに至った目的や経緯といった個別の事情に基づき判断されるべきものではない」としたうえで、「「免許」及び「承認」は、その文言は異なるものの、いずれもそれを受けなければ適法に埋立てを行いえないこと、また、同じ審査基準（法第4条第1項等）によって都道府県知事の審査を受けること」に鑑みると、公有水面埋立法上、沖縄防衛局が国の「固有の資格」において本件承認を受け

たものと解することはできないとする。
　しかし、国土交通大臣は、なにゆえ、一般私人の立ち得ない立場と解される「固有の資格」か否かの判断が、当該処分を定める法令の規定のみに基づいて判断されるのかその根拠を全く示していないことはもとより、当該処分を定める法令たる公有水面埋立法についての判断も、前述した具体的な仕組みの違いを一切捨象するものである。このような国土交通大臣の示す判断には理由がないと言わざるを得ない。
　このように、通常であれば予想だにしない沖縄防衛局の執行停止申立てに対し国土交通大臣が理由なく執行停止決定を行ったことは、まさに、沖縄県知事の承認取消しの効力を妨げることを目的として、沖縄防衛局長と国土交通大臣が一体となって、行審法が想定しない方法で、その審査請求制度を外形的に利用したと見ざるを得ないものである。
　本来、「法律又はこれに基づく政令によらなければ、普通地方公共団体に対する国又は都道府県の関与を受け、又は要することとされることはない」とする関与の法定主義（地自法245条の2）に鑑みれば、如何なる法令においても所管の大臣たる国土交通大臣には、沖縄県知事の承認取消しに対する執行停止権限は認められていないのであるから、本件関与の違法性は明らかである。

2　国土交通大臣は執行停止決定の取消しなどの対応をすべきこと
　行審法第35条は、審査庁が執行停止の取消しをできることを明らかにしているところ、「執行停止決定前からすでに停止のための要件事実が欠けていた」場合（「本案について理由がないとみえるとき」の要件を除く。）にも取消しは可能であるとされている（浜川清ほか編「コンメンタール行政法1　行政手続法・行政不服審査法【第2版】」〔市橋克哉〕468頁）。
　本件関与が、法の趣旨に則った審査請求制度の運用がなされている限り、なされるはずのなかった行為であることは、執行停止決定前からすでに停止のための要件事実が欠けていたといえるものであることから、審査庁は執行停止決定を取り消すことは可能である。

3　本件関与は国地方係争処理委員会が処理すべきであること
　(1)　国地方係争委員会が設けられた趣旨・経緯
　　ア　地方分権推進委員会の基本方針
　　　地方自治法（以下「地自法」という。）第255条の2は、平成11年の地方分権一括法による地自法改正による地方公共団体の事務の区分の再構成等が行われたことに伴い設けられたものである。
　　　地方分権一括法による地自法改正は、地方分権推進法に基づいて設置された地方分権推進委員会の報告、勧告を尊重して制定されたものであるが、その基本的な考え方は、国と地方公共団体の関係を上下・主従ではなく対等・協力の関係とし、両者の調整は最終的には司法的判断によるというものである。
　　イ　平成8年3月29日中間報告
　　　すなわち、地方分権推進委員会の平成8年3月29日付け中間報告においては「地方分権の推進により、国と地方公共団体間の調整は、対等・協力の関係の観点から、基本的には中央省庁による行政統制によるのではなく、公正かつ透明な国会による立法統制と裁判所による司法統制に、できるだけ委ねることとなる」とされていた。
　　ウ　平成9年10月9日付け第4次勧告
　　　また、平成9年10月9日付け第4次勧告においては、国と地方公共団体との間の係争処理の仕組みについて、「機関委任事務制度を廃止し、国と地方公共団体の新しい関係を構築することに伴い、対等・協力を基本とする国と地方公共団体との間で万が一係争が生じた場合には、国が優越的な立場に立つことを前提とした方法によりその解決を図るのではなく、国と地方公共団体の新しい関係にふさわしい仕組みによって係争を処理することが必要となる。この仕組みは、地方公共団体に対する国の関与の適正の確保を手続面から担保するものであると同時に、地方公共団体が処理する事務の執行段階における国・地方公共団体間の権限配分を確定するという意義をも有するものであるから、対等・協力の関係にある国と地方の間に立ち、公平・中立にその任務を

果たす審判者としての第三者機関が組み込まれているものであることが必要である。そして、この第三者機関は、審判者である以上、国と地方公共団体の双方から信頼される、権威のある存在でなければならない。さらに、行政内部でどうしても係争の解決が図られないときは、法律上の争いについて最終的な判定を下すことを任としている司法機関の判断を仰ぐ道が用意されていることも必要である」とされていた。

エ これらの報告、勧告を最大限に尊重して、地方分権一括法による地自法の改正がなされ、国地方関係を対等・協力の関係とするため、国等の関与のルールが一新され、その実効性を担保し、紛争を外部化する目的で設けられたのが国地方係争処理委員会である。国の関与に不服がある地方公共団体は、国地方係争処理委員会に審査を申し立て、その上で訴訟を提起できる仕組みが設けられたものである。

(2) 本件関与は明文によって除外される「裁定的関与」に当たらないこと

ア 国地方係争処理委員会は、地自法245条各号が規定している「国の関与」のうち、同法250条の13第1項に定めるものを、審査の対象としている。

同法245条第3号は、「前2号に掲げる行為の他、一定の行政目的を実現するため普通地方公共団体に対して具体的かつ個別的に関わる行為」を包括的に「国の関与」としているが、括弧書きにおいて「審査請求・異議申立その他の不服申立てに対する裁決、決定その他の行為を除く。」と定めている。「一定の行政目的を実現するため普通地方公共団体に対して具体的かつ個別的に関わる行為」が国の関与とされ、括弧書きにおいて審査請求等の裁定的行為によって関与する行為（以下、「裁定的関与」という。）が除外されているという条文の形式からも分かるとおり、裁定的関与は、本来的には「国の関与」に含まれる概念である。この様に裁定的関与は、本来的な「国の関与」行為にもかかわらず、国地方係争処理委員会の手続から除外されている。

この除外の趣旨については、審査請求制度は、紛争解決のために行われる準司法的な手続であること（松本英昭『新版逐条地方自治法第7次改訂版』1069頁）や紛争当事者の権利救済の必要性を考慮したとき、国地方係争処理委員会への審査申出を認めるよりも、審査請求（及び取消訴訟）をさせた方が公正性・権利救済の実行性において優れていることなどが挙げられている。

イ 上記は、正当な当事者からの審査誇求を権限のある審査庁が審査して適式な裁決を行ったことを前提とするものであり、審査請求制度の趣旨に則った運用がなされていることが大前提となる。

しかしながら、本件関与は、1項（本件関与の違法性）において述べたとおり、沖縄防衛局と国土交通大臣が、内閣の一致した方針に従って、沖縄県知事による承認取消しの効力を妨げることを目的として、行審法が想定していない運用方法によってなされたもの、すなわち、「執行停止申立て」とそれに対する「執行停止決定」という外観を有するものにすぎないものであり、その実態は、所管の大臣たる国土交通大臣による、地自法245条柱書及び同法250条の13第1項柱書に定める公権力の行使たる関与行為そのものであることから、地自法245条第3号括弧書きにおいて除外されている「審査請求、異議申立その他の不服申立てに対する裁決、決定その他の行為」には当たらない。

したがって、国地方係争処理委員会の審査の対象となるものである。

4 結語

以上の理由により、第2（審査申出の趣旨）記載の勧告の発出を求める。

[資料6] 国地方係争処理委員会決定（平成27年12月28日）

国地委第19号
平成27年12月28日

沖縄県知事
　　翁長雄志殿

国地方係争処理委員会
委員長　小早川光郎

沖縄防衛局長が申し立てた執行停止申立てにつき平成27年10月27日付けで国土交通大臣がした執行停止決定に係る審査の申出について（通知）

　国地方係争処理委員会は、沖縄防衛局長が申し立てた執行停止申立てにつき平成27年10月27日付けで国土交通大臣がした執行停止決定に係る審査の申出について、別添のとおり決定したので、通知する。

決　定

審査申出人　沖縄県知事　翁長雄志

主　文

本件審査の申出を却下する。

理　由

第1　審査の申出の趣旨及び理由

　本件審査の申出の趣旨及び理由は別紙1「審査申出書」記載のとおりである。

第2　事案の概要

1　審査申出人が平成27年10月13日付けで沖縄防衛局長に対してした公有水面の埋立ての承認の取消し（平成27年10月13日付け沖縄県達土第233号・沖縄県達農第3189号。以下「本件承認取消し」という。）について、沖縄防衛局長が本件承認取消しを取り消す裁決を求める審査請求（以下「本件審査請求」という。）をした上で平成27年10月13日付け執行停止申立書により申し立てた執行停止の申立てにより、国土交通大臣は、同月27日付けで、本件審査請求に対する裁決があるまでの間、本件承認取消しの効力を停止する旨の執行停止決定をした（国水政第45号。以下「本件執行停止決定」という。）。

　審査申出人は、本件執行停止決定が、地方自治法第250条の13第1項による審査の対象となる国の関与（以下、単に「国の関与」という。）に該当し、これに不服があるとして、地方自治法第250条の13第1項に基づき、審査の申出をしたものである（審査申出人が同条第2項又は第3項に基づいて当委員会に審査の申出をする趣旨でないことは審査申出書の記載上明らかである。）。

2 本件審査の申出の適法性について検討するため、当委員会は、審査申出人に対し、平成27年11月17日付け文書（別紙2のとおり）及び同年12月8日付け文書（別紙3のとおり）により説明を求めたところ、審査申出人は、それぞれ平成27年11月24日付け文書（別紙4のとおり）及び同年12月15日付け文書（別紙5のとおり）により回答し、また、当委員会は、国土交通大臣に対し、同年11月17日付け文書（別紙6のとおり）及び同年12月8日付け文書（別紙7のとおり）により説明を求めたところ、国土交通大臣は、平成27年11月24日付け文書（別紙8のとおり）及び同年12月15日付け文書（別紙9のとおり）により回答した。なお、国土交通大臣は、当委員会に対し、上記12月15日付け文書の差替を求める同月18日付け文書（別紙10のとおり）を提出したが、これについては、上記文書の差替としてではなく、参考資料として扱うこととした。

第3 当委員会の判断

当委員会は、本件審査の申出は不適法であって却下すべきものと判断する。
その理由は以下のとおりである。

1 一般に行政不服審査法に基づく執行停止決定が国地方係争処理委員会の審査の対象となるか否かについて

(1) 地方自治法第245条第3号括弧書においては、「審査請求、異議申立てその他の不服申立てに対する裁決、決定その他の行為」が同条にいう「関与」から除外されており（以下、上記括弧書にいう「審査請求、異議申立てその他の不服申立て」を「審査請求等」という。）、国地方係争処理委員会の審査の対象となる国の関与には該当しないとされている。その主な趣旨は、国の関与に関する地方自治法の規定を、国の政機関が地方公共団体に対し審査庁として関わる行為について適用することは、審査請求等によって救済を求める者を不安定な状態におき、国民の権利利益の救済を図るという審査請求等の制度の目的を損なうおそれがあって適切でないという点にあるものと解される。

そして、①審査請求等の手続中の処分である執行停止決定が国の関与に該当すると解するのは、審査請求等に対する終局的な応答の行為である裁決等が国の関与に該当しないこととの整合性を欠き、また、②審査請求等を受けた審査庁が終局的判断をするまでの間になす暫定的措置である執行停止決定をさらに関与に係る係争処理制度の対象とすることは、当事者を不安定な状態におくこととなる。

そうすると、「審査請求、異議申立てその他の不服申立てに対する裁決、決定その他の行為」を国地方係争処理委員会による審査の対象となる国の関与から除外する地方自治法第245条第3号括弧書は、審査請求等に対する裁決等の終局的な応答の行為に限らず、審査請求等に基づいてされる執行停止決定をも除外する趣旨であると解される。

したがって、一般に、行政不服審査法第34条に基づく執行停止決定は、地方自治法第245条第3号括弧書にいう「審査請求、異議申立てその他の不服申立てに対する裁決、決定その他の行為」に該当し、国地方係争処理委員会の審査の対象となる国の関与には該当しないと解するのが相当である。

(2) ところで、国の機関、地方公共団体その他の公共団体等が、その「固有の資格」において、すなわち、一般私人が立ち得るのとは異なる立揚において処分を受けた場合には、当該国の機関等は、当該処分について行政不服審査法による審査請求等をすることはできないものと解される。

そして、本件においては審査申出人が、沖縄防衛局長はその「固有の資格」において審査申出人による本件承認取消しを受けており、審査請求をすることができないにもかかわらず、本件審査請求をしたものである旨主張した上で、本件執行停止決定が国地方係争処理委員会の審査の対象となる旨主張しているので、下記2において、この点について検討する。

なお、審査申出人は、上記の主張のほかにも、本件執行停止決定が国地方係争処理委員会の審査の対象となると解すべき根拠について主張するところがあるが（別紙１、４及び５）、上記(1)のとおり、一般に、行政不服審査法第34条に基づく執行停止決定は、地方自治法第245条第３号括弧書にいう「審査請求、異議申立てその他の不服申立てに対する裁決、決定その他の行為」に該当し、国地方係争処理委員会の審査の対象となる国の関与には該当しないと解されることに照らし、いずれも採用できない。

2 本件執行停止決定が国地方係争処理委員会の審査の対象となるか否かについて

(1) まず、審査請求人が「固有の資格」において受けた処分についての審査請求手続において執行停止決定がされた場合に、当該執行停止決定が国地方係争処理委員会の審査の対象となる国の関与に該当するかについて検討する。

ア 既に述べたとおり、一般に、行政不服審査法に基づく執行停止決定は、地方自治法第245条第３号括弧書の「審査請求、異議申立てその他の不服申立てに対する裁決、決定その他の行為」に該当するものと解され、違法な執行停止決定であっても、これに該当し、国地方係争処理委員会の審査の対象となる国の関与には該当しない。

イ それに対し、ある者が「固有の資格」において処分を受けた場合には、上述のように、当該処分に対しては行政不服審査法による審査請求はできないものと解されるため、その者が審査請求をしたとしても、当該事案は、本来、行政不服審査制度の対象にならないものであり、また、行政不服審査制度が目的としている国民の権利利益の救済を考慮した地方自治法第245条第３号括弧書の趣旨は必ずしも妥当しないことからすると、当該審査請求の手続における執行停止決定は、同号括弧書に該当しないとも考えられる。

ウ 他方、ある処分に関する上記の「固有の資格」該当性の有無については、行政不服審査法の解釈上導かれるべき「固有の資格」の意義及び「固有の資格」該当性の判断枠組みを踏まえつつ、直接には、当該処分に関する個別法の規定とその解釈によって判断すべきものである。

そうすると、「固有の資格」において処分を受けたと解する余地のある者がした審査請求の場合であっても、当該個別法の規定に照らし「固有の資格」ではないとした審査庁（これは、内閣法第３条等により当該個別法に関する事務を分担管理する主任の大臣、又はその分担管理のもとに権限を行使する行政庁である。）の判断を国地方係争処理委員会が覆すことは、一般的には予定されていないと考えられる。

エ ただし、国地方係争処理委員会は、国の関与又はそれについての不作為等に関する審査の申出について審査を行い、違法な国の関与等があると認めるときは国の行政庁に対し必要な措置を講ずべきことを勧告するものとして置かれた機関であることからすると（地方自治法第250条の７、第250条の14）、上記のように「固有の資格」に該当せず審査請求が可能であるとした審査庁の当該判断が、一見明白に不合理である場合には、その限りではなく、当該判断が一見明白に不合理であるかどうかを国地方係争処理委員会が審理することは排除されていないと考えられる。

したがって、一見明白に不合理な上記判断に依拠してなされた執行停止決定は、国地方係争処理委員会の審査の対象となる国の関与に該当すると解するのが相当である。

(2) そこで、次に、本件執行停止決定に関し、沖縄防衛局長が「固有の資格」において本件承認取消しを受けるのではなく、一般私人と同様の立場において処分の相手方とされているものであるとした国土交通大臣の判断が一見明白に不合理であるかどうかについて検討する。

ア この点に関し、国土交通大臣は、要旨、以下のとおり、主張している（別紙８及び９）。
① 「固有の資格」とは、一般私人と同様の立場で行政処分を受けたのではない場合、すなわち、行政機関相互間など行政を運営する側の内部的関係において行政処分が行われた場合や、行政主体間のルールとしての基本的な原則や手続準則が妥当する場面を示す用語であると解するのが相当であり、それが具体的にどのような場合を指すかといえば、典型的には、処分の名宛人

が国の機関等に限られている場合（ただし、国の機関等が名宛人となる処分に設けられた特例が、一般私人が名宛人となる処分の単なる用語変更にすぎない場合を除く。）や、処分の名宛人に係る事務・事業について国の機関等が自らの責務として処理すべきこととされ、又は原則的な担い手として予定されている場合がこれに該当すると考えられる。「固有の資格」に当たるか否かについては、これらの基準に照らし、さらに、最終的には個別の根拠法令の趣旨から、上記ように行政を運営する側の内部的関係において処分がされた場合や行政主体間のルールとしての基本的原則や手続準則が妥当する場面に当たるか否かによって判断すべきものと解される。

② 公有水面埋立法における「承認」は国に対して埋立事業をし得る地位を与えるものであり、埋立事業をし得る地位を与える点において、一般私人に対する「免許」と変わりがなく、また、国の承認基準は一般私人の免許申請に対する免許基準と同一である（同法第4条第1項、第42条第3項）とともに、同一区域の埋立免許や承認の申請が競願した場合にも国が一般私人に優先される仕組みとはなっておらず（同法施行令第3条第1項及び第2項が国の承認申請についても準用される（同法施行令第30条）。）。承認に係る埋立事業について、国が自らの責務として処理すべきこととされているとはいえず、原則的な担い手として予定されているともいえない。

また、承認の名宛人は国に限られているものの、国に対する承認も一般私人又は地方公共団体に対する免許も同じ基準に基づいて埋立事業をし得る地位を与える点では同一であり、承認は一般私人に対する免許を単に用語変更したものであり、処分の名宛人が国の機関等に限られているとはいえない。

これらを踏まえると、公有水面埋立法の解釈に照らし、国は、一般私人と同様の立場で承認を受けるものといえ、「固有の資格」において受けるものとはいえない。

③ 公有水面埋立法は、国が公有水面を直接排他的に支配し管理する権能を有しており、公有水面を埋め立てる権能を有していることに着目し、国に対しては「承認」、一般私人又は地方公共団体に対しては「免許」と文言を区別しているが、国が一般私人又は地方公共団体と異なり公有水面について直接排他的に管理する権能を有していることは、行政を運営する側の内部的関係においてされた処分かどうかや、行政主体間のルールとしての基本的な原則や手続準則が妥当する場面か否かに影響を及ぼすものではなく、「固有の資格」の有無に影響を与えるものではない。

また、国に対する「承認」については、国についてはあえて法により規律する必要がないとか、国が公有水面を埋め立てる権能を有しているなどの理由により、一般私人又は地方公共団体に対する「免許」に関する条文の一部が適用・準用されていないが、これにより、国が、都道府県知事との関係で行政機関相互間など行政を運営する側の内部的関係に立つものとはいえず、行政主体間のルールとしての基本的な原則や手続準則が妥当するものでもないことから、国は「固有の資格」において埋立承認を受けるものとはいえない。

イ そこで検討すると、公有水面が国の所有に属しており、国は公有水面の埋立権能を含む包括的な管理支配権を有しているため、国以外の者に対する「免許」と国に対する「承認」とが区別され、国に対する埋立承認には、国以外の者に対する免許に関する条文の一部が適用・準用されていないとも考えられる。そのため、国が一般私人の立ち得ない立場において埋立承認を受けるものであると解することができるのではないかとも考えられ、上記ア③の国土交通大臣の見解の当否については疑問も生じるところである。

しかし、国が「固有の資格」において埋立承認を受けるものではないとの結論自体に関しては、確立した判例又は行政解釈に明らかに反しているといった事情は認められないし、国土交通大臣の上記アの主張は、国が一般私人と同様の立場で処分を受けるものであることについての一応の説明となっているということができることからすると、国土交通大臣の判断が一見明白に不合理であるとまでいうことはできない。

(3) したがって、本件執行停止決定は、国地方係争処理委員会の審査の対象となる国の関与に該当するということはできない。

3 以上のとおり、本件審査の申出に係る本件執行停止決定は、地方自治法第250条の13第1項に規定する審査の対象に該当するとは認められない。

第4 結論

よって、本件審査の申出は不適法なものとしてこれを却下することとし、主文のとおり決定する。

国地方係争処理委員会
委　員　長　　小早川光郎
委員長代理　　髙橋　寿一
委　　　員　　牛尾　陽子
委　　　員　　牧原　　出
委　　　員　　渡井理佳子

別紙〔省略〕

[資料7] 代執行訴訟和解勧告文

代執行訴訟和解勧告文

（注記　和解手続は非公開で行われることにご留意いただき、本書面は当事者限りとしていただきたい。）

　現在は、沖縄対日本政府という対立の構図になっている。それは、その原因についてどちらがいい悪いという問題以前に、そうなってはいけないという意味で双方ともに反省すべきである。就中、平成11年地方自治法改正は、国と地方公共団体が、それぞれ独立の行政主体として役割を分担し、対等・協力の関係となることが期待されたものである。このことは法定受託事務の処理において特に求められるものである。同改正の精神にも反する状況になっている。

　本来あるべき姿としては、沖縄を含めオールジャパンで最善の解決策を合意して、米国に協力を求めるべきである。そうなれば、米国としても、大幅な改革を含めて積極的に協力をしようという契機となりうる。

　そのようにならず、今後も裁判で争うとすると、仮に本件訴訟で国が勝ったとしても、さらに今後、埋立承認の撤回がされたり、設計変更に伴う変更承認が必要となったりすることが予想され、延々と法廷闘争が続く可能性があり、それらでも勝ち続ける保証はない。むしろ、後者については、知事の広範な裁量が認められて敗訴するリスクは高い。仮に国が勝ち続けるにしても、工事が相当程度遅延するであろう。他方、県が勝ったとしても、辺野古移設が唯一の解決策だと主張する国がそれ以外の方法はありえないとして、普天間飛行場の返還を求めないとしたら、沖縄だけで米国と交渉して普天間飛行場の返還を実現できるとは思えない。

　そこで、以上の理由から、次のとおり和解案を2案提示する。まずは、A案を検討し、否である場合にB案を検討されたい。なお、A案B案ともアウトラインを示したものであり、手直しの余地はあるので、前向きな提案があれば考慮する。

　A案　被告は埋立承認取消を取り消す。原告（国）は、新飛行場をその供用開始後30年以内に返還または軍民共用空港とすることを求める交渉を適切な時期に米国と開始する。返還等が実現した後は民間機用空港として国が運営する。原告（国）は、埋立工事及びその後の運用において、周辺環境保全に最大限の努力をし、生じた損害については速やかに賠償することとする。国は、普天間飛行場の早期返還に一層努力し、返還までの間は、特段の事情変更がない限り、普天間爆音訴訟一審判決（那覇地裁沖縄支部平成24年(ワ)第290号等）の基準（コンター図w75区域及びw80区域居住者につきそれぞれw75は一日150円、w80は300円とするもの）に従って、任意に損害を賠償する。被告（県）は、原告（国）がこれらを遵守する限りにおいて埋立工事及びその後の運用に協力する。

　B案　原告は、本件訴訟を、沖縄防衛局長は原告に対する行政不服審査法に基づく審査請求をそれぞれ取り下げる。沖縄防衛局長は、埋立工事を直ちに中止する。原告と被告は違法確認訴訟判決まで円満解決に向けた協議を行う。被告と原告は、違法確認訴訟判決後は、直ちに判決の結果に従い、それに沿った手続を実施することを相互に確約する。

以上

[資料 8] 和解条項

和解条項

1 当庁平成27年(行ケ)第3号事件原告（以下「原告」という。）は同事件を、同平成28年（行ケ）第1号事件原告（以下「被告」という。）は同事件をそれぞれ取下げ、各事件の被告は同取下げに同意する。
2 利害関係人沖縄防衛局長（以下「利害関係人」という。）は、被告に対する行政不服審査法に基づく審査請求（平成27年10月13日付け沖防第4514号）及び執行停止申立て（同第4515号）を取り下げる。利害関係人は、埋立工事を直ちに中止する。
3 原告は被告に対し、本件の埋立承認取消に対する地方自治法245条の7所定の是正の指示をし、被告は、これに不服があれば指示があった日から1週間以内に同法250条の13第1項所定の国地方係争処理委員会への審査申出を行う。
4 原告と被告は、同委員会に対し、迅速な審査判断がされるよう上申するとともに、両者は、同委員会が迅速な審理判断を行えるよう全面的に協力する。
5 同委員会が是正の指示を違法でないと判断した場合に、被告に不服があれば、被告は、審査結果の通知があった日から1週間以内に同法251条の5第1項1号所定の是正の指示の取消訴訟を提起する。
6 同委員会が是正の指示が違法であると判断した場合に、その勧告に定められた期間内に原告が勧告に応じた措置を取らないときは、被告は、その期間が経過した日から1週間以内に同法251条の5第1項4号所定の是正の指示の取消訴訟を提起する。
7 原告と被告は、是正の指示の取消訴訟の受訴裁判所が迅速な審理判断を行えるよう全面的に協力する。
8 原告及び利害関係人と被告は、是正の指示の取消訴訟判決確定まで普天間飛行場の返還及び本件埋立事業に関する円満解決に向けた協議を行う。
9 原告及び利害関係人と被告は、是正の指示の取消訴訟判決確定後は、直ちに、同判決に従い、同主文及びそれを導く理由の趣旨に沿った手続を実施するとともに、その後も同趣旨に従って互いに協力して誠実に対応することを相互に確約する。
10 訴訟費用及び和解費用は各自の負担とする。

以上

[資料９]審査申出書（抄）（平成28年3月22日）

審査申出書

平成28年3月22日

　相手方国土交通大臣が沖縄県に対して、平成28年3月16日になした地方自治法第245条の7第1項に基づく是正の指示について、不服があるので、地方自治法第250条の13第1項に基づき、審査の申出をする。

国地方係争処理委員会　御中

　　　　　　　　　　　　　　　　　　審査申出人　　沖縄県知事　　翁長　雄志
　　　　　　　　　　　　　　　　　　審査申出人代理人弁護士　　竹下　勇夫
　　　　　　　　　　　　　　　　　　　同　　久保　以明
　　　　　　　　　　　　　　　　　　　同　　秀浦由紀子
　　　　　　　　　　　　　　　　　　　同　　亀山　聡
　　　　　　　　　　　　　　　　　　　同　　松永　和宏
　　　　　　　　　　　　　　　　　　　同　　加藤　裕
　　　　　　　　　　　　　　　　　　　同　　仲西　孝浩

　　　　　　　　　　　　　　　　　　相手方　国土交通大臣　石井啓一

審査申出の趣旨

　相手方国土交通大臣が沖縄県に対して平成28年3月16日付国水政第102号「公有水面埋立法に基づく埋立承認の取消処分の取消しについて（指示）」をもって行った地方自治法第245条の7第1項に基づく是正の指示について、相手方国土交通大臣はこれを取り消すべきである
　との勧告を求める。

審査申出の理由

目次
はじめに
第1章　本件の経緯
　第1　概略
　第2　本件埋立承認に至る経緯
　　1　環境影響評価書
　　2　環境影響評価審査会答申
　　3　環境影響評価条例に基づく知事の意見
　　4　環境影響評価法第24条に基づく承認権者意見
　　5　補正評価書の提出
　　6　補正評価書への疑義の表明
　　7　本件埋立承認出願
　　8　1号要件、2号要件に適合しないとする意見の表明

9　公有水面埋立法第3条第4項第1項による名護市長意見の提出
　　10　中間報告（11月12日）
　　11　環境生活部長意見（11月29日）
　　12　本件埋立承認（12月27日）
　　13　実質的審査期間についての検証結果報告書の指摘
　第2〔ママ〕　本件埋立承認の直前の前沖縄県知事の言動に関する報道等
　　1　新聞報道
　　2　首相官邸ウェブサイト
　第3　本件埋立承認前の前沖縄県知事の沖縄県議会における発言
　第4　本件埋立承認に対する沖縄県議会の意見書等
　第5　第三者委員会の設置から本件埋立承認取消に至る経緯
　　1　第三者委員会の設置
　　2　第三者委員会の検証結果
　第6　本件埋立承認取消
第2章　地方自治法第245条の7の要件（法令違反）を欠くこと（本件埋立承認取消が適法であること）
　第1　本件埋立承認取消の適法性（本件関与の違法性）に係る主張の概要
　第2　本件埋立承認取消の適法性に関する審査の対象
　　1　はじめに
　　2　現沖縄県知事による埋立承認出願の要件適合性判断に係る裁量の逸脱ないし濫用の有無が審理の対象であること
　第3　本件埋立承認の瑕疵（2号要件不適合）
　　1　2号要件についての総論
　　2　本件埋立対象地の有する環境的価値
　　3　2号要件に係る瑕疵の各論
　　4　承認に至る審査過程の問題点
　　5　2号要件についての結論
　第4　本件埋立承認の瑕疵（1号要件不適合）
　　1　1号要件についての主張の概要
　　2　「国土利用上適正且合理的ナルコト」の意義
　　3　埋立ての遂行によって沖縄県の地域公益が著しく損なわれること
　　4　埋立てにより損なわれる地域公益を正当化するに足る根拠は認められないこと
　　5　本件埋立承認が1号要件に適合していないこと
　　6　前沖縄県知事による本件埋立承認の判断過程の合理性の欠如
　　7　1号要件についてのまとめ
　第5　職権取消しの制限にかかる是正指示理由には根拠のないこと
　　1　職権取消制限の法理を根拠とする是正指示をなしえないこと
　　2　本件埋立承認を放置することは公共の福祉の要請に照らし著しく不当であること
結　語

はじめに
　第1章において仲井眞弘多前沖縄県知事による公有水面埋立承認に至る経緯には不自然・不合理な点が多々存したもので承認に至る審査過程に問題点が存したことについて述べ、第2章において「法定受託事務の処理が法令の規定に違反」との地方自治法（以下「地自法」という。）第245条の7第1項の要件が認められないこと（翁長雄志現沖縄県知事による公有水面埋立承認取消処分が適法であること）について述べる。

第1章 本件の経緯
第1 概略

沖縄防衛局は、平成25年3月22日、沖縄県に対し、沖縄県名護市辺野古の辺野古崎地区及びこれに隣接する水域等を埋立対象地（以下「本件埋立対象地」という。）とする公有水面埋立承認出願（以下「本件埋立承認出願」という。）を行った。

本件埋立承認出願前の環境影響評価手続において、仲井眞弘多前沖縄県知事（以下「前沖縄県知事」ということがある。）は、「評価書で示された環境保全措置等では、事業実施区域周辺域の生活環境及び自然環境の保全を図ることは、不可能である」としていた。

本件埋立承認出願に対しては、公有水面埋立法（以下「公水法」という。）の要件（基準）に適合しないとの意見が名護市長などから示され、また、沖縄県環境生活部長意見は「承認申請書に示された環境保全措置等では不明な点があり、事業実施区域周辺域の生活環境及び自然環境の保全についての懸念が払拭できない」としていた。

前沖縄県知事は、平成25年12月25日に安倍晋三総理大臣と面談をし、沖縄振興策、北部振興事業についての回答を受け、「総理大臣自らご自身で、我々がお願いした事に対する回答の内容をご説明いただきまして、ありがとうございました。いろいろ驚くべき、立派な内容をご提示いただきました。沖縄県民を代表して、心から御礼を申し上げます。本当にありがとうございました。（中略）安倍総理にご回答いただきました、やっていただいたことも、きちんと胸の中に受け止めて、これらを基礎に、これから先の普天間飛行場の代替施設建設も、建設に係る埋め立ての承認・不承認、我々も2日以内に最終的に決めたいと思っています」と述べた。

そして、同月27日、前沖縄県知事は、本件埋立承認出願について承認（以下「本件埋立承認」という。）した。

本件埋立承認後、公水法の定める要件（基準）に適合しない違法な承認であるとの批判が相次ぎ、たとえば、承認の2週間後には沖縄県議会が「情報隠し、後出しなど、手続上もその不当性が指摘され、環境保全上の懸念が払拭されない中、提出された埋立申請書は公有水面埋立法の基準要件を満たさず、承認に値するものではないことは明白である」と指摘した意見書を可決した。

そして、現沖縄県知事翁長雄志（以下「現沖縄県知事」ということがある。）は、本件埋立承認に法律的瑕疵があるか否かを検討するため、平成27年1月26日、「普天間飛行場代替施設建設事業に係る公有水面埋立承認手続に関する第三者委員会」（以下、「第三者委員会」という。）を設置した。第三者委員会は同年7月16日付で本件埋立承認には法律的瑕疵があるとする「検証結果報告書」（以下「検証結果報告書」とはこれを指す。）を提出したが、検証結果報告書は、本件埋立承認に至る審査の過程については様々な問題点があり、それが承認の判断に影響を及ぼした可能性があると指摘した。

前沖縄県知事が本件埋立承認をした経緯は、不自然・不合理なものであった。

第2～第6〔省略〕

第2章 地方自治法第245条の7の要件（法令違反）を欠くこと（本件埋立承認取消が適法であること）
第1 本件埋立承認取消の適法性（本件関与の違法性）に係る主張の概要

沖縄防衛局は、平成25年3月22日、沖縄県に対し、沖縄県名護市辺野古の辺野古崎地区及びこれに隣接する水域等を埋立対象地とする普天間飛行場代替施設建設事業に係る公有水面埋立承認出願を行ったところ、前沖縄県知事は、平成25年12月27日、同出願を承認した。

公有水面埋立出願に対して、都道府県知事は、公水法第4条第1項各号のすべての要件を充足しなければ承認することができないものであるが、本件埋立承認出願に対しては、専門性を有する団体等から公水法第4条第1項各号の要件を欠くものであるとの指摘が相次いでいたものであり、また、本件埋立承認に対しても、公水法第4条第1項各号の要件に適合しないにもかかわらず承認したものであるとの抗議が相次いだ。

平成26年11月16日に実施された県知事選挙において、翁長雄志候補が、仲井眞弘多候補に10万票以上の大差をつけて当選した。

現沖縄県知事は、本件埋立承認の法的瑕疵の有無を検討するため、平成27年1月26日付で、有識者

からなる「普天間飛行場代替施設建設事業に係る公有水面埋立手続に関する第三者委員会」を設置した。そして、平成27年7月16日付けで、第三者委員会から「検証結果報告書」が現沖縄県知事に提出されたが、その結論は、本件承認出願については公水法の承認の要件を充たしておらず、これを承認したことには法律的瑕疵があるというものであった。行政行為は、その成立の手続及び内容、形式などのすべての点において法律の定めに合致し、公益に適合していなければならないものであり、法治主義の観点から、違法な行政行為は取り消されて適法状態の回復がなされるべきである。したがって、行政行為に違法な瑕疵がある場合には、正当な権限を有する行政庁は、法規違反又は公益違反を是正するために、職権によりこれを取り消すことができるものである。学説及び裁判例も、職権取消しにつき法律の特別の根拠は必要ないという立場で一致している。すなわち、学説においては「行政行為の取消しは、概念上、行政行為に瑕疵があることを前提としている。そして、それが違法の瑕疵であれば、当然、法律による行政の原理違反の状態が存在しているし、また公益違反の状態が生じているとすると、行政目的違反の問題がある。つまり、行政行為の取消しの実質的根拠は、適法性の回復あるいは合目的性の回復にある。ここからして、学説は、行政行為の取消しには法律の特別の根拠は必要でないという点で一致している。」（塩野宏「行政法Ⅰ［第六版］170頁」）とされ、裁判例においては東京高裁平成16年9月7日（判例時報1905号68頁）が「一般に行政処分は適法かつ妥当なものでなければならないから、いったんされた行政処分も、後にそれが違法又は不当なものであることが明らかになった場合には、法律による行政の原理又は法治主義の要請に基づき、行政行為の適法性や合目的性を回復するため、法律上の特別の根拠なくして、処分をした行政庁が自ら職権によりこれを取り消すことができるというべきである」としている。

　行政処分に瑕疵がある場合には職権取消しをすべきものであるところ、本件埋立承認には法律的な瑕疵があるとする検証結果報告書が提出されたことから、現沖縄県知事は、本件埋立承認の自庁取消しについて検討をした。

　争訟取消しではなく職権取消しであり、同一行政庁がみずから判断をするものであるから、現沖縄県知事は、本件埋立承認について、承認時における公水法の要件適合性をみずから判断できるものである。そして、承認時において要件を充足していないにもかかわらず本件埋立承認がなされたと認められたならば、本件埋立承認には違法の瑕疵があったとして、行政庁として職権で取消しをすべきことになる。

　そして、現沖縄県知事は、検証結果報告書を踏まえて検討し、本件埋立承認出願については公水法第4条第1項第1号の要件（以下「1号要件」という。）及び同項第2号の要件（以下「2号要件」という。）を充足していなかったものと判断した。また、念のため、埋立承認の判断過程も検討したが、承認の判断に係る考慮要素の選択や判断の過程は合理性を欠いていたものと判断した。そして、平成27年10月13日に、現沖縄県知事は、瑕疵ある埋立承認による違法状態を是正するため、本件埋立承認取消しをした。現沖縄県知事の本件埋立承認取消の判断は合理的になされたものであって、裁量の逸脱ないし濫用は認められないものである。

　また、私人の信頼利益保護のための職権取消制限の法理は本件埋立承認取消には適用されないものであり、仮に適用があるとしても、瑕疵のある本件埋立承認を放置することは公共の福祉に著しく反するものであるから職権取消しは否定されないものである。なお、職権取消制限の法理は、判例により条理上認められるとされるものであり、そもそも「法令」には該当しないものであって、職権取消制限の法理は、地自法第245条の7第1項による是正の指示の根拠とはならない。

　以上のとおり、本件埋立承認取消について、法令違反は存しないものである。

第2～第4〔省略〕

第5　職権取消しの制限にかかる是正指示理由には根拠のないこと
　1　職権取消制限の法理を根拠とする是正指示をなしえないこと
　　(1)　是正指示理由
　　是正指示理由は、最高裁判所昭和43年11月7日判決や東京高等裁判所平成16年9月7日判決等を引用し、「受益処分としての行政処分は、それに法的瑕疵があり違法であっても、直ちに取消権が発生

したり、あるいはこれを行使できるものではなく、処分を取り消すことによって生ずる不利益と、取消しをしないことによって当該処分に基づいて生じた効果をそのまま維持することの不利益を比較考慮し、当該処分を放置することが公共の福祉の要請に照らし著しく不当であると認められるときに限ってこれを取り消すことができると解される」とし、「本件承認処分を取り消した本件取消処分は違法である」としている。

(2) 瑕疵ある行政行為は是正されるべきこと

行政行為は、その成立の手続及び内容、形式などのすべての点において法律の定めに合致し、公益に適合していなければならないものであり、法治主義の観点から、瑕疵ある行政行為は取り消されて適法状態の回復がなされるべきものである。

したがって、行政行為に瑕疵がある場合には、正当な権限を有する行政庁は、法律による行政の原理又は法治主義の要請に基づき、法規違反又は公益違反を是正するために、職権によりこれを取り消すべきものである。

行政行為に瑕疵がある場合には、行政庁はこれを是正するというのが大原則であり、以下にのべる職権取消制限の法理は、あくまでも行政に依存する私人の信頼利益保護のための例外的な法理である。

是正指示理由は、瑕疵ある行政行為の是正についての原則と例外を取り違えたものと言わなければならない。

(3) 職権取消制限の法理の意義

ア　行政処分の公定力は、当該処分の名宛人や第三者らの利害関係者が当該処分の法効果の覆滅を権利として求めるためには取消訴訟や行政上の不服申立ての手段を通じてこれを行わなければならないという取消争訟手続の排他性から帰結する手続制度的な効力である。また、不可争力は、そうした処分の法効果の覆滅を処分の名宛人や第三者が請求する専管的手続たる争訟手続には短期の出訴期間（行訴法14条）や不服申立期間（行審法14条・45条・53条、改正行審法18条・54条・62条）が設けられている結果、その期間の徒過後は、もはや名宛人や第三者は当該処分の法効果の覆滅を権利として請求することが出来なくなるという、やはり手続制度的な効力である。このように行政処分の公定力や不可争力が、処分の法効果の安定性を確保すべく、その処分の効果の取消請求を遮断するのは、もっぱら当該処分の名宛人や利害関係を有する第三者に対してである。処分を行った処分庁自身は、公定力や不可争力に妨げられることなく、当該処分の瑕疵を根拠に処分を職権で取り消すことができることに争いはない。

一方、かかる処分庁の職権取消権を制限する効力は、不可変更力と呼ばれ、これは、公定力や不可争力のように行政処分に広く一般的には承認されておらず、行政不服審査法に基づく審査請求等の不服申立てに対する審査庁の裁決・決定等の争訟裁断的行政処分に限って認められている。一般の行政処分については、それが違法であれば、法律による行政の原理に服する行政庁としてその活動の適法性を実現すべくその効果を覆滅させるのは当然であるし、仮に当該処分に違法性その他の瑕疵がなくとも、将来に向かって積極的形成的に行われる行政作用の性質上、新たな社会経済状況に自らの活動を目的適合的に変動させていく必要があるからである。これに対し、争訟裁断的行政処分は、現在の法律関係に関する紛争を裁断する裁判判決に類似したその機能の故に、法的安定性を確保すべく紛争裁断者自らそれを取消・変更することが遮断されるべきであると考えられている。そして、前沖縄県知事による埋立承認処分が、かかる争訟裁断的行政処分ではないことは改めて述べるまでもない。

ただ、行政処分のうち処分の相手方に利益を与える行政処分、いわゆる授益的行政処分については、その相手方の当該授益に対する信頼を保護する必要もあり、将来に向かって処分の効力を覆滅・変動させる撤回・変更のみならず、場合によっては、原始的に瑕疵があり本来既往に遡って覆滅されてしかるべき行政処分の職権取消も制限されることがあるとされる。この後者が、いわゆる授益的行政処分の職権取消制限の法理などと呼ばれるものであり、是正指示書に引用されている東京高判平成16年9月7日は、「一般に、行政処分は適法かつ妥当なものでなければならないから、いったんされた行政処分も、後にそれが違法又は不当なものであることが明らかになった場合には、法律による行政の原理又は法治主義の要請に基づき、行政行為の適法性や合目的

性を回復するため、法律上特別の根拠なくして、処分をした行政庁が自ら職権によりこれを取り消すことができるというべきであるが、ただ、取り消されるべき行政処分の性質、相手方その他の利害関係人の既得の権利利益の保護、当該行政処分を基礎として形成された新たな法律関係の安定の要請などの見地から、条理上その取消しをすることが許されず、又は、制限される場合があるというべきである。」と判示している。

なお、ここにいう「条理」、すなわち法律による行政の原理と緊張関係に立ち、場合によってはそれをも乗り越えて違法処分の職権取消を制約する条理とは、なによりも信義則なかんずく授益的行政処分の相手方の受益への信頼保護を指すものである。

イ 職権取消制限の法理は、あくまでも行政庁の職権取消権を制限する法理であり、行政活動の適法性を確保するために行政庁が違法な行政処分の職権取消権を行使することができることが原則である。ちなみに、違法な授益的行政処分がなされ、当該処分の名宛人と対立する利害関係第三者があり、それに原告適格や不服申立適格が認められる場合、当該第三者から当該処分の争訟取消が裁判所や審査庁に求められ、当該処分に違法若しくは不当の瑕疵があれば、如何に名宛人の権利利益が害されることがあっても、裁判所や審査庁は、違法処分を取り消さなければならない。ただ、事情判決や事情裁決をなすべき事由がある場合に限って、当該授益処分が違法であることを判決・裁決主文で宣言しつつ、第三者に対する損害等の補填などの事情も考慮の上、請求を棄却することが認められるのみである（行訴法31条、行審法40条6項・48条・56条、改正行審法45条3項・64条4項）。このことは、争訟取消を求める国民の権利を保障した行政争訟制度の制度趣旨から当然に導かれることである。このような法律による行政の原理とそれを担保する争訟的保障のシステムの存在を視野に入れるとき、たとえ行政処分によって相手方国民に保護すべき信頼利益が生じているとしても、当該処分が違法であれば、当該処分の取消によって保護される公益や第三者の法益をも考慮すれば、行政庁による職権取消がおよそ原則的に許されないとされるべきではないことは明らかというべきである。

このことについて、藤田宙靖「行政法総論」243頁は、「違法な行政行為の取消制限ということが一般に認められるのは、あくまでも、『法律による行政』という要請と相手方及び関係者の法的安全の保護という要請との価値衡量の結果、後者に重きが置かれる場合が存する、ということが承認されるからであるが、理論的に見る限り、それはやはりさしあたって『法律による行政の原理』の例外（ないし限界）を成すものと言わざるを得ない。」「『法律による行政の原理』を、今日なお行政法解釈論の出発点として採用しようとする限りにおいては、違法な行政行為について、原則としての取消しと例外としての取消制限、という理論的なけじめを明確につけておくことが必要であると思われる。」と指摘している。

(4) 国土交通大臣が「是正の指示」において職権取消制限の法理を主張することはできないこと

ア 「都道府県知事の法定受託事務の管理若しくは執行が法令の規定に違反していると認めるとき」が、地自法245条の7第1項に基づく是正の指示の要件である。

一方、職権取消制限の法理は、判例上、条理として認められている法理であって「法令の規定」ではないから、そもそも「是正の指示」の根拠となるものではない。

イ この法理は、当該処分の名宛人の適法な処分によって受益を享受できるとの信頼が保護されるべきことを根拠とするものであるから、そうした制限法理を援用することができる者は、当該名宛人である（注25）。

国土交通大臣は、本件埋立承認処分の名宛人受益者ではなく、もちろん埋立承認取消処分の名宛人でもないのであるから、職権取消制限の法理を主張する適格を欠いているものである。

そもそも国土交通大臣は、公有水面埋立法の所管大臣として、同法に基づく法定受託事務である埋立承認事務の管理・執行の適法を確保するために関与できるものである。これとは真逆に、公水法の要件を充たさない違法な承認処分を維持することを目的として関与をすることができないことは、当然である。

(5) 沖縄防衛局自体が職権取消制限の法理を主張できないこと

ア 職権取消制限の法理は、授益的行政処分による授益に対する名宛人私人の信頼利益を保護すべ

く発達してきた法理である。

　これに対し、国や地方公共団体は、法律による行政の原理の下、積極的に法令を遵守し適法な法状態を主体的に形成するべく義務付けられているものである。

　かかる国や地方公共団体の法的地位に鑑みるならば、国や地方公共団体あるいはその機関が、職権取消制限の法理を援用することは背理であり、認められないものと言うべきである。

イ　とりわけ、公有水面埋立の「承認」は、下記のとおり、私人とは異なる立場に基づくものであるから、上記の理はより一層強く妥当するものと言わなければならない。

記

(ｱ)　私人は「承認」の名宛人となりえないこと

　公水法は、国以外の者（注26）が埋立をする場合には「都道府県知事ノ免許ヲ受クヘシ」（第2条）と定め、国による埋立については「国ニ於テ埋立ヲ為サムトスルトキハ当該官庁都道府県知事ノ承認ヲ受クヘシ」（第42条1項）と定め、国以外の者が埋立をする場合の免許制度と国が埋立をする場合の承認制度を別個の制度としている。

　以上のとおり、「承認」の名宛人は、国の機関に限定をされているものである。

(ｲ)　「承認」は私人が名宛人となる「免許」とは本質的に異なること

　a　国とそれ以外の者では、公有水面に対する立場が本質的に異なること

　　公水法第1条は、「本法ニ於テ公有水面ト称スルハ…国ノ所有ニ属スルモノヲ謂ヒ」としている。公有水面埋立法逐条理由（注27）は、「国の所有に属すと謂ふは官有地取扱規則第12条に所謂官に属すと同一なり」としている。

　　公水法の適用を受ける水面は、公共の用に供せられる水面であるから、当該水面は、いわゆる公物となり、私法の適用は排除されるものである（注28）。

　　ここにいう「所有」の意味については様々な理解がなされているものの、国が公水法第1条にいう公有水面の「所有」者として、それ以外の者と公有水面に対して異なる立場にあること自体は明らかである（注29）。

　b　そして、「免許」によって国以外の者に設定される権利と「承認」によって国の機関に与えられる資格は、その本質を異にするものである。

　　「免許」により国以外の者に対して設定される公有水面埋立権については、公水法は譲渡性を認めており（第16ないし21条）、「公有水面埋立権」は差押えの対象ともなるものである（注30）。すなわち、「融通性ヲ有シ権利者ノ一身ニ専属スルモノニアラサル」（昭和6年2月9日長崎控訴院民事二部判決）ものである。

　　これに対して、承認については、公水法第42条2項は、同法16ないし21条を準用しておらず、譲渡は認められていない（注31）。

　　「免許」により設定される権利と「承認」により設定される権限は、その本質において相違するものであり、「承認」は私人とは異なる、国の機関としての立場において名宛人となるものである。

(ｳ)　「承認」は名宛人に公有水面の公用廃止ないし公用廃止の効果を発生させる行為をする権限を付与するものであること

　a　公物を公物以外の物にするためには、公物管理権者による公用廃止が必要であり、公有水面を構成する一要素としての地盤に土砂その他の物件が添付されて土地的状態へと形態変化しても、公用廃止がなされるまでは、公物としての本質は変更されないから、私法の適用を受けず、所有権の対象とならない（最高裁判所平成17年第二小法廷判決・民集59巻10号2931頁）。

　b　そして、公有水面の公用廃止という極めて重要な事柄について、公水法は、「免許」と「承認」ではまったく異なる制度としている。

　　免許については、「埋立行為の進展は、事実問題として当該水域を陸地化し、果ては地盤が支える『水流又は水面』という水そのものを他に移動せしめて形態の変化を余儀なくする…斯様な形態的変化は、飽くまで事実上の変化であり、法律的には『公用廃止』の意思表示がなされない以上、公有水面たる本質を喪失したと解してはならない…公有水面の効力を廃止する効

力は免許それ自体にはない…当該埋立地の造成が完了し、埋立に関する工事の完成状態が免許及びこれに付した条件のとおりであるか否かを検査し、免許処分を行った目的に照らして適合である旨の宣言を行う『竣功認可』という別個の行政処分に拠り行われる…公物たる水面は、事実上陸地化されたからの理由をもって公物としての本質まで変更されると理解されてはならない…公物を公物以外の物にするためには、公物の用途廃止が必要である…免許は埋立権を設定する処分であり、竣功認可は、確認処分であると同時に公有水面の公用を廃止する処分である。従って、完成埋立地の私法上の所有権は、竣功認可の日において付与される…この意味において、免許の性格の中には、『竣功認可を条件として、竣功認可の日において埋立地の所有権を取得せしめる効力がある』と解されるのである。斯様に、国の所有に属する公有水面に対して私法上の土地所有権を付与することは、公法行為のとしても免許及び竣功認可から生ずる法律効果」(三善政二「公有水面埋立法(問題点の考え方)」58〜60頁)、「竣功認可は、埋立工事完成の事実を確認する行為であるとともに、埋立免許を受けた者に埋立地の所有権を取得させる行政処分である」(寶金敏明「里道・水路・海浜4訂版」196頁)とされている。昭和54年3月23日函館地方裁判所判決は「免許は埋立を条件として埋立地の所有権を取得させることを終局の目的とする行政処分であり、右免許自体により直ちに該当する公用水面および海浜地の公用を廃止する効力を有するものではないと解すべきであるから、右免許処分により、別紙物件目録(二)の公有水面および海浜地はもとより本件土地について被告が公用廃止処分をしたと解することはできない」と判示し、同判決を引用した平成11年1月21日付阿部泰隆(当時)神戸大学教授「意見書」(神戸地方裁判所姫路支部提出)は、「三善著を参照すると、公有水面の埋立免許がなされたというだけでは当該水面の公用に供せられる性質が当然に廃止されたとは言えない(公用廃止は竣功認可による、函館地判昭和五四・三・二三訟務月報二五巻一〇号二五二頁も同旨)」としている。

　これに対して、国が「承認」により行う埋立については、竣功認可に関する規定(第22条ないし第24条)は準用されていない。そして、公用廃止＝埋立地の所有権取得については「免許」の場合とまったく異なる規律を定め、国が都道府県知事に対して竣功通知をし(第42条2項)、「竣功通知の日において、当該埋立地についての支配権が私法上の所有権に転化し、これを取得する」山口眞弘・住田正二「公有水面埋立法」341頁)ものとされている。私法上の所有権の対象となるということは公用廃止されたことにほかならないものであるから、国が行う竣功通知は公用廃止の効果を有するということになる。そうすると、「承認」により国に対して設定される埋立権の内容には、国にその公物管理権に基づいて竣功通知による公用廃止を行う権限を付与することが含まれているものと解される。

　公物管理権者である行政にしかなしえない公用廃止の権限を付与する点において、「免許」と「承認」は本質的に異質なものである。

c　また、かりに、「免許」が竣功認可を条件とする公用廃止処分であり、また、「承認」が竣功通知を条件とする公用廃止処分であると解したとしても、両者がまったく異質の制度であることに変わりはない。

　すなわち、「免許」の場合には、竣功認可・告示という都道府県知事の行為によって条件成就して公用廃止という効果が発生するのに対して、「承認」の場合には国が単独で竣功通知により条件成就させて公用廃止の効果を自ら発生させることができる権限ないし資格が付与されるのである。

　したがって、「承認」は、私人とはまったく異なる立場において名宛人となるものである。

d　「承認」に基づいて国が行う埋立事業について、公水法42条2項は、埋立に関する規定の多くを準用しないで国に対しては規制の排除などをしている。

　すなわち、前述のとおり、埋立権の譲渡に関する第16条ないし第21条、工事の竣功認可(22条)、竣功認可による埋立地の所有権の取得(24条)のほかにも、埋立免許の取消しや条件の変更、原状回復命令等の監督処分(32、33条)、免許の失効(34条)、免許の失効に伴う原状回復義務(35条)などの監督処分の規定などは準用していないものであり、「免許」による埋立

とは規律の内容そのものが大きく異なっている（注32）。
(エ) まとめ
　以上述べたとおり、国の機関が名宛人となる「承認」は、私人が名宛人となる「免許」とは本質的に異なる制度であり、沖縄防衛局は、私人とは異なる立場で処分の名宛人となるものである。
ウ　行政行為の取消しは、法律による行政の原理の回復であるので、行政庁としては、当然取消をすべきということになるが（塩野宏「行政法Ⅰ〔第6版〕行政法総論」189頁）、現代社会における私人の行政への依存性を前提とすると、私人の信頼を保護すべき場合があることが認められるということであり、問題の焦点が、法律による行政の原理を否定するに足る私人の保護の必要性が認められるかどうかにあることからすると、「資格等の地位付与に関する場合は公益上必要な要件が欠けている以上、取消権の制限は及ばない」（塩野同書・190頁）ものである。
　本件埋立承認処分は、公有水面を適法に埋め立て得る地位を申請者たる沖縄防衛局に付与する処分であり（財産的価値に関係する処分ではなく、資格等の地位付与に関する処分）、同法が保護しようとしている適正な国土利用や環境保全・災害防止（公有水面埋立法4条1項）などの公益や地元市町村の利益（同法4条1項）、利害関係第三者の法益（同法3条3項）を保護するために、当該承認処分が違法である場合には、違法な埋立工事を防止するために同処分の効果を覆滅させる必要性は極めて高い（行政処分を存続させると損なわれる第三者や公共の利益）。
　知事が誤って違法に公有水面の埋立を承認してしまい、事後にその誤りに気付いたとしても、国土利用上適正性を欠き、貴重な自然環境を破壊してしまう埋立工事を手を拱いて傍観せざるを得ないとは到底考えられない。すなわち、都道府県知事は埋立の免許（承認）権限により地方公共団体の公益を保護すべき責務を負っているものである。公有水面の埋立てをしようとする者は、都道府県知事の免許（国の場合は承認）を受けなければならない（公有水面埋立法2条1項・42条1項）。免許（承認）の基準は法定され（同法4条）、出願事項の縦覧や地元市町村長の意見を徴すべきものとされる（同法3条）。そして、埋め立ての免許を受けた者（以下「埋立権者」という。）は、工事が竣功した際、都道府県知事に竣功認可の申請（国の場合は竣功の通知）をしなければならない（同法22条1項、42条2項）。このように、公水法は、行政の責任者たる都道府県知事に対して、県域の重大要素となる海域、沿岸域の総合的な管理・利用の際の重要な法的コントロールの手法として、埋立の免許（承認）権限を与えているものである。したがって、違法な権限行使によって当該地域公益が侵害されている場合には、都道府県知事はこれを是正すべき責務を負っているものというべきである。
　いかに公益性の大きな公共事業であっても法治国家の下では適法になされなければならないのであるから（原則としての法律による行政の原則の貫徹）、埋立事業の公益性は、裁量処分たる埋立承認取消処分の違法・不当事由として考慮されるべきであって、それのみでは違法な埋立承認処分の存続を正当化する事由とはなりえないものである。
エ　以上のとおり、職権取消制限の法理は私人の信頼利益の保護のための法理であるところ、公有水面埋立承認の名宛人である沖縄防衛局は国家の機関であるから、職権取消制限の法理により救済されるべき対象でない。
　そもそも処分の名宛人である沖縄防衛局自体が同法理の対象とならないのであるから、国土交通大臣が職権取消制限の法理を持ち出しえないことは当然であるといわなければならない。
2　本件埋立承認を放置することは公共の福祉の要請に照らし著しく不当であること
(1)　概略
仮に、本件について、職権取消制限の法理の適用があるとしても、以下のとおり、本件承認の取消しによって生ずる不利益の程度は高度なものと評価できず、他方、取消しをしないことによって本件承認に基づき既に生じた効果をそのまま維持する不利益は甚大であり、本件埋立承認を放置することは公共の福祉の要請に照らし著しく不当であると認められる。
(2)　本件埋立承認取消による不利益
埋立必要理由書は、本件埋立は、海兵隊航空基地の建設を目的とするものであり、海兵隊航空基地新設の動機は普天間飛行場の返還にあるとしている。

しかしながら、普天間飛行場の代替施設建設という点については、沖縄への米軍、海兵隊の駐留を前提としても、海兵隊航空基地を沖縄に置かなければならないという地理的必然性は認められず、普天間飛行場を県内にしか移設できないという地理的・軍事的根拠は存しないものである。

日米両国間の信頼関係への悪影響という点については、そもそも極めて漠然とした主張であるが、普天間飛行場の移設計画にあたって、県外もしくは国外移設の可能性を排して、辺野古移設が唯一の解決策として移設計画を進めてきた結果、本件承認が取り消され、日米両国間の信頼関係を悪化させるとすれば、それはとりも直さず、県外国外移設に向けた努力を怠った国の責任によるものという他ない。

法律による行政の原理を否定するに足りるような本件埋立承認取消による不利益は認めることができない

(3) 瑕疵ある本件埋立承認を放置することによる不利益

沖縄県への極端なまでの過度の基地集中のために、70年余にわたって沖縄県の自治が侵害され、住民が負担にあえいできたものであり、沖縄県民は、基地の異常なまでの集中の解消を求め、本件埋立承認出願に対する明確な反対の意思を示していた。

新基地建設は、沖縄の民意に反して、本件埋立対象地の貴重な自然環境を破壊し、付近の生活環境を悪化させ、地域振興開発の阻害要因を作出するものであり、これは、基地負担・基地被害を沖縄県内に移設してさらに将来にわたって固定化するものにほかならない。

(4) 本件埋立承認を維持することによる不利益の程度が著しいものであること

ア 地域自然環境の不可逆的な喪失

本件事業実施区域である辺野古崎・大浦湾地区には、豊かで貴重な自然環境と良好な生活環境が残されていることは、前述のとおりである。

そして、自然環境は、一度消失するといくら巨額の資金を投資したとしても、人工的には再生不可能である。

環境への十分な配慮がなされていない状況において埋立を行うことで、事業実施区域の環境に回復不可能な被害を生ぜしめるという結果は、公益に著しく反するものと言わなければならない。

イ 新基地建設は日本国憲法の精神にも反するというべき沖縄の米軍基地の現状を固定化するものであること

(ｱ) 検証結果報告書は、埋立対象地は極めて保全の必要性が高い地域であるが埋立てが実施されればほぼ回復不可能であること、騒音被害などは地域住民に直接多大な不利益を与えるものであること、沖縄県や名護市の地域計画等の阻害要因などを示し、本件埋立が沖縄県の過重な米軍基地負担を固定化するものであることについて、「(ｱ)…沖縄県には、平成24年3月末現在、県下41市町村のうち21市町村にわたって33施設、23,176.3haの米軍基地が所在しており、県土面積の10.2％を占めている。また、在沖米軍基地は、米軍が常時使用できる専用施設に限ってみると、実に全国の73.8％が沖縄県に集中している。ちなみに、他の都道府県の面積に占める米軍基地の割合をみると、本県の0.2％に対し、静岡県及び山梨県が1％台であるほかは、1％にも満たない状況であり、また、国土面積に占める米軍基地の割合は0.27％となっている（米軍基地の面積について、日本全体と沖縄の負担度を比較した場合、その差は約468倍に上ると指摘されている）。(ｲ)このように広大かつ過密に存在する米軍基地は、沖縄県の振興開発を進める上で大きな制約となっているばかりでなく、航空機騒音の住民生活への悪影響や演習に伴う事故の発生、後を絶たない米軍人・軍属による刑事事件の発生、さらには汚染物質の流出等による自然環境破壊の問題等、県民にとって過重な負担となっている。このような状態は、法の下の平等を定めた日本国憲法第14条の精神にも反するものと考えられる。本件埋立は、一面で普天間飛行場の移設という負担軽減の側面があるものの、他面において普天間飛行場の代替施設を沖縄県内において新たに建設するものである。本件埋立は、沖縄県内において米軍基地の固定化を招く契機となり、基地負担について格差や過重負担を固定化する不利益を内包するものと言える」（検証結果報告書45頁）とし、本件埋立は「日本国憲法第14条の精神にも反する」現状を固定化するものであると指摘している。

(ｲ) 前世紀、今から約20年前のいわゆる代理署名訴訟（最高裁判所平成八年（行サ）第五号地方自

治法一五一条の二第三項に基づく職務執行命令裁判請求上告受理事件）の上告理由において、当時の沖縄県知事は、「日米安保条約は、日本全土を対象とするものであるから、沖縄県民にのみかかる米軍基地の負担を強いることは、法の根本理念たる正義衡平の観念に照らして到底容認しうるものではない。仮に、米軍に提供する土地の場所や規模の決定について、地理的、歴史的条件などが考慮要素となり、その決定が行政府の裁量事項であるとしても、沖縄県への米軍基地の集中の現状は、一般的に合理性を有するとは到底考えられない程度に達しており、行政府の裁量の限界を明らかに超えているものと言わなければならない。そして、原判決も『被告が本件署名等代行事務を拒否した背景には背景事実記載のような事実が存在しており、被告は、その本人尋問において、特に、沖縄の本土復帰後二三年の間に米軍基地は本土では六〇パーセントも縮小しているのに沖縄県では一五パーセントしか縮小していないこと、政府は、米軍による事件事故が発生した場合、本土においては素早い対応を見せるが、沖縄ではそうではないなど沖縄は本土に比し米軍基地について過重な負担を強いられていること、しかし、米軍に対する基地の提供が我が国の安全保障上欠かせないものであるというならば、全国民が平等にこれを負担すべきであることを強調する。そして、沖縄県民の命と暮らしを守ることを使命とする沖縄県における行政の首長としての立場からは現状のままでの米軍基地の維持存続につながりかねない署名等代行をすることはできないとしてその心情を吐露している。これらの事情に鑑みると、被告が沖縄における基地の現状、これに係る県民感情、沖縄県の将来等を慮って本件署名等代行事務を拒否したことは沖縄県における行政の最高責任者としてはやむを得ない選択であるとして理解できないことではない…沖縄における米軍基地の問題は、被告の供述にあるとおり、段階的にその整理、縮小を推進すること等によって解決されるべきものであり、前提事実及び背景事実に照らすと、この点についての国の責任は重いものと思料される』…と判示して、沖縄への米軍基地の過重負担を解消して不平等を是正すべき国の責任を認めている。そして、この沖縄にのみ異常なまでに基地が集中する状態は、戦後五〇年以上、復帰からでも二三年以上にも及んでいる。復帰当時の米軍専用施設の施設面積は、沖縄県二万七八九三ヘクタール、本土一万九七〇〇ヘクタールであり、既に復帰時点から沖縄県と本土の間では、著しい不平等が生じていたのであるから、復帰時から、国は沖縄県への基地集中を解消し、本土との不平等を是正すべき責務を負っていることは明らかであった。ところが、本土の米軍専用施設については、復帰時と比べて約六〇パーセントの米軍基地が減少したのに対し、沖縄県では今日においても約一五パーセントしか減少しておらず、かえって本土との格差が著しく拡大しているのである。復帰以前に沖縄における広大な米軍基地が形成されていたという歴史的事情を考慮するとしても、沖縄への基地偏在の解消に必要な合理的期間を遥かに超え、国の怠慢は明らかであると言わねばならない。右に述べたとおり、沖縄県民に対する不平等な基地負担のしわ寄せは著しいものであり、駐留軍用地特措法その他の基地提供法令の運用の実態は、沖縄県民の平等権を侵害するものとして明らかに違憲状態にあるとの評価を免れず、この運用の一環として本件各土地に駐留軍用地特措法を適用することは憲法一四条に違反するものである」、「沖縄県にのみ、長期間にわたって、他の都道府県と比べて著しい米軍基地の負担、制約を強いる基地提供法令の運用の実態は、国政全般を直接拘束する客観的法原則たる平等原則に反して違憲であり、この運用の一環として本件各土地に駐留軍用地特措法を適用することは憲法一四条、九二条、九五条に違反するものである。もっとも、人権の共有主体は本来個人であるから、地方公共団体について平等原則の適用はないのではないかとの疑問もありえよう。しかし、住民の属する集団としての地方公共団体が、国家から他の地方公共団体と比して不平等に扱われる場合には、間接的にせよ住民自身が不利益を被ることになるのである。また、国際人権法においては、『人民』という集団自体に自決権が保障されており（国際人権A規約・B規約共通一条）、究極的に個人の人権保障に資するものであれば、集団自体に人権享有主体性を認めうるものである。そもそも、憲法が地方自治を保障したのは、地域の政治を、住民の意思に基づき、国家から独立した団体の意思と責任の下に行うことによって、住民の人権を保障しようとしたものに他ならない。すなわち、国家から独立して、住民の自己決定を内包した団体独自の自己決定に基づく地方自治を行うことこそが、住民の意思に基づく民主政治を実現し、住民の人

権保障になるとの趣旨に基づくものである。しかるに、国家が特定の地方公共団体のみを不平等に扱い、その結果、当該地方公共団体の自己決定権が侵害される場合には、住民の自己決定権が阻害されることになり、ひいては憲法の地方自治保障の趣旨、人権尊重の理念に悖ることとなる。そうであればこそ、憲法九五条は、特定の地方公共団体にのみ異なる扱いをする場合には、住民の特別投票を要するものとして、地域住民の自己決定によらなければ差別的扱いを許容しないものとしたのであり、これは憲法が地方公共団体の平等権を保障したものに他ならない。以上述べたことよりすれば、国家が地方公共団体を不平等に取り扱ってはならないという意味で、地方公共団体にも平等原則の適用があるものと言うべきである。もとより、国家が各地方の実情に応じた合理的な差別をなしうることは当然であり、その合理性の判断については国家の裁量が認められるものであるが、特定の地方公共団体に対する不平等が著しく、国民の正義衡平の観念から到底許容できない限度に至っている場合には、もはや一見明白に平等原則に違反しているものと言え、裁判所は違憲判断をなしうるものと解される。そして、沖縄県への長期間にわたる米軍基地の集中によって、沖縄県が他の都道府県に例を見ない過度の基地の負担を負わされ、そのために沖縄県の自律的発展が著しく阻害されている現状は著しく不平等であり、到底国民の正義衡平の観念が許容しうるものではない」と訴えていた。

(ウ) しかし、その後20年を経過しても、沖縄への基地集中、基地の過重負担はなんら是正されていない。代理署名訴訟からから世紀が変わった今また、まったく同じことを訴えなければならないような、変わることのない基地負担・基地格差を強いられているのである。

そして、新基地建設によって、基地負担が沖縄県内でたらい回しされてさらに将来にわたって固定されようとしているものであり、このまま新基地建設が強行されるならば、来世紀になってもまた、沖縄県、沖縄県民は同じことを訴え続けなければならないこととなる。法の根本理念たる正義公平の精神、日本国憲法の精神よりすれば、異常なまでの沖縄への基地集中の解消が要請されているものであり、これに真っ向から反して、あらたに沖縄に基地を建設して沖縄への基地の過重負担・格差をさらに将来にわたって固定化することは、日本国憲法の精神にも悖ることになる。

(5) 小括

以上より、仮に職権取消制限の法理が適用されるとしても、本件埋立承認を取り消さないで維持することは公共の福祉の要請に照らし著しく不当と言うべきであるから、本件埋立承認の取消しは制限されないものであり、本件埋立承認取消は適法である。

結　語

本件関与は、国土交通大臣が沖縄県知事に対して、現沖縄県知事による本件埋立承認取消が「法定受託義務の処理が法令の規定に違反している」として、その取消しを指示するものである。

しかし、本件埋立承認出願は公水法第4条第1項第1号及び同項第2号の要件に適合していなかったものであり本件埋立承認には取消しうべき瑕疵があるとした沖縄県知事の判断は合理的になされたものであり、沖縄県知事の裁量の逸脱ないし濫用は認められない。

また、私人の信頼利益保護のための職権取消制限の法理は本件埋立承認取消には適用されないものであり、仮に適用があるとしても、瑕疵のある本件埋立承認を放置することは公共の福祉の要請に照らして著しく不当であると言うべきであるから、職権取消しは否定されない。

本件埋立承認取消しは適法になされたものであり、法令違反は認められないものである。

以上述べたことより、本件関与は、地自法第245条の7第1項の要件を欠く違法な国の関与であり、取り消されなければならない。

よって、審査申出の趣旨記載の勧告を求める。

〔＊注は省略した。〕

[資料10] 国地方係争処理委員会決定（平成28年6月20日）

国地委第33号
平成28年6月20日

沖縄県知事
　翁長雄志殿

国地方係争処理委員会
委員長　小早川光郎

平成28年3月16日付で国土交通大臣がした地方自治法第245条の7第1項に基づく是正の指示に係る審査の申出について（通知）

　国地方係争処理委員会は、平成28年3月16日付けで国土交通大臣がした地方自治法（昭和22年法律第67号）第245条の7第1項に基づく是正の指示に係る審査の申出について、次のとおり決定したので、通知する。

第1　審査の申出の趣旨

　相手方国土交通大臣が沖縄県に対して平成28年3月16日付国水政第102号「公有水面埋立法に基づく埋立承認の取消処分の取消しについて（指示）」をもって行った地方自治法第245条の7第1項に基づく是正の指示について、相手方国土交通大臣はこれを取り消すべきである、との勧告を求める。

第2　事案の概要

1　審査申出人（当時は、仲井眞弘多沖縄県知事）は、沖縄防衛局が平成25年3月22日付けでした公有水面埋立承認出願（同日付沖防第1123号。以下「本件承認出願」という。）について、同年12月27日付けで公有水面埋立法第42条第1項により公有水面の埋立てを承認したが（同日付沖縄県指令土第1321号・沖縄県指令農第1721号。以下「本件埋立承認」という。）、その後、審査申出人（翁長雄志沖縄県知事）は、平成27年10月13日付けで、同法第42条第3項により準用される同法第4条第1項第1号及び第2号の要件を充足していないと認められるとして、同法第42条第1項の規定によって都道府県知事が有する権限に基づき、本件埋立承認を取り消した（同日付沖縄県達土第233号・沖縄県達農第3189号。以下「本件承認取消し」という。）。
　これについて、相手方は、平成28年3月16日付けで、本件承認取消しが公有水面埋立法第42条第1項及び第3項並びに第4条第1項に反し、地方自治法第245条の7第1項に規定する都道府県の法定受託事務の処理が法令の規定に違反していると認められるときに当たるとして、同項に基づき、書面到着の日の翌日から起算して1週間以内に本件承認取消しを取り消すよう指示した（同日付国水政第102号。以下「本件是正の指示」という。）。
　審査申出人は、本件是正の指示に不服があるとして、地方自治法第250条の13第1項に基づき、審査の申出をしたものである。
　なお、本件承認出願から本審査の申出に至るまでの主な経緯は、別紙1のとおりである。
2　当委員会における審査の経緯は別紙2のとおりであり、当事者が当委員会に提出した主張書面の一覧は別紙3のとおりである。

第3　当事者の主張の要旨

1　審査申出人の主張の要旨
(1) 本件承認出願が公有水面埋立法第4条第1項第1号及び第2号の要件を充足していないこと
　　前沖縄県知事は、本件承認出願が公有水面埋立法上の要件を満たしているとして本件埋立承認をしたものであるが、現沖縄県知事は、本件承認出願は公有水面埋立法上の要件に適合しているか否かについて検討した結果、同法第4条第1項第1号及び第2号の要件に適合していないものと判断した。
　　すなわち、本件承認出願は、沖縄県名護市辺野古崎地区及びこれに隣接する水域等を埋立対象地とするものであり、埋立地上に普天間飛行場の代替施設を建設することを目的をするものであるが、普天間飛行場の返還の必要があることからは新基地建設の必要があることは導かれないのであって、埋立ての必要性についての具体的、実証的説明がなく。埋立てそのものや埋立地上の新基地建設によって生じる環境破壊や騒音被害、沖縄の基地負担の固定化により沖縄県の地域公益が著しく損なわれることを正当化するに足りる高度な埋立ての必要性は認められないから、公有水面埋立法第4条第1項第1号に規定する「国土利用上適正且合理的ナルコト」との要件を満たさない。また、本件承認出願は、環境影響評価において示された知事意見や環境生活部長意見で指摘された問題点に対応できておらず、問題の現況及び影響を的確に把握したとは言い難く、これに対する措置が適正に講じられているものではないし、その程度も十分ではないから、公有水面埋立法第4条第1項第2号に規定する「其ノ埋立ガ環境保全（中略）ニ付十分配慮セラレタルモノナルコト」との要件も充足しない。
　　したがって、公有水面埋立法第4条第1項第1号及び第2号の要件を充足しているとした本件埋立承認は誤りであり、取り消し得べき瑕疵がある。

(2) 現沖縄県知事は本件埋立承認に瑕疵があるとしてそれを取り消すことができること
　　本件承認取消しは、同一行政庁が取消しをするいわゆる自庁取消しであるから、現沖縄県知事が公有水面埋立法の要件適合性を自ら判断することができるのであり、要件に適合していないと判断すれば、原処分が要件適合性を肯定したことについて裁量権の範囲の逸脱・濫用が認められると否とにかかわらず、原処分には取り消し得べき瑕疵があるとして適法に取り消すことができる。

(3) 職権取消制限法理が妥当しないこと
　　相手方は、本件承認取消しについて、いわゆる職権取消制限法理が適用されるため、本件承認取消しが違法である旨主張する。しかし、そもそも、いわゆる職権取消制限法理は、私人の信頼利益を保護するための法理であるから、沖縄防衛局という国の機関が名宛人となっている本件承認取消しについては適用されないものである上、処分の名宛人でない国土交通大臣が職権取消制限法理を主張して是正の指示をすることはできないし、また、職権取消制限法理は、法令の規定ではないから、是正の指示の理由とすることはできない。
　　仮に、職権取消制限法理が適用されるとしても、本件においては、本件承認取消しによって生じるとされている不利益（普天間飛行場の返還が早期になされなくなること、日米両国間の信頼関係への悪影響）は、公益であって利益衡量の対象となるものではなく、考慮するとしてもその程度が高度のものであると評価することはできないのに対し、本件埋立承認を維持することによって生じる不利益（自然環境の破壊、生活環境への悪影響、沖縄の基地負担の固定化）は甚大であり、本件埋立承認を放置することは公共の福祉の要請に照らして著しく不当であるから、本件埋立承認の取消しは制限されない。

(4) 本件是正の指示が違法であること
　　したがって、本件承認取消しには適法になされたものであり、地方自治法第245条の7第1項にいう、「法令の規定に違反していると認めるとき」には当たらないものであるから、本件是正

の指示は、地方自治法第245条の7第1項にいう「著しく適性を欠き、かつ、明らかに公益を害しているとと認めるとき」にも該当する旨主張するが、本件是正の指示の理由を記載した書面にかかる理由は記載されていないから、かかる理由を追加することは地方自治法第245条に反して許容されないし、本件承認取消しは、著しく適性を欠くものでも、明らかに公益を害しているものでもないから、いずれにしても、本件是正の指示は、地方自治法第245条の7第1項の要件を欠く違法な関与である。

2 相手方の主張の要旨
 (1) 本件埋立承認に瑕疵がないこと
　　本件承認取消しは、本件埋立承認に違法の瑕疵があるとしてこれを取り消したものであるところ、本件埋立承認に違法の瑕疵があるというためには、本件埋立承認に裁量権の範囲の逸脱・濫用があるといえる必要があるが、本件埋立承認には裁量権の範囲の逸脱・濫用はない。
　　すなわち、本件において、普天間飛行場の返還のために埋立てを実施して代替施設を建設する必要性は極めて高く、日米両国間の合意に従って代替施設の提供と普天間飛行場の返還を実現し、沖縄の負担を軽減すると共に抑止力を維持するという事業の公共性も極めて高い一方、埋立てによる自然環境や生活環境への影響を小さくするために十分な配慮がなされているのであるから、本件承認出願は公有水面埋立法第4条第1項第1号に規定する「国土利用上適性且合理的ナルコト」との要件を満たしており、本件埋立承認に裁量権の範囲の逸脱・濫用はない。また、本件承認出願については、環境影響評価法や沖縄県環境影響評価条例に基づく環境影響評価手続を適法に経て、本件と同規模の那覇空港滑走路増設事業と遜色ない環境保全措置をとっているのであるから、本件承認出願は公有水面埋立法第4条第1項第2号に規定する「其ノ埋立ガ環境保全（中略）ニ付十分配慮セラレタルモノナルコト」との要件を満たしており、本件埋立承認に裁量権の範囲の逸脱・濫用はない。

 (2) 取消しが制限されること
　　また、行政庁が自らした行政処分を取り消す場合には、処分の取消しによって生じる不利益と、取消しをしないことによってかかる処分に基づき既に生じた効果をそのまま維持することの不利益とを比較衡量し、当該処分を放置することが公共の福祉の要請に照らし著しく不当であると認められるときに限り、これを取り消すことができるものである。本件埋立承認は、国の機関である沖縄防衛局が処分の名宛人であるが、本件埋立承認は、事業者である国に公有水面を適法に埋め立てる法的地位を付与するものであり、名宛人が私人である場合と同様に取消しが制限される。
　　そして、本件承認取消しにより生じる不利益（普天間飛行場の返還に伴う普天間飛行場の周辺住民等の生命・身体等への危険の除去の実現や宜野湾の経済発展が妨げられること、普天間飛行場より規模の小さい代替施設への移転による沖縄の負担軽減が妨げられること、普天間飛行場の返還及び代替施設の提供に関して培われてきた日米両国間の信頼関係に亀裂が入ること）は、我が国の国益にとって重大な不利益であるのに対し、本件埋立承認を維持することにより生じるとされる不利益のうち自然環境の破壊、生活環境への悪影響については十分配慮する措置がとられているためその不利益は極めて小さいものであるし、沖縄の基地負担の固定化については、普天間飛行場を辺野古に移設する方が沖縄の全体の負担の軽減に資するため本件埋立承認を維持することによる不利益足り得ないものであるから、前者が後者を上回ることは明らかである。よって、本件埋立承認の取消しは制限される。

 (3) 本件承認取消しには裁量権の範囲の逸脱・濫用があること
　　さらに、本件承認取消しは、本件埋立承認を取り消すことによって生じる不利益を十分考慮せず、自然環境への影響等を過大に考慮しているものである。また、本件承認取消しは、審査申出人の政治信条である代替施設等の建設阻止という目的を達成するために行われたものであり、法の予定する目的と異なった目的で行われたものである。よって、本件承認取消しは、裁量権の範

囲の逸脱・濫用に当たるものである。

(4) 本件是正の指示が適法であること
したがって、本件承認取消しは違法なものであるから、地方自治法第245条の7第1項にいう「法令の規定に違反していると認めるとき」に該当しており、本件是正の指示は適法である。さらに、本件承認取消しは、地方自治法第245条の7第1項にいう「著しく適正を欠き、かつ、明らかに公益を害していると認めるとき」にも該当しており、本件是正の指示は適法である。

第4 当委員会の判断

1 当委員会は、審査申出人（沖縄県知事）の行った本件承認取消しに対し国土交通大臣によってなされた本件是正の指示が地方自治法第245条の7第1項の規定に適合するか否かについて、同法第250条の14第2項に基づき、当事者双方から提出された主張書面や証拠を踏まえて、法的観点から、審査を行った。

2 本審査の申出においては、本件是正の指示が地方自治法第245条の7第1項の規定に適合するか否かについて、国と沖縄県の主張が対立しているが、そもそも、本件是正の指示は、普天間飛行場の代替施設の建設のための本件承認出願、本件埋立承認、本件承認取消し、それに対する審査請求、執行停止の申立て及び決定とそれに基づく工事の着手、執行停止決定に対する複数の争訟提起、代執行訴訟、そこでの和解と続く一連の流れの延長線上にあり、本件是正の指示を巡る争論の本質は、普天間飛行場代替施設の辺野古への建設という施策の是非に関する国と沖縄県の対立であると考えられる。

すなわち、国と沖縄県の両者は、普天間飛行場の返還が必要であることについては一致しているものの、それを実現するために国が進めようとしている、辺野古沿岸域の埋立てによる代替施設の建設については、その公益適合性に関し大きく立場を異にしている。両者の立場が対立するこの論点について、議論を深めるための共通の基盤づくりが不十分な状態のまま、一連の手続が行われてきたことが、本件争論を含む国と沖縄県との間の紛争の本質的な要因であり、このままであれば、紛争は今後も継続する可能性が高い。

当委員会としては、本件是正の指示にまで立ち至っているこの一連の過程を、国と地方のあるべき関係からかい離しているものと考える。

3 ところで、国と地方公共団体は、本来、適切な役割分担の下、協力関係を築きながら公益の維持・実現に努めるべきものであり、また、国と地方の双方に関係する施策を巡り、何が公益にかなった施策であるかについて双方の立場が対立するときは、両者が担う公益の最大化を目指して互いに十分協議し調整すべきものである。地方自治法は、国と地方の関係を適切な役割分担及び法による規律の下で適正なものに保つという観点から、当委員会において国の関与の適否を判断するものとすることによって、国と地方のあるべき関係の構築に資することを予定しているものと解される。

しかしながら、本件についてみると、国と沖縄県との間で議論を深めるための共通の基盤づくりが不十分な現在の状態の下で、当委員会が、本件是正の指示が地方自治法第245条の7第1項の規定に適合するか否かにつき、肯定又は否定のいずれかの判断をしたとしても、それが国と地方のあるべき関係を両者間に構築することに資するとは考えられない。

4 したがって、当委員会としては、本件是正の指示にまで立ち至った一連の過程は、国と地方のあるべき関係からみて望ましくないものであり、国と沖縄県は、普天間飛行場の返還という共通の目標の実現に向けて真摯に協議し、双方がそれぞれ納得できる結果を導き出す努力をすることが、問題の解決に向けての最善の道であるとの見解に到達した。

第5　結論

　以上により、当委員会は、本件是正の指示が地方自治法第245条の7第1項の規定に適合するか否かについては判断せず、上記見解をもって同法第250条の14第2項による委員会の審査の結論とする。

国地方係争処理委員会
委　員　長　　小早川光郎
委員長代理　　髙橋　寿一
委　　　員　　牛尾　陽子
委　　　員　　牧原　　出
委　　　員　　渡井理佳子

別紙　〔省略〕

● ── 執筆者紹介（五十音順）　＊は編者

岡田正則（おかだ・まさのり）	早稲田大学大学院法務研究科教授
＊紙野健二（かみの・けんじ）	名古屋大学大学院法学研究科教授
榊原秀訓（さかきばら・ひでのり）	南山大学大学院法務研究科教授
白藤博行（しらふじ・ひろゆき）	専修大学法学部教授
武田真一郎（たけだ・しんいちろう）	成蹊大学法科大学院教授
徳田博人（とくだ・ひろと）	琉球大学法文学部教授
人見　剛（ひとみ・たけし）	早稲田大学大学院法務研究科教授
＊本多滝夫（ほんだ・たきお）	龍谷大学大学院法務研究科教授
亘理　格（わたり・ただす）	中央大学法学部教授

辺野古訴訟と法治主義── 行政法学からの検証

2016年8月25日　第1版第1刷発行

編　者──紙野健二・本多滝夫
著　者──岡田正則・紙野健二・榊原秀訓・白藤博行・武田真一郎・徳田博人・人見　剛・本多滝夫・亘理　格
発行者──串崎　浩
発行所──株式会社　日本評論社
　　　　〒170-8474　東京都豊島区南大塚3-12-4
電　話──03-3987-8621　FAX 03-3987-8590（販売）
振　替──00100-3-16
印　刷──精文堂印刷株式会社
製　本──井上製本所
装　幀──図工ファイブ

検印省略　©Kenji Kamino, Takio Honda　2016
ISBN 978-4-535-52206-0

[JCOPY]〈（社）出版者著作権管理機構　委託出版物〉本書の無断複写は著作権法上での例外を除き禁じられています。複写される場合は、そのつど事前に、（社）出版者著作権管理機構（電話 03-3513-6969、FAX 03-3513-6979、e-mail: info@jcopy.or.jp）の許諾を得てください。また、本書を代行業者等の第三者に依頼してスキャニング等の行為によりデジタル化することは、個人の家庭内の利用であっても、一切認められておりません。

現代行政法講座 [全4巻]

*Ⅰ、Ⅲ巻は未刊

現代行政法講座編集委員会
岡田正則・榊原秀訓・白藤博行・人見 剛
本多滝夫・山下竜一・山田 洋［編］

行政・行政法・行政法学の変容を正しく見据えた行政法理論の構築を目指し、新時代の行政実務・行政裁判実務のニーズに応える講座。

Ⅱ 行政手続と行政救済

目次

- 第1章 行政庁の処分と行政過程…交告尚史
- 第2章 行政手続と行政争訟手続…三浦大介
- 第3章 行政不服審査制度の諸問題…稲葉一将
- 第4章 行政訴訟の諸類型と相互関係…中川丈久
- 第5章 行政手続における第三者の地位と行政訴訟…野呂 充
- 第6章 行政の違法事由と行政訴訟…杉原丈史
- 第7章 行政訴訟における裁量権の審理…深澤龍一郎
- 第8章 行政訴訟の審理と紛争の解決…越智敏裕
- 第9章 行政訴訟の判決の効力と実現…興津征雄
- 第10章 行政訴訟における仮の救済…山田健吾
- 第11章 国家補償による救済…福永 実
- 第12章 国家賠償請求訴訟による救済…下山憲治
- 第13章 行政救済における司法の役割…前田雅子

◆4,700円+税

Ⅳ 自治体争訟・情報公開争訟

目次

第1部 自治体争訟
まえがき…山下竜一
- 第1章 国・自治体間等訴訟…村上裕章
- 第2章 条例をめぐる争訟…岩本浩史
- 第3章 住民監査請求・住民訴訟における対象と違法性…小澤久仁男
- 第4章 住民訴訟4号請求の諸問題…大田直史
- 第5章 第3セクターに関する争訟…田中孝男
- 第6章 入札に関する争訟…湯川二朗

第2部 情報公開争訟
まえがき…榊原秀訓
- 第1章 情報公開の諸問題…石森久広
- 第2章 情報公開争訟の諸問題…米田雅宏
- 第3章 個人情報保護の制度と訴訟…豊島明子
- 第4章 行政運営情報と公務員情報…友岡史仁
- 第5章 行政による調査・指導・規制と法人情報の情報公開…野田 崇
- 第6章 警察・検察・防衛・外交関係の情報公開…野口貴公美
- 第7章 公共事業と情報公開…小島延夫

◆4,700円+税

沖縄密約をあばく

記録｜沖縄密約情報公開訴訟

沖縄密約情報公開訴訟原告団［編］

沖縄米軍基地問題の原点となった沖縄密約。知る権利を実現し日本のあり方を変えるため、市民が政府の嘘をあばいた訴訟の記録。

◆3,000円+税

日本評論社
https://www.nippyo.co.jp/